生态地质与矿产资源勘查

徐友松　刘延凯　付小东　李旭日　主编

吉林科学技术出版社

图书在版编目（CIP）数据

生态地质与矿产资源勘查 / 徐友松等主编 . -- 长春 : 吉林科学技术出版社 , 2024.5
ISBN 978-7-5744-1306-1

Ⅰ . ①生… Ⅱ . ①徐… Ⅲ . ①生态环境—环境地质学 ②矿产资源—地质勘探 Ⅳ . ① X141 ② P624

中国国家版本馆 CIP 数据核字 (2024) 第 089021 号

生态地质与矿产资源勘查

主　　编　徐友松　等
出 版 人　宛　霞
责任编辑　郭建齐
封面设计　刘梦杳
制　　版　刘梦杳
幅面尺寸　185mm × 260mm
开　　本　16
字　　数　350 千字
印　　张　16.875
印　　数　1~1500 册
版　　次　2024 年 5 月第 1 版
印　　次　2024 年10月第 1 次印刷

出　　版　吉林科学技术出版社
发　　行　吉林科学技术出版社
地　　址　长春市福祉大路5788 号出版大厦A 座
邮　　编　130118
发行部电话/传真　0431-81629529 81629530 81629531
81629532 81629533 81629534
储运部电话　0431-86059116
编辑部电话　0431-81629510
印　　刷　廊坊市印艺阁数字科技有限公司

书　　号　ISBN 978-7-5744-1306-1
定　　价　98.00元

编委会

主　编　徐友松　刘延凯　付小东

李旭日

副主编　岳志伟　聂协欢　胡海峰

侯雅雯

编　委　刘意鹏　李宝峰　周怀喜

李杰儒　王志亮

前　言

PREFACE

随着人类社会经济的快速发展和人口的急剧增长，与人类生产和生活息息相关的生态环境遭受了严重破坏。影响人类生存的环境污染、生态系统退化等生态环境问题反过来又制约着人类的经济发展和社会进步。正因如此，生态地质学的主要任务是研究生态系统与环境地质之间的相互关系、生态系统结构内在的变化机制和规律，以及生态系统功能的响应，并寻求因人类活动的影响而受损的生态地质的恢复、重建和保护对策。

地质矿产工作是我国资源保障、环境保护、工程建设的基础性和先行性工作，是促进我国国土空间开发格局优化、土地资源节约集约利用、生态系统和环境保护等战略的重要支撑。因此，通过建立地质矿产工作促进生态文明建设评价指标，并进行评价，根据评价结果分析我国地质矿产工作未来需求与战略部署，对促进地质矿产工作行业工作内容、方式转变和工作绩效优化，促进地质矿产工作全面发展和我国生态文明建设整体水平的提高，具有重要的理论与现实意义。

矿业的核心是矿产资源，而矿产资源的核心问题是矿产勘查。矿产勘查是一种创造性的活动，发现矿床就是新创造的财富。矿床只有经勘查发现，才能成为财富。一个地区、一个国家，不管人们怎样津津乐道其具有多么好的矿产潜力，只要矿产还没有发现，潜力就只是梦想，只有矿产勘查才能使梦想变为现实。矿产勘查的核心是勘查知识、勘查技术。矿产资源赋存于自然界之中，但是如果没有地质学家、勘查专家利用勘查知识、勘查技术及宝贵的勘查实践经验，对成矿与找矿的认识进行创新，就不可能发现和查明矿产资源。没有查明的矿产资源对社会的使用价值而言，依然等于零。

本书围绕“生态地质与矿产资源勘查”这一主题，以生态地质为切入点，由浅入深地阐述了生态地质学的概念与内涵、研究对象、基础理论等，并系统地论述了生态环境地质、生态地质环境评价、生态环境地质调查。此外，本书对矿产资源勘查进行了实践探索，介绍了矿产勘查工作的总体部署、矿产勘查技术、地下矿山开采数字化模拟技术等内容。本书内容翔实、条理清晰、逻辑合理，兼具理论性与实践性，适用于从事相关工作与研究的专业人员。

由于作者水平有限，书中难免有疏漏和不足之处，恳请读者批评指正。

目 录

CONTENTS

第一章　生态地质导论

第一节　生态地质学的概念与内涵

自20世纪30年代泰勒提出“生态地质学”命题以来，生态地质学作为一门学科已孕育了较长的过程，地学界的一些专家学者在不同领域做了许多有益的探索，各种构想探索、成果散见于一些文献中，各家观点也是见仁见智。其中较有代表性、较系统讨论生态地质学的，国外如TroGmov V T发表了一系列探讨生态地质学的论文；国内如王长生、陈梦熊、何政伟、林景星、张森琦、周爱国等也发表了关于生态地质学的相关论文。讨论生态地质学问题，不同的学者从不同的角度切入，所提出的构架、给出的概念、划出的研究范围、拟定的研究对象、任务等都有差异。

俄罗斯学者TroGmov V T在《地学前缘》上发表了《生态地质学——地质科学的一个新的分支》一文，详细论述了生态地质学的含义和内容，认为地质学有四大任务：①为人类提供矿产资源；②为人类的工程活动服务；③满足人类在教育、文化和美学中的需求；④促使生态系统稳定运行。TroGmov V T认为，其中第四个任务就是生态地质学的任务。生态地质学研究岩石圈的生态功能，包括生态地球化学、生态地球物理学生态地质力学、资源生态科学等。

依据TroGmov V T的论述，更明确具体地说，生态地质学主要研究岩石圈的化学组分、物理性质、构造条件和人类的地质作用（大规模的经济活动）对生物圈系统生态的影响。所以，他的生态地质学定义包含自然地质作用和人为地质作用对生物与人类的影响。

当然，不是以生态地质的名义，而是以地质学的理论、方法研究生物与地质环境关系问题；或从其他学科领域切入，研究的却是生物与地质环境关系问题，如此等等，许多生态环境问题的研究，都自觉不自觉地走进了生态地质环境问题的领域，亦即纳入了生态地质学的研究范畴。

对生物与地质环境关系这一领域的研究比较多，不同学者给出的概念也不同，如生态环境地质学、生态地质环境学、生物地质环境学、地质生态学、生态地质学等。

习惯上，一般把分支学科的分支方向放在上一级学科名称的前面。例如，水文地质学、工程地质学、环境地质学、构造地质学等，指地质学中侧重研究水文问题、工程问题、环境问题、构造问题的分支学科；植物地理学、动物地理学，是指地理学中侧重研究植物问题、动物问题的分支学科。

综合有关文献的观点和作者的见解，认为把地质学中研究生物生存、发展状态与地质环境相互作用关系的分支学科称为生态地质学比较合适。

在研究的对象、内容范围问题上，不同学者也有不同界定，例如，环境地质学与地质环境学、生态地质学与地质生态学研究的对象、范围不一样，地质生态学又包含生态地质学，等等。我们认为，研究对象、内容大体相同的地质学的二级分支学科，不宜分得太细，将生物生存和发展状态与地质环境关系的全部生态地质内容统一归入生态地质学比较合适。

据此，生态地质学可定义为：是研究生物与其依存的地质环境之间相互作用关系的学科，是以研究和评价地质环境对生态平衡的影响和制约、地质环境与生态环境之间的关联性规律，是以生—地系统为对象，研究维持生态平衡时与地质相关的诸环境因子的发生、发展、组成和结构、调节和控制、改造和利用的学科，是地质学、生态学、农学、医学、环境科学等多学科相互交叉、有机融合的边缘学科。

生态地质学的理论表述为：研究生—地系统（岩石圈、土壤、水、大气圈和生物圈交互作用的大系统）物质流、能量流、信息流在岩石圈（表层）、水圈、大气圈（下层）和生物圈之间的运动交换、转化及其对生物的影响。

所有生物（微生物、植物、动物和人类）的各种生态格局和生态过程的地质学影响机理，特别是生态环境演替的地质背景、地质作用过程及相互作用机理，所有生物由于地质作用（包括自然地质作用和人为地质作用）引发的生态地质问题以及解决生态地质问题的理念、措施等，都是生态地质学的研究范畴。

生态地质学的目标是通过认识生物和地质环境的关系以及改造地质环境以适应生物生存之需求，达到生物与地质环境和谐相处，培育开发优良生物资源，保护和构建适宜人类生存的优良生态地质环境。

第二节　生态地质学研究对象、内容

生态地质学的主体研究对象是生物，客体研究对象是地质环境；研究目的是了解岩石圈近地表部分和土壤圈、水圈、大气圈（下部）的生态功能；主要研究任务是揭示各种生态格局和生态过程的地质学影响机理，并从地质学角度提出相应的生态保护措施；研究内容可分为科学问题研究和实用问题研究两个层面。

一、研究对象

以下几个专用术语或关键词，可以较好地帮助理解生态地质学的研究对象。生物是有生命的个体。生物最重要和基本的特征在于生物进行新陈代谢及遗传。生物具备合成代谢以及分解代谢的功能，这是相反的两个过程，并且可以繁殖下去，这是生命现象的基础。这里的生物概念泛指地球生物圈所有植物、动物、微生物，包括人类自身。

（一）生态

生态指一切生物在一定的自然环境下生存和发展的状态，以及它们之间和它与环境之间环环相扣的关系。

（二）生态学

生态学是研究生物与其环境之间相互关系的科学。这里，生物包括动物、植物、微生物及人类本身，即不同的生物系统；而环境则指生物生活其中的无机因素、生物因素和人类社会，即环境系统。

（三）地质环境

地质环境是大气圈、水圈、土壤圈、生物圈和科学技术研究可及的岩石圈的总称，又称为自然环境。人类在地质环境中诞生、繁衍，又从地质环境中直接或间接获取各种资源，加工成为人类必需的生产和生活资料。人类生活在地质环境中，依存于地质环境，因而必须保护和改造地质环境。

（四）生态地质环境

生态地质环境指的是以人类为主体，由地质环境、生态环境与人类社会—经济环境相互作用而组成的具有有机联系的整体；是由地球表层岩石圈、土壤圈、水圈、生物圈、大气圈和人类圈若干组成部分结合成的多因子、多变量，且具开放性、复杂性的人类生存发展的基本场所与具有一定空间概念的客观实体。

（五）生态系统

生态系统指一定空间范围内，由生物群落及其环境组成，具有一定格局，借助于功能流（物种流、能量流、物质流、信息流和价值流）而形成的稳态系统。

（六）表生带

表生带即岩石圈、土壤圈、水圈、大气圈和生物圈的界面相互交错重叠的带。

（七）地球关键带

美国国家研究理事会（NRC）在《地球科学基础研究的机遇》（*Basic Research Opportunies in Earth Science*）一书中首次正式提出了关键带（criticalzone）的概念；Lineta（2005）等提出，地球关键带界面包括陆地生态系统中土壤及其与大气圈、生物圈、水圈和岩石圈进行物质迁移和能量交换的交汇区域，水和土壤是地球关键带的关键组成部分，而且在不同时空尺度上相互作用。

NRC对地球关键带定义的具体表述为：是指异质的近地表环境，岩石、土壤、水、空气和生物在其中发生着复杂的相互作用，在调控着自然生境的同时，决定着维持经济社会发展所需的资源供应。在横向上，关键带既包括已经风化的松散层，又包括植被、河流、湖泊、海岸带与浅海环境。在纵向上，关键带自上边界植物冠层向下穿越了地表面、土壤层、非饱和的包气带、饱和的含水层，下边界通常为含水层的基岩底板。作为与人类联系最密切的地球圈层，地球关键带对于维持和支撑经济社会发展具有不可替代的作用。

生态地质学基于生物圈和地表其他四个圈层（岩石圈、土壤圈、水圈、大气圈）的交互关系研究地质环境诸因子对生物的影响，重点研究岩石圈对生物的资源生态功能、地质动力学生态功能、地球化学生态功能、地球物理生态功能。因此，生态地质学研究的主要空间尺度，与Lin等所称的“地球关键带”界定的区域基本一致；或者说表生地球化学学说中阐述的表生带是主要的客体研究对象；时间尺度上，主要研究当今活着的生物与地质环境相互作用关系；同时，从地球演化史上的生物作用和当今活着的生物与地质环境相互作用叠加去预测今后生态地质环境演进，提出防范、规范和管理地球的科学方案。

因此，生态地质学的研究对象包括自然界存在的所有生物（动物、植物、微生物和人类）与地质环境的相互作用关系，其研究范畴和适用领域广泛触及诸如生物多样性、区域生态环境调查评价、生物地球化学性疾病防治、生态地质环境修复、大农业生产、土地资源开发、生态文明建设等多个战略性的研究领域。

二、研究内容

生态地质学的研究内容可分为科学问题研究和实用问题研究。

（一）生态地质学研究的主要科学问题

（1）研究岩石圈、土壤圈、水圈在自然和人类活动影响下的生态功能及它们形成的规律和发展动力；

（2）基于岩石圈生态功能更替的观点，研究岩石圈近地表部分和土壤圈对人为影响稳定性评价的理论和方法；

（3）为保护和改良土壤圈和岩石圈近地表地层的生态功能，研究控制相关地层状态和性质的理论和方法；

（4）人类工程活动中对地质环境保护的地质理论和方法；

（5）人类生产、生活废弃物处置与生态地质环境保护关系的理论、方法。

（二）生态地质学研究的主要实用问题

1.地质环境对生态系统的控制

将生态地质环境看成一个开放的、运动的、可调节的大系统。地质环境的变化必然影响生态环境，使生态环境受到破坏。通过对地质因素与生态环境的综合研究，将基础地质理论拓宽为地质—生态系统研究，这对地球科学的发展以及为人类创造最佳的生态环境有着重要的意义。生态地质主要研究：运用基础地质研究成果，探索地质环境与生态环境的关系，为生态地质环境综合评价提供地质依据；新老构造活动带、构造复杂区（带）、地球动力学环境与地质灾害的关系；地表物质（岩石、土壤）组成与生态的关系，如表层岩石的矿物及化学成分直接控制土壤中的化学元素及植被的发育，同时影响地下水和地表水系的成分，岩石的物理性质对地貌、地质灾害的控制作用；地球化学元素对生物的影响、元素如何通过酶系统和基因表达影响生物的生存和发展的状态。生态地质综合调查与研究，将深化对岩石圈、土壤圈、生物圈、水圈内在联系的认识，有助于认识四维空间、认识生态地质作用过程的控制机制。

2.生态地质脆弱带的地质灾害

主要研究地质环境（地层、岩石、构造等）对地质灾害（物理性地质灾害、化学性地质灾害）频发地段控制作用和预防灾害的措施。

物理性地质灾害是指自然地质作用或人为地质作用下环境突变产生的滑坡、崩塌、泥石流、地震、火山等灾害性现象。物理性地质灾害发生时惊天动地、举世瞩目，是一种突发性的“热点式灾害”。它一直是灾害研究的重点，投入很大，成绩卓著。

化学性地质灾害是指自然地质作用或人为地质作用下，一定地质环境内发生地球化学异常引起大面积生物生态异常（致病、致畸、致死）的灾害性现象。化学性地质灾害（如沉积物、土壤、水体被严重污染后所引起的环境病）是悄然而至，公众漠然不知，是一种延发性的“凉点式灾害”。生态环境地质灾害是面上的、全局的、全球性的，具有普遍性，如生态环境地质病，只要沉积物、土壤、水体被严重污染的地方都会发生，是潜伏的“化学定时炸弹”，像深埋在地下的“地雷”，随时都有可能被触爆。

地质灾害会对生物生存、大农业生产和人类生活造成重大危害，其发生的原因与地质环境性质密切相关。可通过遥感技术和实地调研，对可能发生灾害的地段做出预测并提出科学的防治措施。

3.岩—土—水—植物—动物生态系统

岩石作为土壤的母体，在五大成土因素的综合作用下形成土壤，因此岩石类型直接影响土壤的类型，同时影响微生物、植物的生长繁衍，进而影响动物的分布及动物和人类的健康。生态地质学需要研究不同气候条件下岩—土转化机制及动力学、研究土壤对植被的控制，以及探索生态环境的恢复与重建的地学因素。

4.人居地质环境的研究

（1）研究生物地球化学性疾病（地方病）与岩石地球化学、土壤地球化学、水文地球化学、生物地球化学异常的关系，查明元素丰缺与食物链的传递规律，科学规划人居环境建设和地方病的防治。生物地球化学性疾病的产生机制相当复杂，但是，其中一个重要致病因子是地质环境中某些化学元素出现异常（缺乏或过量）。例如，国内外分布较广的地甲病、地氟病以及地砷病、克山病、大骨节病等，均可用生态地质学的理论、方法和手段来研究防治措施。

（2）研究优势背景区农产品中微量元素与自由基同人体健康、抗衰老的关系，优化与再造农业优势背景，开发富含有益元素（富硒、富锌、富锗）的保健、益智农产品。

（3）指导村镇、城市选址、人口迁移以及族群聚居的地质环境研究等。

5.生物（特别是人类）活动对生态地质环境的影响研究

生物（特别是人类）活动对生态地质环境的影响由传统的地质找矿研究为主，逐步转向对环境质量评价管护研究为主，探讨生物活动对地质环境的反作用，特别是各种人类活动如人类居所建筑、采矿、农垦、筑路架桥、水工建设、军事活动、旅游等人为地质作用对生态环境的负面影响，并建立各种定量模型，探讨可以减轻对地质环境影响的措施。

6.生态地质环境修复的研究

针对自然地质作用和人为地质作用下遭受破坏、污染的地质环境，研究恢复其正常生态功能的技术措施。

按照系统论的基本思想方法，应将所研究和处理的对象当作一个系统，分析系统的结构和功能，研究系统、要素、环境三者的相互关系和变动的规律性，并用系统观点看问题，世界上任何事物都可以看成一个系统。研究生态地质环境问题，宏观上也需要从地球系统去研究生态系统。生态系统由非生物成分和生物成分两部分组成，其中非生物成分为岩石、土壤、水分、阳光、温度、空气等，即生态地质学研究的客体对象——地质环境的主要成分。生物成分又分为生产者、消费者、分解者，它们三者的分工简单地说，生产者（主要是各种绿色植物，也包括化能合成细菌与光合细菌，它们都是自养生物）把地质环境中简单的无机物转化成复杂的有机物，提供给消费者和分解者；分解者（是一类异养生物，以各种细菌和真菌为主，也包括蚯蚓等腐生动物）把复杂的有机物分解为简单的无机物，返回地质环境中，故又称还原者；消费者（依靠摄取其他生物为生的异养生物，包括几乎所有动物和部分微生物）在生态系统中为非必备成分，但能加快生态系统的物质循环。因此，研究生物的各种生态格局和生态过程的地质学影响机理，要拓宽思路，系统、关联、整体地研究生态地质环境，以便较准确地看到生态地质问题的本质、根源。

（三）生态地质学的基本构架

按实用问题研究将生态地质学基本构架分述如下。

1.自然植被与地质环境

生态系统中居于主导地位的，也是与地质环境关系最密切的是生产者——绿色植物。因此，研究生物与地质环境的关系，应当首先研究植物与地质环境之间的关系。

从地质学和土壤学的角度来看，不同的岩石衍生成不同的土壤。从植物生理学和土壤肥料学的角度来看，不同的土壤，土体结构不同，供肥、供水情况不同，提供矿质养分不同；不同的植物对水、热、气、肥（有机、无机）有不同的需求，因而，不同的植物对不同的地质环境适应性不同。所以，不同的地质环境有不同的植物种群或群落分布。

原生地质环境的自然植被，代表了植物长期以来对地质环境的选择、适应或耐受。因此，研究植物与地质环境的关系，首先应该要研究原生地质环境的自然植被。

自然植被与地质环境之间的作用关系，比较容易引起关注、易于操作、研究较多的主要有以下几个方面：①地层岩性与植物；②地质构造与植物；③土壤与植物；④矿床与植物；⑤地球化学异常与植物变异；⑥中药材道地性与地质环境。

2.作物与地质环境

地球生物圈现存植物大约有35万种，与人类关系最密切的，是人类生活必需的农作物——粮、棉、油、果、蔬等作物。

粮、棉、油、果、蔬作物与其他植物一样，需要有一个良好的生态地质环境。由于农作物要满足人类对其产量、品质的更高要求，所以，粮、棉、油、果、蔬作物比自然植被对生态地质环境的要求更严格，因此，相对于其他自然植被，人类对农作物生态地质环境的研究更全面、更深入。

对作物与地质环境关系的主要研究方向是：①名特优粮、棉、油、果、蔬、茶、烟、花卉与地质环境；②饲料草与地质环境；③经济林与地质环境；④环保、绿色、保健农产品开发与地质环境；⑤其他作物与地质环境。

3.动物与地质环境

动物界已定名的物种约130万个，它们形态各异、色彩缤纷，生活方式多样，显示了动物生命的丰富多样性。通过长期适应，动物分布已扩展到从地面到高空、从平原到高山、从河湖到海洋、从湿地到沙漠、从地表到地下各种各样的生境中，呈现出一派勃勃生机。在这丰富多彩的动物世界，地质环境起着重要作用。

野生动物生境的三大要素——食物、隐蔽物和水，都受到地质环境的影响和制约。根据世界自然保护联盟生境类型划分标准，野生动物的生境分为8种类型，各种类型的生境都烙上了自然地质作用或人为地质作用的印记。因此，野生动物的生长繁衍都受到地质环境的制约，从野生动物驯化而成的家禽家畜也受到地质环境直接或间接影响。

研究动物与地质环境的关系，主要研究方向是：①野生动物与地质环境；②地域性名特优禽畜与地质环境；③地质环境与动物健康。

4.微生物与地质环境

微生物数量巨大、种类繁多，作为生态系统中的分解者，作为地表层圈物质循环的还原者，是联系大气圈、水圈、岩石圈、土壤圈及生物圈各圈层间物质与能量交换的重要纽带，被称为地球关键元素生物地球化学循环过程的引擎。微生物可以促进许多地质地球化学过程，主要表现在对岩石和矿物风化、元素迁移和聚集、有机质降解以及矿床形成等方面；还表现在部分控制大气成分，参与有机物和无机物循环并影响其全部分布，从而对地球形成以来物质在上部岩石圈、土壤圈、水圈、大气圈中的分布起到了重要的控制作用。从地质学观点来看，地球表面环境的化学性质受到微生物的控制和改造；而从微生物学角度来看，地球化学条件显然也控制了微生物的生长和发育。

从大的时间尺度上看，在地球表层的成岩作用、成矿作用上，在地球的演化史上，都有微生物的巨大贡献。从大的空间尺度上看，在岩石圈的上部，土壤圈、水圈和生物圈的全部，大气圈的下部，微生物几乎无处不在。这些地球表层物质循环中的分解者是连接生物群落和无机环境的桥梁。

35亿年以来，微生物在地球演化史上一直起着重要作用；在现实中，微生物一如既往地与地质环境共同作用于植物、动物，作用于人类。

微生物与地质环境的主要研究方向是：①微生物在地球演化中的作用；②微生物与地质环境的相互作用；③地质环境中微生物的利与害。

5.人与地质环境

生态地质学研究生物与地质环境相互作用关系，核心是研究地质环境对人类生产、生活、生存、生长繁衍的地质学影响机理。

人类是食物链中最高级的消费者，吃、穿、住、行、用所有消费品都取之于地质环境。因此，人类的生产、生活、生长繁衍都要受到地质环境的影响、制约。具体到人类的群体、个体，人体健康与地质环境各因子都有直接或间接的关系。

地质学看起来距离人类健康很远，但是，岩石和矿物组成了我们这个星球的基础并且包含绝大部分自然存在的化学元素。许多元素在少量时对于植物、动物和人类健康是必需的，这些元素大多通过食物、饮水和空气进入人体。岩石经过风化过程形成土壤，在土壤上面生长着作物和动物。饮水在岩石和土壤中的运移构成水循环的一部分。大气中大部分灰尘和部分气体来自地质过程。总之，通过食物链，通过吸入大气中的灰尘和气体，人类的健康与地质发生直接的联系。

研究人与地质环境的关系，主要研究方向是：①地质环境与人类和其他生物的关系；②微量元素与人体健康；③地质环境与健康；④地质环境与地球化学性疾病；⑤地质环境与生态文明建设。

6.城市生态地质环境

城市是区域经济、文化、政治的中心，城市发展将带动区域经济的发展和人民生活水平的提高。发达国家的人口有70%～80%都居住在城市。随着经济的稳步、快速发展，城市化建设的进程也必然加快。城市生态地质环境是城市建设与发展的重要基础，同时，城市建设的快速发展、人口增加和工程经济活动的加剧，对城市生态地质环境的影响越来越强，产生了不同程度的生态地质环境问题，严重制约城市经济和社会的可持续发展。城市的兴衰、发展与建设都和城市生态地质环境密切相关。历史上一些城市在建设发展中出现的问题，大都与城市生态地质环境的变迁有关。

因此，在描绘“城镇化”“城市化”“城市现代化”“城市群建设”蓝图的过程中必须同步研究、解决城市生态地质环境问题。在城市化进程中，也要考虑城市生态地质环境合理的可容负荷。

城市生态地质环境的主要研究方向是：①城市生态与地质环境；②城市地质环境的生态承载力；③城市生态地质环境调查与评价；④生态地质环境与城市可持续发展。

7.人为地质作用与人为地质灾害

随着社会的进步和科学技术水平的提高，人类工程活动作为影响地壳表层地质环境演化规律和演化速率的一种地质营力，其作用强度极大地增强，有时甚至超过了自然地质营力的作用强度。因此，有人将人为地质作用视为与内动力、外动力并列的第三种地质营力。人为地质作用的影响，几乎涉及包括沉积成矿作用在内的所有外动力地质作用方式，并已涉及内动力地质作用。人为地质作用已经深刻地、彻底地、永久性地改变了地球的气候、地理、生物以及水文环境。因为这种改变如此巨大，所以地学界提出了“人类世”“人类圈”“智慧圈”等新名词。人类的工程活动对地质环境系统的作用和影响分正面作用和负面作用，正面作用也称为益化作用，可以改善地质环境，造福人类；负面作用也称为恶化作用，可以恶化、破坏地质环境，危害人类。

因此，约束、规范人为地质作用，减少、消除人为地质灾害，是摆在地学工作者面前的新课题。

人为地质作用与人为地质灾害研究的重点是：①人为地质作用的范围与种类；②人为地质灾害的成因与危害；③生态环境地质病；④约束、规范人为地质作用的措施，减少、消除人为地质灾害的途径。

8.生态地质环境修复

全球生态地质环境由于受到各种自然灾害以及人口膨胀、人地矛盾、工业不协调发展、资源被掠夺式开采、环境污染、生态退化等各方面的影响，导致地球表层土壤圈、生物圈、水圈遭受不同程度的破坏。目前人们已经认识到这些破坏导致的严重后果，因此，生态地质环境修复的理论与技术应运而生。生态地质环境修复包括被污染土壤的修复、被损毁土地的复垦、被污染水体和被污染地下含水层的修复、城市棕地和山区棕地的修复等。环境污染修复技术主要有物理法、化学法、生物法、综合法等。物理法、化学法修复一般成本较高，而且二次污染风险较大，从生态文明建设和可持续发展的角度考虑，一般首选生物修复。因此，生态地质学应当着重讨论生态地质环境生物修复（植物修复、微生物修复）的基本理论与方法。

迄今为止的研究和可预期的发展方向是：①被污染地质环境调查、评价；②物理修复技术；③化学/物理、化学修复技术；④生物修复技术；⑤联合修复技术；⑥污染环境的无害化治理技术、各种污染物的资源化利用技术；⑦安全、经济、绿色、生态的发展趋势。

实用问题的八个方面是有机统一的整体。研究生态地质环境，不能就事论事，要有大视野、要关注大格局，有时要跳出地球看地球，从地球系统看生态系统，从生态系统看生物与地质环境的相互作用关系，拓宽思路，系统、关联、综合、整体地看待生态地质环境，以便把生态地质问题看得更准、处理得更好。

科学问题主要是机理问题、规律问题、理论问题。解决科学问题，一般都是在研究、解决众多实用问题的基础上梳理、归纳、总结、提升。所以，生态地质学的初级阶段，主要还是研究实用问题。

第三节　生态地质学所依托的基础理论

生态地质学所依托的基础理论包括科学基础、基本概念、理论、思想、规律在内的科学逻辑结构问题，是所有自然科学的中心问题。

生态地质学理论的核心是地质环境效应和以人类为中心的生态动态平衡。

（1）整个地球表层的岩石圈、土壤圈、水圈、大气圈和生物圈，是一个最大的生态系统。

（2）它是一个开放的系统，各因子不断地同外界进行物质和能量交换。

（3）它是一个运动的系统，生态平衡是一种动态平衡，随着时间的推移和条件的变化，生态系统也在不断地变化。

（4）它是一个有恢复调节能力的系统。它能调节自身并忍受改变了的条件，实行生态系统的反馈，当它受到的外界干扰超过本身自动调节能力时，就破坏了原有生态系统的平衡状态。这时，环境也就被污染了。地质污染是地质介质在特定条件下对岩石圈等五大圈层的生态平衡产生破坏的过程、现象及状态。例如，地震、火山、泥石流、矿山有害元素流失等，都是地质污染。

（5）岩石圈是其他四个圈层的载体，是这个最大生态系统中最重要的一个因子。生态地质学特别强调岩石圈的平衡对其他四个因子平衡的控制作用。

生态地质学是一门新兴的地质学分支学科，尚未形成完整的理论体系，但作为多学科有机交叉融合的边缘学科，仍可依托相关学科的基础理论。

生态地质学是地质学的二级学科；生态地质学是地质学与生物学、环境科学等多学科交叉融合的学科，而其中重叠最多的是生物学的一级分支学科——生态学。因此，地质学理论和生态学理论是生态地质学所依托的最重要的基础理论。

以发展的眼光看待，从宇宙系统观出发，生态地质学作为交叉学科、边缘学科，地球系统科学、生态系统生态学的理论为生态地质学提供了更宽广的思路。

地球系统是由地球自然圈层构成的系统，20世纪80年代由美国科学家提出。对于地球系统有两种理解：一种是广义的地球系统概念，把地球看成一个由相互作用的地核、地幔岩石圈、土壤圈、水圈、大气圈、冰雪圈和生物圈等组成的系统。另一种是狭义的地球系统概念，把地球看成一个由相互作用的岩石圈、土壤圈、水圈、大气圈和生物圈等组成的统一体。

第四节 生态地质环境与生态文明建设

一、生态文明概述

文明，是人类文化发展的成果，是人类改造世界的物质和精神成果的总和，也是人类社会进步的象征。在漫长的人类历史长河中，人类文明经历了原始文明、农业文明、工业文明三个阶段。原始文明约在石器时代，人们必须依赖集体的力量才能生存，物质生产活动主要靠简单的采集渔猎，为时上百万年。在农业文明阶段，铁器的出现使人改变自然的能力有了质的飞跃，为时一万年。工业文明，即18世纪英国工业革命开启了人类现代化生活，为时300年。

生态文明是人类文明发展的一个新的阶段，即工业文明之后的世界伦理社会化的文明形态，是以人与自然、人与人、人与社会和谐共生、良性循环、全面发展、持续繁荣为基本宗旨的文化伦理形态。从人与自然和谐的角度，可以定义为：生态文明是人类为保护和建设美好生态环境而取得的物质成果、精神成果和制度成果的总和，是贯穿于经济建设、政治建设、文化建设、社会建设全过程和各方面的系统工程，反映了一个社会的文明进步状态。

300年的工业文明以人类征服自然为主要特征，世界工业化的发展使征服自然的文化达到极致，一系列全球性的生态危机说明地球再也没有能力支持工业文明的继续发展，需要开创一个新的文明形态来延续人类的生存，这就是生态文明。如果说农业文明是“黄色文明”，工业文明是“黑色文明”，那生态文明就是“绿色文明”。“绿色文明”所依托的首先是“绿色”的生态地质环境。

二、建设生态文明的物质基础

物质文明、政治文明、精神文明、社会文明与生态文明共同构成文明系统整体，协调发展，相互影响，相互制约，是一个完整而全面的文明体系。生态文明是“五个文明”系统中的前提。生态文明为物质文明、政治文明、精神文明、社会文明发展提供生态基础、环境条件和自然资源。

（1）生态文明为其他四个文明发展提供良好的生态基础。人来自自然，决定了人首先是自然的一分子，人类的生存发展不能违背自然规律。自然生态是人类社会赖以存在发展的基础条件和基本要素，自然生态的破坏、失衡，不仅严重影响人类的生存发展，而且还可能彻底毁灭人类。因此，爱护自然，与热爱人类具有同一性，只有通过生态文明建设，保障生态平衡，才能为物质文明、政治文明、精神文明、社会文明发展提供良好的生态基础。

（2）生态文明为其他四个文明发展提供优美的环境条件。环境既包括自然环境，也包括人为环境。在生态平衡的基础上，建设优美的环境，也是人类发展的必要因素。环境不仅直接影响人们的身体健康，也会直接影响人们的心理健康、精神健康，因此，只有通过生态建设，营造优美的自然社会环境，才能为物质文明、政治文明、精神文明、社会文明发展提供优美的环境条件。

（3）生态文明为其他四个文明发展提供丰富的自然资源。人类的生存发展，是人与自然交换物质能量的互动过程，是从自然获得其所必需的各种资源的过程，自然资源的贫富，从根本上决定了人类生存发展的状态，因此，只有通过生态文明建设，改善人与自然的关系，保障生态环境，才能为物质文明、政治文明、精神文明、社会文明发展提供丰富的自然资源。

三、生态文明依托于良好的地质环境

地质环境是整个生态环境的基础，是自然资源主要的赋存系统，是人类最基本的栖息场所、活动空间及生活、生产所需物质来源的基本载体。从根本上说，地球上的一切生物都依存于地质环境。地质环境对于人类的生活、生产及生态之间的适应性如何，从根本上决定着人类生存发展环境的质量。由此可知，人类生态文明建设的所有物质要素，也都依存于地质环境。可以说，地质环境是生态文明建设的物质基础。

但是，这个物质基础如今发生了动摇，100年以来强大的人为地质作用极大地加重了地球灾害，引发了全球气候变化。全球气候变化又对全球生态系统产生强烈影响，这已为人类敲响了警钟，也引起科学界广泛的研究和论争。英国大气学家詹姆斯·洛夫洛克（James E.lovelock）在20世纪70年代提出了轰动科学界的“盖亚假说”，认为地球拥有一个全球规模的自我调节系统，可以使环境适应生命的生存。西雅图华盛顿大学的著名古生物学家皮特·沃德（PeterWard）则提出反盖亚理论的“美狄亚假说”，认为地球就是“美狄亚”而不是“盖亚”，当今人类对地球环境的改变是史无前例的，因此我们正在通往地狱的路上一路狂奔。

恩格斯曾提出警告：“我们不要过分陶醉于我们对自然界的胜利，对于每一次这样的胜利，自然界都报复了我们。每一次胜利，在第一步都确实取得了我们预期的结果，但是在第二步和第三步却有了完全不同的、出乎意料的影响，常常把第一个结果又取消了。”如果人类不能迷途知返，不能履行自己保护地质环境、保护地球的责任，则地球将采取严厉的手段来惩治人类。如果恶化的地质环境不断扩大以至无限放大，大面积地质环境的地球物理生态功能失衡、地球化学生态功能异常，生态文明建设将无从谈起。最基本、最浅显的如人们一再强调“粮食安全”“食品安全”，如果没有清洁的土壤，没有干净的水，没有安全的地质环境，就无法生产安全的粮食、安全的食品。没有安全的地质环境就不会有健康、文明的生态。

地质环境是生态文明的空间载体，地质环境友好是生态文明建设的基础，应当成为当今人类的共识。

四、生态文明建设中地学和地学工作者的新任务

工业文明时期，地学工作者的主要任务是资源保障。进入生态文明建设时期，则是资源保障与环境保护、地球管理并重，甚至在某些时期、某些区域后者需要摆到更重要的位置上。传统地质工作内容的研究是永恒的，但还不够。随着恶化的地质环境对人类的威胁越来越大，“人类与地球的关系成为当今地学界着重研究的问题，地学也开始由以找矿为主的传统研究逐步向治理环境和管理地球为主的新领域研究转变”。生态文明将赋予地学理论创新更丰富的内涵，生态文明建设将赋予地学工作更多的创新工作内容。

（一）地学理论创新与生态文明建设

当今力推的五大发展（创新、协调、绿色、开放、共享）理念，第一个就是创新发展。创新是引领发展的第一动力，被摆在国家发展全局的核心位置，而创新发展的第一个要素就是理论创新。

理论创新是指人们在社会实践活动中，对出现的新情况、新问题，进行新的理性分析和理性解答，对认识对象或实践对象的本质、规律和发展变化的趋势作新的揭示和预见，对人类历史经验和现实经验作新的理性升华。简单地说，就是对原有理论体系或框架的新突破，对原有理论和方法的新修正、新发展，以及对理论禁区和未知领域的新探索。

生态地质学的初级阶段，主要是依托相关学科的理论、思想和定律指导实用问题的研究，尚未形成自身的理论体系，但也正是创建自身理论的初始阶段。对于许多影响生物的生存发展状态的地质学影响机理，目前还没有合理的解释，需要依托生态地质学自身的逻辑支点，着手探索构建本学科的系统理论。例如，地质学与生物学的结合、地质学与生物化学的结合、地质学与气象学的结合、地质学与海洋学的结合、地质学与土壤学的结合、地质学与水文学的结合、地质学与植物学的结合、地质学与动物学的结合、地质学与微生物学的结合、地质学与农学的结合、地质学与林学的结合、地质学与医学的结合……在它们的交叉点、结合部，都是理论创新的源点。

生态地质学看待生态地质环境问题，不能就事论事，要系统地看问题，把众多小问

题组成一个大问题——系统问题。具体的生态地质环境问题，常常要放到生态系统、地球系统去看待、去研究，研究非生物部分，要与生物部分联系起来；研究生物部分的具体问题，要与非生物部分联系起来；生物间的问题，要把生产者、消费者、分解者及三者与非生物成分（主要是地质环境）的相互作用、交互作用联系起来，系统看待，系统研究，系统解决，进而提炼、升华成系统理论。

（二）地学工作创新与生态文明建设

地学工作总是紧跟时代的发展，同时要有超前的意识和超前的探索。“紧跟”就是要有很强的服务意识，服务于当代社会经济发展，为之打基础，提供足够的地质资源保障；“超前”就是要比其他生产行业、服务行业看得更远，为之当先锋，对中长期发展的地质资源需求及生态地质环境可能发生的问题有预见性，并探索有效的方法，提出解决的方案。

为了适应生态文明建设的需要，地学工作也需要有更多的创新，包括地学工作创新内容的拓宽和地学工作者工作创新能力的提高。

1.工作创新内容

从第三次工业革命走向第四次工业革命，由工业文明走向生态文明，从发展模式来看，即从“黑色发展”转向“绿色发展”。发展模式的改变，将产生非常多的新工作，例如，在众多传统地质工作基础上，还有工业文明时期过度索取地质资源、区域性超负荷利用地质环境所产生的大量生态地质环境问题，相应的调查、评价、治理、修复以及之后的预防、控制、管理、规范；还了“旧账”不欠“新账”，则今后的建设要做到人与生态地质环境和谐共存，即发展要与资源环境承载力相适应，如村镇建设、城市建设、城市群建设、城市带建设的建设过程和发展过程中的资源与环境承载能力的调查、评估、认证；地质环境对植物、动物、微生物、人类的影响、制约及其相互作用关系等，都是今后长时期的重大任务。毫无疑问，这些任务主要由地学工作者完成。

2.工作创新能力

工作创新能力，指在工作岗位上创新自己的工作能力，产生新的思路、方法、措施，产生新的工作效果、效益的能力。创新能力的产生在于学习、实践、改进，从而不断地认真努力并逐步产生新的工作感悟，在新的领域把握正确方向并做出新的贡献的工作能力。

地学工作者的工作创新能力主要指，应对生态文明建设赋予地学工作者新的地质工作内容，在传统领域用新的方法发挥新的效能、在新的领域做新的开拓的工作能力，如地质资源调查工作创新能力、地质环境管控工作创新能力、地质环境保护知识科普工作创新能力等。

生态文明建设时期要走循环发展、绿色发展、低碳发展之路，就要求地质工作队伍既满足社会经济建设对地质资源的需求，又要求有更清洁、更安全的地质环境。这就要求地质工作者有更强的工作创新能力，以更环保的方法探查、索取所需的地质资源，使资源勘查开发中对地质环境的污染、损毁向趋近于零的目标努力。

人与生态地质环境和谐共存，包含针对城市生态地质环境、村镇人居生态地质环境、矿山生态地质环境、生物地球化学性疾病防治、休闲旅游生态地质环境、棕地修复再利用、农业生态地质环境（被污染农用地、农用水体的调查、评价、修复；绿色农产品、有机农产品、保健农产品生产的基本农田、果园、养殖场地的调查、鉴定、认证）……各种生态地质环境，需要一整套系统的生态地质环境本底及动态数据库，也需要一整套系统的生态地质环境治理、维护、管理、调控的方法、措施、规范、规程。

地质资源的探查保障工作，主要是地学专业队伍的任务，生态地质环境的管控保护则是全人类的任务。但大部分人没有这种认识，缺乏这方面的知识，也就没有自觉的地质环境保护意识。所以，地学工作者应带头做好生态地质环境相关知识的科普工作，将生态地质环境保护的地质学理论中最基本、最重要的部分理念，转换成大部分人能听懂、能理解、可操作的常识。只有绝大多数人能清醒地参与其中，尊重自然、顺应自然、保护自然，必要的时候适时、恰当地改造自然，维持、维护、管理好适生、宜居的生态地质环境，才能使蓝天常在、青山常在、绿水常在，才能将地球建设成生态文明的美好家园，实现人与自然和谐相处，永续发展。

第二章　生态环境地质

第一节　自然植被与地质环境

从地质学和土壤学的角度来看，不同的岩石衍生成不同的土壤。从植物生理学和土壤肥料学的角度来看，不同的土壤，土体结构不同，供肥、供水情况不同，提供矿质养分不同；不同的植物（作物）对水、热、气、肥（有机、无机）有不同的需求。因而，不同的植物对不同的地质环境适应性不同。所以，不同的地质环境有不同的植物群落分布。原生地质环境的自然植被，代表植物长期以来对地质环境的选择、适应或耐受。因此，研究植物与地质环境的关系，首先应从原生地质环境的自然植被入手。

一、植物与环境

（一）植物的环境

植物的环境是指植物生活空间的外界条件的总和。它不仅包括对植物有影响的各种自然环境条件，还包括生物对它的影响和作用。

1.自然环境

自然环境包括非生物环境（无机环境）和生物环境（有机环境）两部分。非生物环境按范围大小可分为宇宙环境（主要指太阳）、地球环境、区域环境、生境、小环境、体内环境等。生物环境指影响植物的其他植物、动物、微生物及其群体。它们在空间上的关系不是截然分开的，而是结合在一起的。

植物的地球环境主要指大气圈、水圈、土壤圈、岩石圈四个自然圈层，其中土壤是半有机环境。在这四个圈层的界面上，构成了一个有生命、具有再生产能力的生物圈。生物圈包括对流层（大气层的下层）、水圈、土壤圈和岩石圈（上部）。它的范围与生物分布的幅度一致，上限可达海平面以上85km的高度，下限可达海平面以下11km的深度。而植物层（地球植被）则是生物圈的核心部分。

由于各大自然圈在地球表面的不同地区互相配合的情况差异很大，因此，形成了很不相同的区域环境。例如，江河湖海；陆地、平原、高原、高山和丘陵；热带、亚热带、温带、寒带等。从而形成了各种植物群落（植被）类型，如森林、草原、荒漠、水生植被等。

在植物及其群体生长发育和分布的具体地段上，各种具体环境因子的综合作用形成生境。例如，阳坡生境，适合桦、杨等生长；阴坡生境，适合云杉、冷杉等生长。

小环境是指接触植物个体表面，或植物个体表面不同部位的环境。例如，植物根系接触的土壤环境（根际环境）、叶片表面接触的大气环境。

2.人工环境

人工环境有广义和狭义之分。广义的人工环境包括所有的栽培植物及其所需的环境，还有人工经营管理的植被等，甚至包括自然保护区内的一些控制、防护等措施。狭义的人工环境指人工控制下的植物环境，如人工温室等。

人工环境是对所有植物而言，包括作物。人工环境中特定条件下也可能有自然植被，但这里只涉及自然环境下的自然植被。

（二）植物与土壤环境

土壤环境是地质环境中植物生长繁衍最直接、最重要的环境要素，绝大部分陆生植物依托于土壤，它们所需的水分、有机与无机营养物质都取自土壤。

1.土壤的生态意义

土壤是岩石圈表面的疏松表层，是陆生植物生活的基质。它提供了植物生活必需的营养和水分，是生态系统中物质与能量交换的重要场所。由于植物根系与土壤之间具有极大的接触面，在土壤和植物之间进行频繁的物质交换，彼此强烈影响，因而土壤是植物的一个重要生态因子，通过控制土壤因素就可影响植物的生长和产量。土壤及时满足植物对水、肥、气、热要求的能力，称为土壤肥力。肥沃的土壤同时能满足植物对水、肥、气、热的要求，是植物正常生长发育的基础。

2.土壤的化学性质对植物的影响

（1）土壤酸碱度。土壤酸碱度是土壤最重要的化学性质，因为它是土壤各种化学性质的综合反映，与土壤微生物的活动、有机质的合成和分解、各种营养元素的转化与释放及有效性、土壤保持养分的能力都有关系。

（2）土壤有机质。土壤有机质是土壤的重要组成部分，包括腐殖质和非腐殖质两类。前者是土壤微生物在分解有机质时重新合成的多聚体化合物，占土壤有机质的85%～90%，对植物的营养有重要的作用。土壤有机质能改善土壤的物理和化学性质，有利于土壤团粒结构的形成，从而促进植物的生长和养分的吸收。

（3）土壤中的无机元素。植物从土壤中摄取的无机元素中有14种对其正常生长发育都是不可缺少的（营养元素）：N、P、K、S、Ca、Mg、Fe、Mn、Mo、Cl、Cu、Zn、B、Ni。植物所需的无机元素主要来自土壤中的矿物质和有机质的分解。腐殖质是无机元素的储备源，通过矿化作用缓慢释放可供植物利用的元素。土壤中必须含有植物所必需的各种元素及这些元素的比例适当，才能使植物生长发育良好，因此，通过合理施肥改善土壤的营养状况是提高植物产量的重要措施。

对植物而言，光照、温度、水分和土壤四个生态因子都受到地质环境的影响和制约。不同的地层、不同的母质衍生不同的土壤，不同的地质环境（地质构造、地形地貌）条件下，植物所需的光照强度、光质、光照分布、光照时间和温度、水分供应等都会受到直接或间接的影响。

二、植物的矿质营养

除水分外，植物还需要各种矿质元素以维持正常的生理活动。这些矿质元素，有作为植物体组成成分的，有调节植物生理功能的，也有兼备这两种功能的。

矿质元素和水分一样，主要存在于土壤中，由根系吸收进入植物体内，运输到需要的部位，加以同化，以满足植物的需要。植物对矿物质的吸收、转运和同化，称为矿质营养。

植物体中含有多种化合物，也含有各种离子。无论是化合物还是离子，都是由不同的元素组成的。

（一）植物体内的元素

把植物烘干并充分燃烧，燃烧时，有机体中的C、H、O、N等元素以二氧化碳、水分子态氮和氮的氧化物形式散失到空气中，余下一些不能挥发的残烬称为灰分矿质元素，其以氧化物形式存在于灰分中，所以，也称为灰分元素。氮在燃烧过程中散失而不存在于灰分中，所以氮不是灰分元素。但氮和灰分元素一样，都是植物从土壤中吸收的，而且氮通常是以硝酸盐（$N0_3$）和铵盐（NH）的形式被吸收，所以将氮归并于矿质元素一起讨论。一般来说，植物体中含有5%～90%的干物质，10%～95%的水分，而干物质中有机化合物超过90%，无机化合物不足10%。植物灰分中至少有几十种化学元素，甚至地壳中所含的化学元素均能从灰分中找到，只是有些元素含量极少。植物体中的化学元素，有的是必需的，有的是非必需的；植物体所有化学元素都来自地质环境。

（二）植物必需的矿质元素

阿隆（Arnon）和斯托德（Stout）提出植物的必需元素必须符合三项标准。

（1）完成植物整个生长周期不可缺少的；

（2）在植物体内的功能是不能被其他元素代替的；

（3）直接参与植物的代谢作用的。

借助于溶液培养法或砂基培养法，已经证明来自水或CO_2的元素有C、O、H，来自土壤的有N、K、Ca、Mg、P、S、Si7种，植物对这些元素需要量相对较大（>10mmo/kg干重），称为大量元素或大量营养；其余Cl、Fe、B、Mn、Na、Zn、Cu、Ni和Mo9种元素也来自土壤，植物需要量极微（<10mmol/kg干重），稍多即发生毒害，故称为微量元素或微量营养。

三、植物与地质环境

（一）地层岩性与植物

1.基岩与植物景观

不同的岩石风化后形成不同性质的土壤，不同性质的土壤上有不同的植被，具有不同的植物景观。

岩石风化物对土壤性状的影响，主要表现在物理、化学性质上，如土壤的厚度、质地、结构、水分、空气、湿度、养分、酸碱度等。

灰岩主要由碳酸钙组成，属钙质岩类风化物。风化过程中，碳酸钙可被酸性水溶解，大量随水流失，土壤中缺乏磷和钾，多具石灰质，呈中性或碱性反应。土壤黏实，易干，不宜针叶树生长，宜喜钙耐旱植物生长，上层乔木则以落叶树占优势。例如，杭州龙井寺附近及烟霞洞岩石多属灰岩，乔木树种有珊瑚朴、大叶榉、榔榆、杭州榆、黄连木，灌木中有灰岩指示植物南天竺和白瑞香。

砂岩属硅质岩类风化物，其组成中含大量石英，坚硬、难风化，多构成陡峭的山脊、山坡；在湿润条件下，形成酸性土；砂质，营养元素较贫乏。

流纹岩也难风化，在干旱条件下，多石砾或砂砾质，在温暖湿润的条件下呈酸性或强酸性，形成红色黏土或砂质黏土。例如，杭州云栖及黄龙洞岩石分别为砂岩和流纹岩，植被组成中以常绿树种较多，如青冈栎、米槠、苦槠、浙江楠、紫楠、绵槠、香樟等，也适合马尾松、毛竹生长。

2.不同岩性接触带的植被景观

不同地层、不同岩性的岩石衍生的土壤pH会有差异。我国南方，土壤pH较高的母岩主要有灰岩、白云岩、玄武岩等，土壤pH多在7以上；花岗岩、大部分砂岩、砂砾岩、寒武、前寒武系变质岩等衍生的土壤pH多在6以下，许多在5左右。因此，各地的灰岩与相邻的地层，植物群落都有较明显的差异。

江西于都的岩前村后山，为花岗岩岩体与二叠系栖霞组含燧石团块灰岩的接触带，燕山期花岗岩岩体风化壳衍生的酸性土壤pH在4.5～5.5，植被为铁芒萁—马尾松群丛；在二叠系栖霞组含燧石团块灰岩衍生的微碱性土中，pH值大于7.5，生长的都是茅草、芒以及一些阔叶树，较新鲜的石灰性土上，生长着典型的石灰性土指示植物蜈蚣草，花岗岩一侧，长满了铁芒萁，在灰岩一侧未见铁芒萁。地层岩性的接触带弯弯曲曲，两套不同植被的界线也弯弯曲曲。

（二）地质构造与植物

地质构造通过控制岩石类型的分布、基岩地下水的水量和组分、地形地貌，以及环境生命元素的分布规律而影响植物种、种群和群落的分布。

1.龙瑞大断裂

在云南芒市有一条北东向的大断裂带，称为龙瑞大断裂（也有人认为是两大板块接合部的缝合带），延绵几百千米，从龙陵境内一直延伸到缅甸。在断裂带的芒市三台山段，有一些超基性岩体分布于龙瑞大断裂带中及其两侧，东起菲红，西至坝托，大小9个岩体，断续延长12km。这些超基性岩体，窄的地方30多米，宽的地方100多米，在超基性岩出露的地方只长茅草，不长灌木，超基性岩两边的其他岩性分布区乔木和灌木茂盛，远远望去，就像一条天然的防火带。

2.宁都青塘

宁都县青塘镇的水湖一带，分布有黄龙组灰岩，在黄龙组灰岩与其他地层交界处，一般可看到植物群丛分布有差异，特别是黄龙组灰岩与山组砂岩接触带或与花岗岩接触带的植物分带差异非常明显。最典型的是在一条北东向断层的两边，南边下石炭统山组砂岩地层内全为针叶林，上一个层片为马尾松，下一个层片为铁芒萁，即马尾松—铁芒萁群丛；北边中石炭统黄龙组灰岩区则为阔叶林，看不到松树和杉树。站在高处看，断层走向即为地质界线，亦即植物分带，界线分明，一目了然。

（三）土壤与植物

土壤是植物生长的基质。土壤对植物最明显的作用之一就是提供植物根系生长的场所。没有土壤，植物就不能站立，更谈不上生长发育。根系在土壤中生长，土壤提供植物需要的水分和养分。

1.土壤物理性质对植物的影响

土壤物理性质主要指土壤的机械组成。理想的土壤是“疏松、有机质丰富，保水、保肥力强，有团粒结构的壤土”。团粒结构内的毛细管孔隙小于0.1mm，有利于贮存大量水和肥；而团粒结构间非毛细管孔隙大于0.1mm，有利于通气、排水。植物在理想的土壤上生长得健壮长寿。

土壤过于紧密时，土壤孔隙度降低，土壤通气不良，抑制植物根系的伸长生长。经调查，油松、白皮松、银杏、元宝枫在土壤硬度为1～5kg/cm²时，根系最多；5～8kg/cm²时，根系较多；15kg/cm²时，根系少量；大于15kg/cm²时，没有根系。刺槐、槐树在土壤硬度为0.9～8.0kg/cm²时，根系最多；8～12kg/cm²时，根系较多；12～22kg/cm²时，根系较少；大于22kg/cm²时，没有根系，因为根系无法穿透，毛根死亡，菌根减少。

2.土壤不同酸碱度的植物生态类型

据我国土壤酸碱性情况，按酸碱度可把土壤分成五级：pH值小于5为强酸性；pH值在5.0～6.5为酸性；pH值在6.5～7.5为中性；pH值在7.5～8.5为碱性；pH值大于8.5为强碱性。

酸性土壤植物在碱性土或钙质土上不能生长或生长不良。它们分布在高温多雨地区，土壤中盐质如钾、钠、钙、镁被淋溶，而铝的浓度增加，土壤呈酸性。另外，在高海拔地区，由于气候冷凉、潮湿，在针叶树为主的森林区，土壤中形成富里酸，含灰分较少，因此土壤也呈酸性。这类土壤较适宜的植物如柑橘类、茶、山茶、白兰、含笑、珠兰、茉莉、檵木、枸骨、八仙花、肉桂、高山杜鹃等。

土壤中含有碳酸钠、碳酸氢钠时，则pH值可达8.5以上，称为碱性土。如土壤中所含盐类为氯化钠、硫酸钠，酸碱性呈中性。能在盐碱土上生长的植物叫作耐盐碱土植物，如新疆杨、合欢、文冠果、黄栌、木槿、柽柳、油橄榄、木麻黄等。

土壤中含有游离的碳酸钙称为钙质土，有些植物在钙质土上生长良好，称为钙质土植物（喜钙植物），如南天竺、柏木、青檀、臭椿等。

（四）矿床与植物

在我国南朝梁（502—557）时，有一部专门的著作《地镜图》，是世界上最早的一部研究植物与矿藏生成关系的著作，书中有“草茎赤秀，下有铅”“草茎黄秀，下有铜器”“山上有葱，其下有银；山上有薤、其下有金；山上有姜，下有铜锡”“山中有玉者，木旁枝下垂”的论述，比国外的植物探矿理论早数百年。这些植物就是找矿专业领域所说的“指示植物”。

比较系统地利用植被特征勘探有用矿物的工作是从19世纪中叶开始的。早期引起科学家注意的是与蛇纹岩露头相联系的植物特有种。在蛇纹岩上面的土壤所产生的特殊矿化场的影响下，出现一些不同于周围地区的植物。以后，坎农1971年列举了大约122种矿床指示植物。它们指示的元素有Al、B、Co、Cu、Cu-Mo、C（金刚石）、Au、Fe、Pb、Li、Mn、Hg、Ni、P、Se、Se-U、Ag、Sr、Sn、V和Zn。R.R.布鲁克斯认为122种矿床指示植物中只有77种比较可靠。其中，铜矿指示植物最多，达45种；其他金属指示植物不超过7种。

最有影响的“铜草”即“海州香薷”，也称牙刷草。有句谚语这样描述铜草：“牙刷草，开紫花，哪里有铜，哪里就有它。”生长茂盛的铜草能够吸收土壤中过多的铜元素，我国学者在这种植物的指引下曾经发现了多个富铜矿。铜草不仅能够起到很好的指示作用，而且其根、茎、叶、花还可以用来炼铜，如果把它作为肥料，也可以解决一些土壤缺铜的问题。

在矿化区，不仅含有特殊的植物种类，而且常常出现异常形态的植株，包括巨型、矮化、叶黄化，形成不正常形状的果实、花色的改变、生长和开花节律的紊乱等。例如，在欧亚大陆和北美北部很常见的柳兰花通常是蔷薇紫色，但在加拿大和阿拉斯加铀矿地区，花的颜色变为纯白色。铜元素进入植物体内能使植物的花朵呈现蓝色；含锰高可使植物的花朵呈现红色，如使扁桃花冠颜色由白色变粉红色；铀可使紫云英的花朵变为浅红色；镍矿石会使花瓣失去色泽；锌可以使三色堇的花朵蓝、黄、白三色变得更加鲜艳。这样，根据植物花的颜色变化就可以找到相应的矿藏。

此外，由于某些植物需要特别的元素，所以，如果某个地区某种植物多而且生长得特别好，这个地区就可能蕴藏着某种矿物。美国科学家曾根据桉树长势繁茂的特点，找到具有放射性的铀矿；还曾经根据一种粉红色紫云英的“提示”，发现了铀矿和硒矿。经长期观察，人们总结了很多经验，如在生长有大量针茅草或者锦葵的地方，可能会有镍矿；羽扇豆生长好的地方，也许土壤中有大量的锰。

有时，某些矿物的存在会严重影响植物的生存，所以，这些地区植物的发育一般是畸形的。譬如，在盐类和石膏矿床上，植物一般比较矮小；硫化物矿区内因地下水酸度过大，也能使植物枯萎，但磷矿区内的植物往往生长得特别茂盛；青蒿生长在一般土壤中时植株高大，而生长在富含硼的土壤中时，就会变得又矮又小；猪毛草生长在富含硼矿的土壤中时，枝叶会变得扭曲而膨大。根据它们的这种畸形姿态，便可能找到硼矿。

植物能够指示矿产资源存在的原因有很多，但最重要的有两个方面。

（1）有的植物由于长期生长在蕴藏某种矿物的矿区，当地下的金属矿体经地下水的溶解、冲蚀及搬运作用后，常使表层土壤中也富含此类金属元素，在漫长的地质年代里，很多元素逐渐变成了能被植物吸收利用的离子状态，一旦被植被吸收，就有可能在植物的生长状态上反映出来。

（2）有些植物在生长发育中特别需要某些矿质元素，对某金属具有一定的特殊依赖性，喜欢生长在富含这种金属的土壤上，这种依存关系便是人们寻找矿藏的重要依据。植物的根系除从土壤中吸取N、P、K等营养元素外，还能吸收少量的其他各种元素，富集于植物的根、茎、叶和果实内。分析它们体内矿物元素的含量，呈现明显高值异常的物质，一般具有一定的指示性。有的植物种子受到放射性物质照射，使生态发生变异或使植株异常高大粗壮，人们据此推测寻找放射性矿物。

尽管利用指示植物寻找矿产资源的历史悠久，但单纯依靠植物的指示作用并不能取得很好的效果。因为造成植物异常表现的因素非常多，包括气候、水文、土壤、地形、地貌等。毋庸置疑，指示植物在找矿工作的前期作用重大，正是这些默默无闻的“向导”在无声无息地向人们诉说着丰富的信息。但是，在这一基础上，人们还需要辨明真伪，结合多种方式，发挥各种找矿方法的优势，探索深埋地下的宝藏。

第二节　作物与地质环境

地球生物圈现存植物大约有35万种，与人类关系最密切的是人类生活必需的农作物——粮、棉、油、果、蔬等。

粮、棉、油、果、蔬作物与其他植物一样，需要有良好的生态地质环境。由于农作物要满足人类对其产量、品质的更高要求，所以，粮、棉、油、果、蔬作物比自然植被对生态地质环境的要求更严格。相对于其他自然植被，人类对农作物生态地质环境的研究更全面、更深入。

一、作物与土壤环境

对所有的陆生植物而言，土壤是最重要、最基本的物质条件；决定土壤性质最重要、最基本的物质基础是成土母岩。在地学上的表述，土壤就是岩石圈表层的松散层，土壤圈也是后来从岩石圈细分的一个圈层概念。

（一）土壤对作物的生态作用

1.土壤物理性质与作物的生态关系

（1）土壤质地和结构。土壤的基本物理性质是指土壤质地、结构、容重、孔隙度等。其中土壤的质地、结构性质及由此引起的土壤水分、土壤空气和土壤热量的变化规律，可能对作物的根系和作物的营养状况产生明显的影响。

（2）土壤水分。土壤水分主要来自降雨、降雪和灌溉水；如果地下水位较高，地下水也可上升补充土壤水分。

（3）土壤空气。土壤空气的组成80%是氮气，20%是氧气和二氧化碳气体等。由于土壤中生物（包括微生物、动物和作物根系）的呼吸作用和有机物的分解，要求土壤中保持一定的氧气含量，一般为土壤空气的10%～12%。土壤空气中的二氧化碳以气体扩散和交换的方式进入近地的空气层，供作物进行光合作用。排水良好的土壤中二氧化碳含量在0.1%左右，二氧化碳积累过多会影响根系生长和种子发芽。土壤通气性程度还影响土壤微生物的种类、数量和活动，进而影响作物的营养状况。

（4）土壤温度。一般而言，土温比气温高，以年平均温度而言，一般土温比气温高2～3℃，夏季明显，冬季相差较小。土温影响作物的发芽，同一作物在不同的生育时期对土温的要求也不同，土温影响根系的生长、呼吸和吸收能力。对于大多数作物来说，在10～35℃的范围内，随土壤温度的增高，生长速度加快。土温过高或过低都影响根系的吸收能力。低的土温使土壤供水能力减弱，增加水的黏滞性，减弱原生质对水分的透性，同时因降低代谢和呼吸强度，从而使吸水能力减弱；土温过高可促使根系过早成熟，根部木质化程度增加，从而减少根系的吸收面积，削弱其吸水能力。同时，土温还制约各种盐类的溶解速度、土壤气体交换和水分的蒸发，各种土壤微生物的活动以及土壤有机物质的分解速度和养分的转化，进而影响作物的生长。

2.土壤化学性质与作物的生态关系

（1）作物与土壤酸碱度。各种作物对土壤酸碱度都有一定的要求。多数作物适于在中性土壤上生长，典型的“嗜酸性”或“嗜碱性”作物是没有的。不过，有些作物比较耐酸，另一些则比较耐碱。可以在酸性土壤上生长的作物有荞麦、甘薯、烟草、花生等，能够忍耐轻度盐碱的作物有甜菜、高粱、棉花、向日葵、紫苜蓿等。紫苜蓿被称为盐碱土的“先锋作物”。种植水稻也是改良盐碱地的一项措施。

（2）作物与土壤养分。作物生长和形成产量需要有完全营养的保证。不过，从施肥和作物对营养元素反应的角度，常常把作物分为喜氮、喜磷、喜钾三大类。

①喜氮作物。水稻、小麦、玉米、高粱属于这一类，它们对氮肥反应敏感。

②喜磷作物。油菜、大豆、花生、蚕豆、荞麦等属于这一类。对这些作物施磷后，一般增产比较显著。北方的土壤几乎普遍缺磷，南方的红壤、黄壤更是贫磷，施磷增产效果良好。

③喜钾作物。糖料、淀粉、纤维作物如甜菜、甘蔗、烟草、棉花、向日葵、薯类、麻类等属于这一类。施用钾肥对这些作物的产量和品质都有良好的作用。

以上划分的方法只有相对的意义，其实在作物生产上，缺乏任何一种营养元素都势必造成减产。

（3）作物与土壤有机质。土壤有机质是土壤的重要组成成分，它与土壤的发生演变、肥力水平和许多属性都有密切关系。有机质是各种作物所需养分的源泉，它能直接或间接地供给作物生长所需的氮、磷、钾、钙、镁、硫和各种微量元素。有机质可促进土壤团粒结构的形成，能改善土壤的物理和化学性质，影响和制约土壤结构的形成及通气性、渗透性、缓冲性、交换性和保水保肥性能，而这些性能的优劣与土壤肥力水平的高低是一致的。

3.土壤生物性质与作物的生态关系

土壤的生物特性是土壤中动、植物和微生物活动所造成的一种生物化学和生物物理学特性。这个特性与作物营养也有十分密切的关系。土壤微生物直接参与土壤中的物质转化，分解动植物残体，使土壤有机质矿质化和腐殖质化。含的有机物质如蛋白质等，在微生物蛋白水解酶的作用下，逐步降解为氨基酸（水解过程）；氨基酸又在氨化细菌等微生物的作用下，分解为NH_3或铵化合物（氨化过程）。旺盛的氨化作用是决定土壤氮素供应的一个重要因素，所形成的NH_3溶于水成为NH_4^+，可被植物利用；NH_3或铵盐在通气良好的情况下，被亚硝化细菌和硝化细菌氧化为亚硝酸盐类和硝酸盐类（硝化作用），供给作物作为氮素营养。

此外，微生物的分泌物和微生物对有机质的分解产物如二氧化硫、有机酸等，还可直接对岩石矿物进行分解，如硅酸盐菌能分解土壤里的硅酸盐，并分离出高等植物所能吸收的钾；磷细菌、钾细菌能分别分解出磷灰石和长石中的磷和钾。这些细菌的活动也加快了钾、磷、钙等元素从土壤矿物中溶解出来的速度。可见土壤微生物对土壤肥力和作物营养起着极为重要的作用。

（二）高产对土壤条件的要求

土壤是作物根系生育和活动的场所，土壤环境中的各种因素，都直接或间接地影响作物的生长发育。一般作物对土壤的要求有以下几个方面。

（1）土层深厚，结构好。各种作物都有一个强大的根系，主要分布在1m以内的土壤内，而根量的50%集中在0～25cm的耕层内。因此，要求土层要深厚、土壤具有团粒结构，使水、肥、气、热各个因素相互协调，为根系生长创造一个良好的生活环境。

（2）松紧适宜，通气性好。耕层的松紧程度要适宜，并要求相对稳定。固相、液相、气相三者比例要协调，一般要求土壤的孔隙部分与土壤固体部分之比值等于1或稍大于1。土壤容重在1.0～1.3/cm³。

（3）砂黏适中，质地好。壤土为作物生长最为理想的土壤质地，但各种作物对土壤质地有不同要求，如块根、块茎等作物要求沙质土壤。

（4）耕作层肥沃，有机质含量高。一般要求土壤耕层内有机质含量在1%～2%。

（5）酸碱适度，地下水位低。土壤内含盐量与酸碱度对作物生长发育影响很大。土壤pH超过9或低于4对作物根系均有毒害作用，而且对土壤养分有效性的影响也很大。大多数作物要求土壤pH在6～8。甘薯、马铃薯、花生、烟草要求土壤pH为5～6，玉米、大豆、黄麻、油菜为6～7，水稻、小麦、大麦为6～7.5，高粱、豌豆、蚕豆、棉花、向日葵、甜菜为6～8。

二、矿质营养与植物品质

农产品品质主要是指农产品对人畜的营养价值品质、农产品商业价值品质，以及农产品的加工品质。随着人类生活水平的提高，对植物品质的要求也越来越高，而合理的矿质营养是提高农产品品质的重要途径之一。设法使地质环境（农业地质背景）为农作物提供合理的矿质营养就成了地学和农学研究的热点和重点。

（一）矿质营养与植物的品质

植物产品的品质首先取决于植物本身的遗传特性；其次这些品质也会受到外界环境因素的影响。遗传特性决定了某种植物或品种产品特有的基本品质，而外在环境则可以影响或调节某种品种遗传潜力的实现程度。外在环境主要有养分供应、土壤性质、气候条件、管理措施等。植物养分的均衡供应对改善植物品质有极为重要的作用。如能把植物的养分供应调节到最佳水平，则可大大改善品质；反之，如果某种养分供应过多、不足或不平衡，则会明显降低植物品质。

1.氮与植物品质

植物体内与品质有关的含氮化合物有蛋白质、必需氨基酸、酰胺和环氮化合物（包括叶绿素A、维生素B和生物碱）、NO_3^-、NO_2^-等。

蛋白质是农产品的重要质量指标。氮肥能提高农产品中蛋白质的含量，籽粒中蛋白质的积累主要是营养器官中氮化物再利用的结果。^{15}N的研究表明，小麦后期叶面追施尿素可促进谷蛋白的合成，从而提高面包的烘烤质量。

人体必需的氨基酸有缬氨酸、苏氨酸、苯丙氨酸、亮氨酸、蛋氨酸、色氨酸、异亮氨酸和赖氨酸等，其含量也是农产品的主要品质指标。这些氨基酸是人和动物体自身无法合成的，只能由植物产品提供。适当供氮能明显提高产品中必需氨基酸的含量，而过量施氮，必需氨基酸的含量反而会减少。人和动物如果缺乏必需氨基酸，就会产生一系列代谢障碍，并导致疾病。

通过施肥能够提高蛋白质的含量，但很少能影响蛋白质的组成，因为蛋白质组成主要受遗传基因控制。但施氮也能改变植株的某些营养成分。例如，当供氮从不足到适量时植株中胡萝卜素和叶绿素含量随施氮量的增加而提高；供氮稍过量时，谷粒中维生素B含量增加，而维生素C含量却减少。

氮肥还会影响植物油的品质。例如，向日葵油一般含有10%的饱和脂肪酸（棕榈酸和硬脂酸），20%的油酸，70%的必需亚油酸。随着氮肥用量的增大，向日葵油中的油酸含量增加，而亚油酸含量减少。在油菜中，施氮不仅能提高籽粒产量和粒重，也能提高含油量。

氮素营养状况对甜菜品质的影响至关重要。在块根生长初期，供应充足的氨是获得高产的保证，而后期供氨多则会导致叶片徒长、块根中氨基化合物和无机盐类含量增高，糖分含量则大幅度下降。

植物产品中的NO_3^-和NO_2^-含量是重要品质指标之一。NO_3^-在人体内可还原成NO_2^-，NO_3^-过量能导致人体高铁血红蛋白症，引起血液输氧能力下降。亚硝酸盐还可与次级胺结合，转化形成一类具有致癌作用的亚硝胺类化合物。氮肥施用量过多是造成叶菜类植物体硝酸盐含量大幅度增加的主要原因。

2.磷与植物品质

与植物产品品质有关的磷化物有无机磷酸盐、磷酸酯、植酸、磷蛋白和核蛋白等。适量的磷肥对作物品质有如下作用。

（1）提高产品中的总磷量。饲料中含磷量达0.17%～0.25%时才能满足动物的需要，含磷量不足会降低母牛的繁殖力。氮磷比值的大小对人类健康的重要性远远超过了磷和钙单独的作用。

（2）增加作物绿色部分的粗蛋白质含量。磷能促进叶片中蛋白质的合成，抑制叶片中含氮化合物向穗部的输送。磷还能促进植物生长，提高产量，从而对氨产生稀释效应。因此，只有氮磷比例恰当，才可提高籽粒中蛋白质的含量。

（3）促进蔗糖、淀粉和脂肪的合成。磷能提高蛋白质合成速率，而提高蔗糖和淀粉合成速率的作用更大；作物缺磷时，淀粉和蔗糖含量相对降低，但谷类作物后期施磷过量，对淀粉合成不利。

（4）使蔬菜上市表观、果实大小、耐贮运、味道特性等都有所改善。充足的磷肥可获得较大的马铃薯块茎；磷肥供应不足时，则形成较小的块茎；磷太多时又易形成裂口或畸形块茎。磷肥还能提高果菜类蔬菜的含糖量，改善其酸度，使上市的蔬菜更鲜美、漂亮，提高商品质量。

3.钾与植物品质

（1）改善禾谷类作物产品的品质。钾不仅可增加禾谷类作物籽粒中蛋白质的含量，还可提高大麦籽粒中的胱氨酸、蛋氨酸、酪氨酸和色氨酸等人体必需氨基酸的含量。

（2）促进豆科作物根系生长，使根瘤数增多，固氮作用增强，从而提高籽粒中蛋白质含量。

（3）有利于蔗糖、淀粉和脂肪的积累。在甜菜上施用钾肥可提高含糖量、减少杂质含量；在大麦上施钾肥可提高籽粒中淀粉和可溶性糖的含量。

（4）提高棉花产量，促进棉绒成熟，减少空壳率，增加纤维长度，还能提高棉籽的含油量。

（5）改善烟叶的颜色、光洁度、弹性、味道、燃烧性能，减少烟草中尼古丁和草酸的含量。

4.钙、镁、硫与植物品质

（1）钙。钙既是细胞膜的组分，又是果胶质的组分。因此，缺钙不仅会增加细胞膜的透性，也会使细胞壁交联解体，还会使番茄、辣椒、西瓜等出现脐腐病，苹果出现苦痘病和水心病等，极大地影响农产品品质。施钙可增加牧草的含钙量，提高其对牲畜的营养价值，还可增加农产品的可贮性。此外，钙是人类食品中明显不足的元素，施钙对提高植物食品的含钙量，促进人体健康也极其重要。

（2）镁。镁的含量也是农产品一个重要的品质标准。饲用牧草镁含量不足时可导致饲养动物缺镁症，引起动物痉挛病，人类饮食中镁不足则会导致缺镁综合征，出现过敏、疲劳、脚冷、全身疼痛等病症。施镁肥可提高植物产品的含镁量，还能提高叶绿素、胡萝卜素和碳水化合物的含量，防治人畜缺镁症。

（3）硫。硫是合成含硫氨基酸如胱氨酸、半胱氨酸和甲硫氨酸所必需的元素。缺硫会降低蛋白质的生物学价值和食用价值；禾谷类作物籽粒中半胱氨酸含量低时，会降低面粉的烘烤质量；某些植物（如洋葱和十字花科植物）体内次生物质（如芥子油、葱油）的合成也需要硫。因此，施硫可增加这些植物产品的香味，改善其品质。

5.微量元素与植物品质

许多微量元素是植物、人和动物所必需的，农产品中微量元素的含量也是重要的产品品质指标。微量元素影响植物体内许多重要代谢过程，但它同时又是易于对植物产生毒害等不良影响的元素，因此，微量元素的供应必须适度。

（1）铁。绿色叶片（如菠菜）和粮食中的铁是人体中铁的重要来源。缺铁可引起贫血、脑神经系统疾病、感染性疾病和骨骼异常现象等。

（2）锰。食物和饲料中的含锰量也是重要的品质标准。施用锰肥有提高维生素（如胡萝卜素、维生素C）含量和防止裂籽以及提高种子含油量等作用，缺锰会引起动物生长停滞、骨骼畸形、生殖机能障碍等病症。

（3）铜。铜对于提高植物产品蛋白质含量、改善品质、增加与蛋白质有关物质的含量都有积极的作用。

（4）锌。缺锌能使植物成熟期推迟，从而影响农产品品质。食物中含锌量低常常会引起儿童食欲不振、生长发育受阻等。施锌能增加植物产品含锌量和产量，防治人畜缺锌病。

（5）硼。硼对植物体内碳水化合物运输有重要影响，因此，适量增施硼肥可提高蔗糖产量。施硼还可防止因缺硼造成的茎裂，提高蔬菜品质。

（6）钼。缺钼土壤上施钼肥可增加种子的含钼量，提高农产品的蛋白质含量，改善其品质。例如，在新西兰的Hasting镇，由于土壤缺钼，该地生长的蔬菜中含钼量低，因此当地生活的许多学龄儿童患有龋齿；而与Hastings镇仅相距15km的Napier镇，因为土壤含钼量高，蔬菜的含钼量正常，所以小学生的牙齿都很正常。由于钼能促进固氮作用，施钼可以增加豆类作物的含氮量，从而提高蛋白质含量。

（二）矿质营养与种子活力和品质

籽粒中养分的缺乏会降低种子活力和后代抗养分胁迫的潜力。种子中养分储存得越多，其活力越大，种子萌发能力也越强，幼苗生长也越茁壮。养分的缺乏会影响种子中其他物质的化学组成，间接地影响种子活力。这种间接影响往往是通过对种皮结构、种子饱实率和激素水平的影响造成的。氮能增加母体生殖细胞数量，从而提高产量，但氮过多又会延迟成熟，降低种子活力；含钾量低的种子不仅发芽率低，还会降低种子活力和缩短种子寿命；缺锌延迟种子成熟；缺硼使种子出现空心病和腐心病；缺锰出现裂籽病。这些都严重地影响种子的活力和品质。

矿质养分的缺乏不仅对种子产量和活力产生抑制作用，还会降低动物及人类食物的品质。缺氮、缺硫会改变豆科作物种子中氨基酸的组成和蛋白质的合成；缺硫会降低大豆球蛋白和豌豆球蛋白中含硫氨基酸的含量，使营养价值下降。铁、锌和铜是人类饮食中经常缺乏的养分。人类消耗的食品中有1/4 ~ 1/3的营养物质是由成熟种子等植物产品提供的。因此，种子是人类矿质养分的重要来源，任何能增加种子中矿质养分含量的措施都是值得重视的。

地质环境（母岩、母质、土壤）中植物必需元素充足、平衡，是农作物种植最重要的基础条件之一。因此，选择良好的农业地质背景或改造、改良农业地质背景，是农业地学的重要工作内容。

第三节　动物与地质环境

动物界已定名的物种约有130万个，它们形态各异、色彩缤纷，生活方式多样，显示了动物生命的巨大多样性。通过长期适应，动物分布已扩展到从地面到高空、从平原到高山、从河湖到海洋、从湿地到沙漠、从地表到地下各种各样的生境中，呈现出一派勃勃生机。

一、动物生境

（一）生境类型

1.森林

森林，由高5m以上具明显主干的乔木、树冠相互连接，或林冠盖度大于30%的乔木层组成。森林按其物种组成、外貌、结构和生态地理特征可分为针叶林、针阔叶混交林和阔叶林三类。森林中栖息着多种野生动物，是最常见的野生动物生境类型。

2.灌丛

灌丛，主要由丛生木本高位芽植物构成，植物高度一般多在5m以下，有时也超过5m。它和森林的主要区别不仅在于植物高度不同，更主要的是灌丛的优势种多为丛生灌木。灌丛按其物种组成、外貌、结构和生态地理特征可分为常绿针叶灌丛、阔叶灌丛、刺灌丛、肉质灌丛和竹灌丛。灌丛为野生动物提供了食物资源和隐蔽场所，是野生动物栖息的重要生境。

3.荒漠、半荒漠

荒漠是一种极度干旱、植被稀疏、盖度小于30%的地貌类型。荒漠植被的组成种类是一系列特别耐旱的旱生植物。在长期严酷条件的自然选择过程中，植物发展了适应干旱的各种不同生理机能和形态结构特征，形成多种多样的生活型。

半荒漠是常常气候干燥、降水极少、蒸发强烈、植被缺乏、物理风化强烈、风力作用强劲、蒸发量超过降水量数倍乃至数十倍的流沙、泥滩、戈壁分布的地区。主要分布在南北纬15°～50°的地带。其中，15°～35°为副热带，是由高气压带引起的干旱荒漠带；北纬35°～50°为温带、暖温带，是大陆内部的干旱荒漠区。荒漠气候具有以下特点：①终年少雨或无雨，年降水量一般少于250mm，降水为阵性，越向荒漠中心越少；②气温、地温的日较差和年较差大，多晴天，日照时间长；③风沙活动频繁，地表干燥、裸露，砂砾易被吹扬，常形成沙暴，冬季更多。荒漠中在水源较充足的地方会出现绿洲，具有独特的生态环境，利于生活与生产。

4.草本植被

草本植被是以禾草型的草本植物和其他草本植物占优势的植被类型。

（1）草原。草原植被是由具有抗寒、抗旱并能忍受暂时湿润能力的草本植物，主要是禾本科植物所形成的植物群落。中国草原可分为四种植被型：典型草原、草草原、荒漠草原和高寒草原。

（2）草甸。草甸植被是由多年生中生草本植物组成的，一般不呈地带性分布。中国的草甸主要分布在北方温带地区的山地、高山、平原和海滨。根据生境特征，我国草甸分为四种植被类型：大陆草甸、沼泽地草甸、亚高山草甸和高山草甸。

5.湿地植被

湿地植被是分布在土壤过湿或有薄层积水并有泥炭积累，或土壤有机质开始炭化生境中的植被类型。它由湿生植物组成，虽以草本植物为主，但也有木本植物，均扎根于淤泥之中。根据湿地植被的生态外貌分为木本、草本和藓类三种植被型。湿地是水禽和涉禽最重要的生境，也是重要的野生动物栖息生境类型。

6.高山植被

冻原和高山垫状植被均属于分布在雪线以下或以上、适应于极端寒冷气候条件下的高山植被类型，群落低矮，多呈垫状，植物种类组成贫乏，可分为高山冻原植被和高山垫状植被两个植被类型。流石滩稀疏植被是分布于流石滩、碎石坡、石壁缝隙中的植物群落，分布区域辽阔，生态条件差异很大，南北各地、不同海拔区系组成不同，暂分为高山流石滩植被和石隙植被两个植被型。

7.水体

水体可分为内陆水体和海域两部分。内陆水体可分为流动水体和静止水体。海域是最大面积的野生动植物生境，面积占地球面积的70%，是海鸟、水生兽类和海洋鱼类的重要生境。海域分布在远离海岸近岸处和河口。河口包括河口和沿岸海湾，是河流淡水和海洋盐水的汇合处，河流携带的营养物质使此处植物资源丰富，动物的种类也较多。

8.其他

包括自然类型和人工环境两部分。自然类型包括沙漠、戈壁、岩洞、裸岩地带、冰川、高山顶碎石、岛屿、雪被和北极冻原。人工环境包括城市居民区、农庄、农田、牧场、果园、单一树种的人工林、温室和公路两侧地区等。

八大类生境，也可视作八大类生态地质环境，每一类都受到自然地质作用或人为地质作用的影响。由于地层岩性或构造地质作用的差异，相同纬度、相同海拔，或即使相邻地块，也会形成不同的地形地貌和不同的土壤质地、土壤结构，从而分布不同的生物群落。

（二）动物的生境选择

地球上的环境条件千差万别，种类的分布和数量也绝不一样。生物生存环境的优劣，对于生物物种的延续和繁衍非常重要。对动物来说，由于其具有可移动性特征，能够通过选择适合的生境来调整自己与环境之间的相互关系，使自己处于最佳状态。

1.动物的生境结构及其对动物的影响

对自然环境构造生境结构的划分，不同研究者具有不同的划分方式，一般从以下三个方面考虑。

（1）水平结构。水平结构是指生境的异质性。在自然群落中，由于种群的散布、环境的差异以及种间的相互关系等，形成了明显的水平分化。陆地群落的水平格局主要取决于植物的分布型，而植物的分布型取决于一系列内外因素。这些因素的总效应导致自然植被在水平上具有复杂的镶嵌性。动物的区系组成在不同的植物分布型中明显不同。水平结构往往从物种数、物种优势度、物种多样性及均匀度等方面进行测度。

（2）垂直结构。垂直结构是指生境复杂性的一种测度。大多数群落具有垂直分化或分层现象，即离地面的不同高度或不同海拔分布着不同的物种，这种垂直结构主要是由植物的高度及海拔决定的。由于这种垂直结构的存在，动物在不同层次中的种类及种群数量是不相同的。Whittaker在美国大烟雾山不同高度的山坡上进行了昆虫群落结构的分析，有7种昆虫分布在不同的垂直高度上，每种只局限在一定的高度范围内。

（3）时间结构。群落中的物种，除在空间上有结构分化外，在时间上也有分化。因为许多环境因素有着极强的时间节律，如光周期的变化、温湿度的变化以及季节规律等。群落结构随着时间节律而有明显的变化，在动物中是非常明显的，有的动物昼伏夜出，有的则是昼出夜伏。

2.野生动物对生境的选择

生境作为生物生存的空间，决定着资源、庇护所和筑巢位置等；决定种内和种间竞争的强度；决定捕食、寄生、疾病的代价；决定生物的繁衍。一个进化上精明的个体会衡量利弊，选择那些能使繁殖成功率达到最大的生境。最理想的选择，取决于种群密度制约引起的不同生境的基本质量或适合度。种间反应的密度制约将进一步确定生境的选择。一般而言，随着种群密度的增加，生境质量将下降；生境质量的下降，反过来又影响种群的增长。

生境作为生物生存的空间，其个体必然会选择能使自己的适合度达到最大的生境。生境选择理论是基于这一前提的。不同的生境选择是允许物种共存的基本关系之一。决定动物生境选择的因素是复杂的，包括要考虑生境本身的特性、动物本身的特性、食物的有效性、捕食和竞争等因素。

3.生境选择理论

动物的生境选择行为，在自然界并非随意性的，而是具有某种内在的规律性。一种生物为什么不存在于某一特定的生境中是有许多理由的，其中包括：①缺乏自然的或生物学方面的必要条件，如缺乏食物；②气候条件不适宜，如气候太寒冷；③无法达到，如地理上的隔离；④与其他生物不利的相互关系等。

生物在长期的进化适应过程中，选择和存在某个生境中，则该生境具有能维持生命及能有效地留下后代的食物资源和生存条件，动物由于具有可移动性特征，在与自然环境相互协调过程中，能判断其生存生境的利和弊，趋向于选择那种能使自己的适合度达到最大的生境。动物的这种生境选择行为是动物在长期的进化适应过程中，与自然环境相互作用的产物，已成为动物的重要生态学特性之一。

二、野生动物与地质环境

自然界野生动物的生境选择行为，都有某种内在的规律性。动物生境的诸多因子中，生态地质环境是非常重要的因子。

野生动物生境的三大要素：食物、隐蔽物和水，都受到地质环境的影响和制约。地球岩石圈有三大岩类，每一大类又分出许多不同的地层、不同的岩石，不同的地层、不同的岩石衍生成不同的土壤，不同的地质土壤环境有不同的植物群落分布，不同的植物群落成为动物不同的隐蔽物。同时，对植食性动物来说，不同的植物群落成为某些动物的食物来源；对肉食性动物来说，不同的植物群落影响某些动物的食物来源。不同的地质环境，地表水特别是地下水的水量、水质也有差异。

每一种动物都有其特定的生活习性，这种生活习性是物种长期演化形成并逐步固化下来的。不同动物根据其不同的生活习性会有不同的生境选择，这种生境选择也就受到地质环境的影响和制约。

科学界对一些野生动物的生境选择进行了研究，研究结果较好地说明了地质环境影响，制约了某些动物的活动范围。

（一）陆生动物与地质环境

陆生动物即在陆地生活的动物。陆生动物的生境三要素都受到区域生态地质环境的制约，所以各类陆生动物都直接、间接受其依存的生态地质环境的影响。

1.大熊猫与地质环境

据赵琦等对四川五处大熊猫保护区的调查发现，四川大熊猫较集中分布的区域地质概况为：汶川县卧龙（邛山山脉）为泥盆纪—三叠纪碎岩及燕山期花岗岩；平武县王朗（岷山山脉）以三叠纪碎屑岩为主；平武县唐家河（摩天岭山脉）以泥纪—二叠纪碎屑岩为主；平武县小寨子（岷山山脉）以三叠纪碎屑岩为主；宝兴县蜂桶沟（邛崃山山脉）为太古宙—元古宙变质岩及泥盆纪—二叠纪碎屑岩。

又据农业地质学家李正积等研究表明，大熊猫的主要食物——箭竹的最适宜地质背景为花岗岩、火成岩、变质岩、前三叠纪含钙变质岩；灰岩地区也有少量箭竹，但灰岩区溶蚀现象普遍，地表水渗漏严重，地表易干旱，而干旱后易引起箭竹开花死亡。花岗岩、火成岩、变质岩、前三叠纪含钙变质岩区则涵养水分较好，不易干旱，也很少出现箭竹开花死亡的情况。由此形成前三叠纪含钙变质岩→山地黄壤或黄棕壤→冷箭竹群落，即大熊猫优势小生境自然效应系统。

各种竹类植物一旦开花，即意味着死亡。竹子死亡后，以竹子为主要食物的大熊猫必定难以生存。例如，二十世纪七八十年代，由于人类活动范围扩大，大熊猫被迫退缩于山顶，竹种十分单纯，一遇竹子开花，熊猫便无食物可吃，仅1975年岷山地区箭竹开花，熊猫死亡就达138只以上；80年代邛崃山冷箭竹大面积开花，灾后发现大熊猫尸体108具，抢救无效死亡33只，共计141只。

因此，在自然状态下，四川大熊猫主要栖息于保水条件较好、竹子不易开花的花岗岩、变质岩、碎屑岩地区，灰岩分布区一般都不是大熊猫选择的栖息地。

2.山西褐马鸡与地质环境

据有关专家分析，褐马鸡主要出没在花岗岩岩体山区，原因有三种。

（1）岩体针阔混交林分布区能提供较为充足的食物；

（2）岩体风化层含砂量高，地表易干燥，有利于褐马鸡筑巢；

（3）褐马鸡善走不善飞，含砂量高的地面利于褐马鸡奔走，并方便褐马鸡拣食砂粒，以利于坚果消化。

3.秦岭羚牛与地质环境

秦岭羚牛是秦岭山脉的特有动物，其分布在秦岭主脊冷杉林以上。它们一般生活在1500～3600m的针阔混交林、亚高山针叶林和高山灌丛草甸。早晨和黄昏采食。由于食物有季节变化，故它们的活动常做季节性移动。它们春季常到1500m左右的山谷中采食禾本科、百合科等的青草、竹笋和竹叶，以及一些灌木的嫩枝幼叶；夏季迁移至高处采食含有多种维生素及淀粉的草本植物，然后进入林荫以避烈日；秋季则采食各种植物的籽实；冬季进入亚高山台地或向阳的山地，采食秦岭箭竹、冷杉等树皮及灌木嫩枝，并照晒阳光取暖。它们在一定季节常喜食一些特定的食物，除季节因素外，也可能与某些生理需求有关。

秦岭羚牛具有舔盐的行为和习性，喜爱舔食岩盐、硝盐或喝盐水以满足自身的需要，因此林中含盐较多的地方常是牛群的聚集点。秦岭羚牛的舔盐习惯，不仅与草食动物一般要补充盐分的生活习性有关，还可能与生殖和胎儿发育需要一些矿质微量元素有关。羚牛对盐源的占有具有一定的等级序位，高序位者在舔盐时处于优势地位，盐源的存在对羚牛的迁移活动有一定的影响，羚牛的舔盐习性可能会影响其家域的变化。因此，含有岩盐及硝盐的生态地质环境对秦岭羚牛的生长繁衍影响较大。

其他如滇金丝猴、川金丝猴、高黎贡山白眉长臂猿的取食地、栖息地，也都受到生态地质环境的制约。

（二）水生动物与地质环境

水生动物也受地质环境的影响，特别是陆地水体里的水生动物所依存的溪涧河湖、人工库塘，其水体溶解物、衍生物也都打上所在地质环境的印记，进而影响水生动物。

1.泰山赤鳞鱼与地质环境

所谓“赤鳞鱼东不过麻塔，西不过麻套”，也就是说，泰山独有的野生赤鳞鱼生长于泰山主山脉之中，东起大津口，西至桃花峪。

泰山岩石是地球最古老岩石之一，为太古界泰山群泰山杂岩，岩性以花岗片麻岩为主，属变质岩，研究成果表明，目前泰山上最古老的岩石是望府山片麻岩、栗杭奥长片麻岩，分布于泰山主体的望府山、天街一带，距今27.2亿年。泰山上最“年轻”的岩石距今也有16.2亿年，分布于红门一带，属坚硬岩，不易风化，其间形成的泰山山涧溪流和泰山泉水，特别是在海拔270～800m的山涧溪流完全适宜野生赤鳞鱼生活习性和生存环境。因此，泰山海拔270～800m的山涧溪流和泰山花岗片麻岩为野生赤鳞鱼提供了特有的生态环境，也使赤鳞鱼成为泰山独有鱼种。

“赤鳞鱼东不过麻塔，西不过麻套”的原因一个是海拔，800m以上水量较小，水温较低，不适合赤鳞鱼生活。另一个是岩性，麻套以西是灰岩，灰岩地区的溪流水底的岩石、卵石与花岗片麻岩地区不同，即赤鳞鱼的隐蔽物不同，或者说缺乏赤鳞鱼习惯的隐蔽物；水质也会略有不同，pH会略高一些；也许赤鳞鱼喜食的藻类及浮游微生物分布也不同。这些都是地质环境对赤鳞鱼生境的制约因素。

2.广西没六鱼与地质环境

没六鱼（唇鲮）是一种岩鲮，属鲤科、岩鲮属，被划入广西珍贵保护鱼种之列。平果县没六鱼是从县城东南约1000m的一个地下岩洞中的泉口随水涌出来的，泉口连通地下河，通道的一些地方比较狭小，超过六斤的鱼体不能涌出，所以凡是能从这一泉口涌出的鱼，都没有六斤以上，故名“没六鱼”。没六鱼涌出的岩洞也因此称为“没六鱼洞”。

这种只生长在广西上二叠统碳酸盐岩分布的地下暗河中的没六鱼，“只上水，不落水”，没六鱼离洞后，不习惯见光，在别处也不能存活。这是特殊水生生物受地质环境影响的典型例证之一。

此外，五大名鱼中青海湖的湟鱼，云南洱海的油鱼、弓鱼等，都是在特定的水文地质环境中生长繁衍。

冯群耀在调查中发现，柳州一带大鲵（娃娃鱼）只出没在寒武系变质岩出露区的山涧小溪中。同样是崇山峻岭，出了寒武系分布区，就看不到娃娃鱼。作者等据此观察，在江西的井冈山、靖安，娃娃鱼也是出没在变质岩区。

栖息在荒漠景观中的沙狐、塔里木马鹿都是在沙漠与绿洲这样一种生态地质环境中活动、繁衍的。松鼠以松子等坚果为食，多出没在松树林或壳斗科等坚果树林。松树等植物对地质环境也有特定的要求。因此，松鼠在食物链的作用下，也在特定的地质环境中出没。芒头老鼠以茅根为主食，竹鼠以竹根为主食，草原鹿鼠以草原牧草为主食等，也都固定在特定的地质环境生长繁衍。

三、地质环境与生物群落

不同的地质环境会有不同的生物群落。植物群落主要在土壤中生长繁衍，直接受地质环境的制约；动物则往往通过食物链和食物网间接受地质环境的影响和制约。

（一）生物群落

生物群落指生活在一定的自然区域内，相互之间具有直接或间接关系的各种生物的总和。与种群一样，生物群落也有一系列基本特征，这些特征不是由组成它的各个种群所能包括的，也就是说，只有在群落总体水平上，这些特征才能显示出来。生物群落的基本特征包括群落中物种的多样性、群落的生长形式（如森林、灌丛、草地、沼泽等）和结构（空间结构、时间组配和种类结构）、优势种（群落中以其体大、数多或活动性强而对群落的特性起决定作用的物种）、相对丰盛度（群落中不同物种的相对比例）、营养结构等。

1.生物之间的关系

生物群落中各种生物之间的关系主要有三类。

（1）营养关系。当一个种以另一个种，无论是活体还是它的死亡残体，或它们生命活动的产物为食时，就产生了这种关系，又分为直接营养关系和间接营养关系。采集花蜜的蜜蜂，吃动物粪便的粪虫，这些动物与作为它们食物的生物种的关系是直接营养关系；当两个种为了同样的食物而发生竞争时，它们之间就产生了间接的营养关系。因为这时一个种的活动会影响另一个种的取食。

（2）成境关系。指一个种的生命活动使另一个种的居住条件发生改变。植物在这方面起的作用特别大。林冠下的灌木、草类和地被，以及所有动物栖居者都处于较均一的温度、较高的空气湿度和较微弱的光照等条件下。植物还以各种不同性质的分泌物（气体的和液体的）影响周围的其他生物。一个种还可以为另一个种提供住所。例如，动物的体内寄生或巢穴共栖现象，树木干枝上的附生植物等。

（3）助布关系。指一个种参与另一个种的分布。在这方面动物起主要作用，它们可以携带植物的种子、孢子、花粉，帮助植物散布。

营养关系和成境关系在生物群落中具有重大的意义，是生物群落存在的基础。正是这两种相互关系把不同种的生物聚集在一起，把它们结合成不同规模相对稳定的群落。

2.基本特征

具有一定的外貌、边界特征、分布范围、结构、种类组成、群落环境、动态特征和不同物种之间的相互影响。

3.动植物的分布

动植物的分布受许多因素的控制，但从全球或整个大陆来看，各种因素中最重要的是全球气候。由气候制约的全球生物群落的最大且最易识别的划分是生物群域。生物群域按照占优势的顶级植被划分。分布于不同大陆的同类生物群域，其环境条件（气候和土壤）基本相似，因而有着相同的外貌。年平均温度和降水量被认为是决定外貌的主要因素，在这两个因素的基础上表示出主要外貌类型之间的大致边界。

（二）食物链

生态系统中贮存于有机物中的化学能在生态系统中层层传导，通俗地讲，是各种生物通过一系列吃与被吃的关系，把这种生物与那种生物紧密地联系起来，这种生物之间以食物营养关系彼此联系起来的序列，在生态学上被称为食物链。食物链一词是英国动物学家埃尔顿于1927年首次提出的。如果一种有毒物质被食物链的低级部分吸收，如被草吸收，虽然浓度很低，不影响草的生长，但兔子吃草后有毒物质很难排泄，有毒物质会逐渐在它体内积累，鹰吃大量的兔子，有毒物质会在鹰体内进一步积累。因此，食物链有累积和放大的效应。美国国鸟白头鹰之所以濒临灭绝，并不是被人捕杀，而是因为有害化学物质逐步在其体内积累，导致生下的蛋皆是软壳，无法孵化。一个物种灭绝，就会破坏生态系统的平衡，导致其物种数量的变化，因此，食物链对环境有非常重要的影响。

食物链是一种食物路径，食物链以生物种群为单位，联系着群落中的不同物种。食物链中的能量和营养素在不同生物间传递着，能量在食物链的传递表现为单向传导、逐级递减的特点。食物链很少包括六个以上的物种，因为传递的能量每经过一阶段或食性层次就会减少一些，所谓“一山不容二虎”便是这个道理。生态系统中的生物种类繁多，并且在生态系统中分别扮演着不同的角色，但根据它们在能量和物质运动中所起的作用，可以归纳为生产者、消费者和分解者三类。生产者主要是绿色植物，能用无机物制造营养物质的自养生物，这种功能就是光合作用，也包括一些化能细菌（如硝化细菌），它们同样也能够以无机物合成有机物。生产者在生态系统中的作用是进行初级生产或称为第一性生产，因此它们就是初级生产者或第一性生产者，其产生的生物量称为初级生产量或第一性生产量。生产者的活动是从环境中得到二氧化碳和水，在太阳光能或化学能的作用下合成碳水化合物（以葡萄糖为主）。因此太阳辐射能只有通过生产者，才能不断地输入生态系统中转化为化学能即生物能，成为消费者和分解者生命活动中唯一的能源。

消费者属于异养生物，指那些以其他生物或有机物为食的动物，它们直接或间接以植物为食。根据食性不同，可以区分为食草动物和食肉动物。食草动物称为第一级消费者，它们吞食植物而得到自己需要的食物和能量，这一类动物如一些昆虫、鼠类、野猪、大象等。食草动物又可被食肉动物捕食，这些食肉动物称为第二级消费者，如瓢虫以蚜虫为食、黄鼠狼吃鼠类等，这样，瓢虫和黄鼠狼等又可称为第一级食肉者。有一些捕食小型食肉动物的大型食肉动物如狐狸、狼、蛇等，称为第三级消费者或第二级食肉者。又有以第二级食肉动物为食物的如狮、虎、豹、鹰、鹫等猛兽猛禽，就是第四级消费者或第三级食肉者。此外，寄生物是特殊的消费者，根据食性可将之看作食草动物或食肉动物。但某些寄生植物如桑寄生、槲寄生等，由于能自己制造食物，所以属于生产者。而杂食类消费者是介于食草性动物和食肉性动物之间的类型，既吃植物，又吃动物，如鲤鱼、熊等。人也属于杂食性动物。这些不同等级的消费者从不同的生物中得到食物，就形成了“营养级”。

由于很多动物不只是从一个营养级的生物中得到食物，如第三级食肉者不仅捕食第二级食肉者，也捕食第一级食肉者和食草者，所以属于几个营养级。而人类是最高级的消费者，不仅是各级的食肉者，而且又以植物作为食物。所以各个营养级之间的界限是不明显的。在自然界中，每种动物并不是只吃一种食物，因此形成一个复杂的食物链网。

分解者也是异养生物，主要是各种细菌和真菌，也包括某些原生动物及腐食性动物如食枯木的甲虫、白蚁以及蚯蚓和一些软体动物等。它们把复杂的动植物残体分解为简单的化合物，最后分解成无机物归还到环境中，被生产者再利用。分解者在物质循环和能量流动中具有重要的意义，因为大约有90%的陆地初级生产量必须经过分解者的作用而归还给大地，再经过传递作用输送给绿色植物进行光合作用。所以分解者又可称为还原者。

食物链是不能根据自己的愿望来改变的，如果改变不当，则会对生物产生极大的影响。食物链又称为“营养链”，指生态系统中各种生物以食物联系起来的链锁关系。例如，池塘中的藻类是水蚤的食物，水蚤是鱼类的食物，鱼类又是人类和水鸟的食物。于是，藻类—水蚤—鱼类—人或水鸟之间便形成了一种食物链。根据生物间的食物关系，将食物链分为三类。

（三）食物网

食物网又称食物链网或食物循环，是指生态系统中生物间错综复杂的网状食物关系。实际上多数动物的食物不是单一的，因此，食物链之间又可以相互交错连接，构成复杂网状关系。在生态系统中生物之间实际的取食和被取食关系并不像食物链所表达的那么简单，食虫鸟不仅捕食瓢虫，还捕食蝶蛾等多种无脊椎动物；但是，食虫鸟本身不仅被鹰隼捕食，也是猫头鹰的捕食对象，甚至鸟卵也常常成为鼠类或其他动物的食物。可见，在生态系统中的生物成分之间，通过能量传递关系存在一种错综复杂的普遍联系，这种联系像一个无形的网把所有生物都包括在内，使它们彼此之间都有着某种直接或间接的关系，这就是食物网的概念。

1.分类

食物网可分为草食性食物网和腐食性食物网两类。前者始于绿色植物、藻类或有光合作用的浮游生物，并向植食性动物、肉食性动物传递；后者始于有机物碎屑（来自动植物），向细菌、真菌等分解者传递，也可以向腐食者及其肉食动物捕食者传递。

2.食物网结构

（1）复杂结构。一个复杂的食物网是使生态系统保持稳定的重要条件，一般认为，食物网越复杂，生态系统抵抗外力干扰的能力就越强；食物网越简单，生态系统就越容易发生波动和毁灭。假如在一个岛屿上只生活着草、鹿和狼。在这种情况下，鹿一旦消失，狼就会饿死。如果除鹿以外还有其他食草动物（如牛或羚羊），那么鹿一旦消失，对狼的影响就不会那么大。反过来说，如果狼首先绝灭，鹿的数量就会因失去控制而急剧增加，草就会遭到过度啃食，结果鹿和草的数量都会大大下降，甚至鹿最终也会灭绝。如果除狼以外还有另一种肉食动物存在，那么狼一旦绝灭，这种肉食动物就会增加对鹿的捕食而不致使鹿群发展得太大，从而就有可能防止生态系统的崩溃。

在一个具有复杂食物网的生态系统中，一般也不会由于一种生物的消失而引起整个生态系统的失调，但是任何一种生物的绝灭都会在不同程度上使生态系统的稳定性有所下降。当一个生态系统的食物网变得非常简单的时候，任何外力（环境的改变）都可能引起这个生态系统发生剧烈的波动。

（2）简单结构。苔原生态系统是地球上食物网结构比较简单的生态系统，因而也是地球上比较脆弱和对外力干扰比较敏感的生态系统。虽然苔原生态系统中的生物能够忍受地球上最严寒的气候，但是苔原的动植物种类与草原和森林生态系统相比却少得多，食物网的结构也简单得多，因此，个别物种的兴衰都有可能导致整个苔原生态系统的失调或毁灭。例如，如果构成苔原生态系统食物链基础的地衣因大气中二氧化硫含量超标而导致生产力下降或毁灭，就会对整个生态系统产生灾难性影响。北极驯鹿主要以地衣为食，而爱斯基摩人主要以狩猎驯鹿为生。正是出于这样的考虑，自然保护专家们普遍认为，在开发和利用苔原生态系统的自然资源以前，必须对该系统的食物链、食物网结构、生物生产力、能量流动和物质循环规律进行深入研究，以尽可能减少对这一脆弱生态系统的损害。

第四节　人与地质环境

生态地质学的主体研究对象是生物，客体研究对象是地质环境，即研究生物与地质环境相互作用关系，核心是研究地质环境对人类生产、生活、生存、生长繁衍的地质学影响机理。

一、人居地质环境

（一）人居环境

人居环境是指人类聚居生活的地方，是与人类生存活动密切相关的地表空间，包括自然、人群、社会、居住、支撑五大系统。人居环境的形成是社会生产力的发展引起人类的生存方式不断变化的结果。在这个过程中，人类从被动地依赖自然到逐步地利用自然，再到主动地改造自然。

（二）地质环境

1.地质环境的组成

地质环境是地球演化的产物。亿万年来，岩石圈和土壤圈之间、岩石圈和水圈之间、岩石圈和大气圈之间、土壤圈和大气圈之间、土壤圈和水圈之间、大气圈和水圈之间，通过物质交换和能量流动建立了地球化学物质的相对平衡关系。人类所处的地质环境是在最近一次造山运动和最近一次冰期后形成的。

（1）岩石圈也称地壳，是地球表面的固体部分，最大厚度为65km以上，最小厚度为5～8km，平均厚度30km左右。人们能直接观察和接触到的只是地壳外层很浅的一部分，最深的矿井仅深入地下3km左右，最深的钻井也不超过8km。可是有的地表物质可能来自地下几十千米乃至几百千米。现在地表的火成岩，就是地球内部物质通过火山活动和造山运动形成的。地壳表面为基岩或浮土，基岩是露在地表或位于浮土之下的坚硬岩石，浮土包括土壤和岩石碎屑组成的松散覆盖层。

（2）土壤圈是覆盖于地球陆地表面和浅水域底部的土壤所构成的一种连续体或覆盖层，犹如地球的地膜，通过它与其他圈层之间进行物质能量交换。土壤的厚度一般只有几十米，有的地方达几千米。由于它位于大气圈、水圈、岩石圈和生物圈的交换地带，是连接无机界和有机界的枢纽，也是地球陆生生物主要依附的场所。

（3）水圈由地壳表面的液态水层组成，大约在30亿年前形成。水圈主要是海洋，约占地球表面积的70.8%，大陆上的河流和湖泊只占地球表面水域很小一部分。海洋的平均深度约为3.8km，最深达11km。海水总体积约为13.7亿km^3。地球上水的分布极不均匀，海水约占97.2%，陆地淡水不足3%，可供人类直接利用的淡水就更少了。在太阳能的作用下，通过蒸发、降水、径流，不断地进行着水循环。水是天然的溶剂，地质环境中不存在纯水。水化学特征因地质条件而异，并对人类产生重要影响。

（4）大气圈是地球表面的气体圈层。地球大气分布在从地表至2000km的空间，在2000km以上，大气极为稀薄，没有明显的上限。地球大气的质量为5.965×10^{24}kg，约占地球质量的百万分之一。按大气温度随高度的变化，大气圈可分为对流层、平流层、中间层和热层。对流层是指对流运动显著、靠近地表的底层大气，其厚度因纬度和季节而异。对流层与地表的关系极为密切，对人和其他生物的生存有重要作用。干洁空气的化学组成为恒定成分，主要是氮气和氧气两种气体，按体积计占大气总体积的98%以上，其次为氩气、二氧化碳、氖气、氦气等。空气中的杂质为可变成分，仅存在于低层大气中，有水、甲烷、一氧化碳、二氧化硫、氧化亚氮、氡、一氧化氮，除水外，其他成分极微。

2.内部联系

以岩石、土壤为基础，包括水、大气在内的地质环境是一个有机系统，各个组成部分之间存在能量流动和物质交换的密切联系。这种联系表现在以下两个方面。

（1）大气和水成因于岩石圈：现代大气是经过原始大气、还原大气和氧化大气三个演化阶段形成的。地球形成初期的原始大气已逃逸殆尽，后来由于内部放射性元素的衰变和所谓的引力致热而使地球处于熔融状态，因而从地球内部逸出气体。由于地球引力，这些逸出的气体渐渐积蓄在地球周围形成以二氧化碳、一氧化碳、甲烷和氨为主要成分的还原大气。在地球熔化—冷却的演化过程中，地球内部的水分以蒸汽的形式逸出，冷凝成水，逐渐形成水圈。太阳辐射使水缓慢地分解，绿色植物出现后进行光合作用，渐渐产生了氧气，原来的还原大气逐步演化成现代的以氮气和氧气为主的氧化大气。

（2）水和大气对岩石圈、土壤圈的作用：水和大气直接参与地球表面外形细部的塑造和地表物质再分配的地质作用，对地球环境的演化有重大的影响。岩石的风化和剥蚀风化产物的搬运和沉积，都同水流和风力有密切关系。不同类型的岩石处在水、气、热差异很大的环境中，形成了不同的地貌格局和不同的地球化学环境，从而又出现了不同的生态系统。如今人们看到的山地和丘陵是经过风化、剥蚀的地貌；河谷和平原是经过水流切割、沉积物的堆积而形成的地貌；沙漠是干旱和风蚀的结果；花岗岩广泛分布的地区则是低山、丘陵的地貌；碳酸盐广泛分布的地区形成奇峰怪石的岩溶地貌；坚硬耐风化的石英岩、砂岩分布的地区常常出现崇山峻岭。在湿润的热带和亚热带，风化淋蚀作用强烈，岩石被风化后，可溶性盐类大量流失，往往形成缺钙而富铁铝的红壤，在半干旱半湿润的温带则形成富钙缺铁的黄土。

（三）以人类为核心的生物与地质环境的关系

人类和其他生物同地质环境的关系主要表现在如下三个方面。

（1）地质环境是生物的栖息场所和活动空间，为生物提供水分、空气和营养元素。生物维持生命所需的食物、水、空气都取自地质环境，地质环境的区域差异，导致生物向不同方向进化。生物是地质环境的产物，但又改变地质环境，例如，土壤是在生物和地质环境相互作用下形成的。生命在长期演化中，同环境越来越适应，因此，生物体的物质组成及其含量同地壳的元素丰度之间有明显的相关性。英国地球化学家E.哈密尔顿等人通过对人体脏器样品的分析发现，除原生质中主要组分（碳、氢、氧、氮）和岩石中的主要组分（硅）外，人体组织（特别是血液）中的元素平均含量和地壳中这些元素的平均含量具有明显的相关性，这说明人体是地壳物质演化的产物。不同地层、不同岩性物理化学成分不同，风化衍生的土壤物理化学成分也不同，提供给人类和其他生物的矿质元素也不完全相同。

（2）地质环境向人类提供矿产和能源。目前，人类每年从地层中开采的矿石达4km^3以上，从中提取金属和非金属物质。人类还从煤、石油、天然气、水力、风力、地热以及放射性物质中获得能源。矿产资源是经过漫长的地质时代形成的，属于不可更新资源，经人类开发利用后，很难恢复，因此，矿产资源的合理开发和有节制地使用是非常重要的。

（3）人类对地质环境的影响随着技术水平的提高而越来越大。例如，采掘矿产、修建水库、开凿运河都直接改变地质、地貌；大规模毁坏森林、草原导致水土流失、土地沙漠化；矿物燃料的大量燃烧，增加大气层二氧化碳含量，成为导致全球气候异常的原因之一；人类向地质环境排放大量工业废弃物，造成对有机体有害的化学元素如汞、铅、镉等在地表的浓度增加。

二、地质环境与健康

通过科学界长期的探索，一般认为，地质环境与人类健康问题在宏观方面主要与地层岩性、地形地貌、土壤和水等环境地质因素有关，在微观方面与化学元素有关。本节将主要讨论地质环境因素与健康的问题。

（一）岩石与健康

国内外一些学者在生物地球化学研究中，注意到某些植物中有大量选择性的金属富集，认为这与下伏基岩及其上面风化壳的覆盖层中矿物成分有关，并由此延伸到对人类健康的研究。例如，某些地方病研究的初期就集中在地层和岩性上，因为在许多地方病流行区都分布着一定时代的岩层，而各种岩石都有自己特定的化学组分，如灰岩地区土壤具有磷钾异常，磷酸盐地区钒、钾异常，蛇纹岩地区镍、铜异常，滨海平原缺少许多易溶元素等。所以，人们往往将某一疾病与当地的地层岩性相联系。例如，霍勃契耶夫于1960年发现大骨节病的分布与侏罗纪海相地层（砂岩、页岩）分布相吻合，而与其相邻的灰岩地区则没有发现大骨节病；地方性甲状腺肿与岩性的关系也十分明显，在刚果（金）北部的花岗岩、石英岩地区，甲状腺肿检出率显著高于南部红色玄武岩地区；以前寒武纪的花岗岩、变质岩为主的北欧，心血管病的死亡率显著高于以中、新生代的砂、页岩为主的南欧；我国学者方鸿慈提出含油地层和酸性火成岩控制克山病和大骨节病的分布说。岩石是土壤发育的母质，它不仅决定了土壤的结构和化学成分，而且广泛影响着地表水和地下水的化学成分。因此，研究岩石与健康的关系问题具有重要的意义。但由于表生地球化学作用的影响较大，同一地区由于元素迁移形式和强度不同也常出现贫化区和富集区。因此，对于岩石与健康的问题要进行具体的分析。

（二）地质构造与健康

地质构造一般通过控制环境生命元素的分布规律而影响人体健康。由于水代替作用强烈，在构造带地区可能产生某些常规组分的大量流失，也可能因为沟通深部岩石中的地下水而使某些微量元素组分发生迁移富集。此外，地质构造对岩石类型的分布、基岩地下水的成分以及构造裂隙对封存水化学成分都能起控制作用。

国内一些专家学者的研究表明，克山病和大骨节病多位于地质构造上升带与沉降带的接合部位，以及构造活动频繁、有强烈岩浆活动和火山作用区域或者坳陷盆地。如跨越新华夏系的第二、第三隆起带和沉降带的部分地区，云贵高原经向构造带等。

（三）地形地貌与健康

大量流行病调查结果显示，地形地貌与人类的生活活动联系最为直接，从而它与人类的健康关系也最密切。甚至在同一地区，由于微地貌不同，居民健康水平也有明显差异。

英国医生A.Hariland 通过研究英格兰和威尔士胃癌死亡率的分布与地貌的关系发现，在分水岭高地，河流的上游地带胃癌死亡率明显低于河流的中下游河谷，特别是在河漫滩和超河漫滩地带，这种差异性更加明显，我国甚至在特定的灰岩地区出现“短命村”的情况。

我国学者林年丰通过调查研究也得出相似的结论，指出大骨节病与地形地貌的关系尤其明显，往往仅一山之隔、一河之隔、一沟之隔、山上山下、坡上坡下、沟头沟口，人群中大骨节病检出率悬殊，甚至出现“健康岛”或“病岛”。

医学与地学界的长期研究，已发现许多疾病与地形地貌有关系。例如，在食管癌的流行区，发病率高低差别明显反映在地貌上，山区病重，丘陵中等，平原病轻或无病；又如，肝癌死亡率的分布，在河流的干流区低，在水流静止的区域却很高，由石灰岩组成的峰林槽谷及孤峰平原区（地下暗河发育）较高，而由砂页岩组成的山区、丘陵区，以及河流两岸却很低；在封闭的小盆地、碟形洼地、内流封闭区地方性氟中毒病情重，而在岗地、坡地、外流区（排泄区）病情明显变轻或无明显病例。

陕西省永寿是全国最严重且最活跃的大骨节病区之一，并有增长趋势。该区属陕北黄土高原南缘黄土丘陵区，地形由隐伏基岩古地形、基底构造和地表水系侵蚀切割演化而成，北高南低，呈黄土峁梁、沟壑、残塬地貌。该区大骨节病病情与地形地貌关系密切，在低中山区病情最重；黄土峁梁区次之；黄土残塬区病情轻，个别点上甚至无病例；河谷阶地区基本无病例。反映出它们之间的总体分布规律，并且微地貌对大骨节病的影响更为明显，不同黄土塬之间，塬面越宽，病情越轻，反之则重。例如，马坊塬，宽6～9km，病例较少，病情轻；而渡马塬宽2～4km，病例较多，病情重。以上现象出现的原因，主要在于地形地貌对地质构造、地层岩性、岩石风化、土壤类型、地下水流动力条件、植被种属等都有明显的控制作用。例如，岩石风化强度关系着元素活化溶滤、迁移及其参加生物地球化学循环的强度，地下水渗流速度与土壤或岩石透水性和地形坡度相关，因此，在一定程度上，地貌既可间接地影响元素的地球化学行为，也可影响环境与人体之间物质的交换与代谢。

（四）水文地质与健康

某些生物地球化学性疾病区分布于一定的区域水文地质单元内，它们明显受地下水的类型、埋藏条件、径流条件及含水层岩性等控制，如我国克山病及大骨节病的分布，以区域水文地质单元视角看，常常处于补给区和径流区的过渡带及排泄不畅地段。

国内外研究表明，饮用水中某些生物必需元素的丰缺可直接影响人体健康。例如，陕西省永寿大骨节病与饮用水中多种元素的含量呈负相关，其中微量元素硒、锶、氟、铬从重病区→轻病区→无病区有一致的增高性；锰、钼有一致的降低性；铜、铅、锌、铁则无变化规律。有些生物地球化学性疾病，只要适当改变饮用水或调节其中的某些成分，就可以有效地防止这些疾病的发生。例如，在贫镁的饮用水中适量增加镁便可以维持心肌的正常代谢，改善其功能状况；通过对高氟水进行降氟处理，可以防止氟骨症的发生，而对低氟水适量增加氟，可以较好地防治龋齿；适当地提高水的硬度可以降低心血管疾病的发病率或死亡率。可见，许多生物地球化学性疾病都与水文地质条件密切相关。

（五）土壤与健康

2000多年前，古人就有了对于土壤与人类健康问题的基本认识，但专门性研究始于19世纪英国医生A.Hanland发表关于湖区土壤、岩石与癌的著作。国外报道最多的是关于癌症、脑出血、心血管病与土壤的关系。例如，英国的Legon于20世纪50年代早期，通过对北威尔士的土壤与胃癌的关系研究发现，胃癌的发病率与土壤的烧失量之间，有明显的正相关关系。同时指出，胃癌的最高发病率常见于有机碳含量为2.5%～4.0%的地区。Tromp和Diohi研究提出了荷兰的各种癌症死亡率与16种土壤的关系：富含腐殖质的黏土有利于癌症的发生；砂土区癌症发病率则较低；而以石灰岩为母质的碳酸盐土壤对癌症的发生具有抑制作用。林年丰在研究大骨节病的分布时，认为大骨节病和土壤中腐殖酸分布有密切关系。

土壤对人类健康的影响，主要是通过谷物和蔬菜水果来实现的。土壤类型不同，谷物中微量元素的含量就有较大的差异。美国缺碘的土壤地区，地方性甲状腺肿发病率就较高；而高硒土壤地区，人体易患肠胃病和肝功能异常；富铝的土壤，人类易患神经系统疾病和结缔组织增生症。但是，土壤中微量元素变化受许多因素影响，其中最为密切的是与水溶性微量元素含量和淋滤程度有关。

四、地质环境与疾病

人体与环境的关系是生物发展史上长期形成的一种相互联系、相互制约和相互作用的关系。由于自然环境的多样性和复杂性以及人类特有的改造和利用环境的主观能动性，使人类与环境呈现极其复杂的关系。在人类长期发展过程中，人体对环境的变化形成了一定的调节机能，以适应环境的异常改变；只要环境改变不超过人体的适应范围，就不会造成机体对环境适应能力平衡的破坏，人体健康及生活能力就不会受到影响。但是人体对环境变化的这种适应能力是有限的，如果环境条件出现任何剧烈的异常改变（如气象条件的剧变，自然的或人为的污染等），超越了人类正常的生理调节范围，就可能引起人体某些功能、结构发生异常反应，甚至呈现病理变化，使人体产生疾病或影响寿命。

人类的许多疾病与环境因素（土壤、水、大气、微量元素和居住条件等）密切相关。在诸多引起人体健康损害的因素中，地球化学因素引起的疾病较为多见。在地球演变过程中，由于自然或人为的原因，造成地壳表面元素分布不均衡，导致土壤、水、食物以及人体中某些化学元素不足或过多，在这些地区就可能出现一种普遍性的地方病，这类疾病称为地球化学性疾病。

第五节　城市生态地质环境

城市是区域经济、文化、政治的中心，城市发展将带动区域经济的发展和人民生活水平的提高。发达国家的人口有70%～80%都居住在城市。与发达国家相比，我国城市化水平还偏低，但城市和城市聚集带的数量居世界第一位。随着经济的稳步、快速发展，城市化建设的进程也必然加快。城市生态地质环境是城市建设与发展的重要基础，同时，城市建设的快速发展、人口增加和工程经济活动的加剧，对城市生态地质环境的影响越来越强，产生了不同程度的生态地质环境问题，诸如地下水资源衰减、地下水污染、地面沉降、地面塌陷、崩塌、滑坡、泥石流等，严重制约城市经济和社会的可持续发展。城市的兴衰、发展与建设都和城市生态地质环境密切相关。历史上一些城市在建设发展中出现的问题，大都与城市生态地质环境的变迁有关。

一、城市生态与地质环境

城市居民与其周围环境的相互作用所形成的结构和功能关系，称为城市生态；特定城市区域中，城市居民与城市环境的统一体以及这个统一体中进行物质能量流动的因素，称为城市生态环境。城市生态地质环境包括城市生态环境中与地质有关的内容，主要表现为城市生态与地表水、地下水、土壤三个方面的相互影响和制约。

（一）城市生态

城市生态，一般称为城市生态系统，是城市人类与周围生物和非生物环境相互作用而形成的一类具有一定功能的网络结构，也是人类在改造和适应自然环境的基础上建立起来的特殊的人工生态系统。不同于自然生态系统，城市生态系统注重的是城市人类和城市环境的相互关系。它是由自然系统、经济系统和社会系统组成的复合系统。城市中的自然系统包括城市居民赖以生存的基本物质环境，如阳光、空气、淡水、土地、动物、植物和微生物等；经济系统包括生产、分配、流通和消费的各个环节；社会系统涉及城市居民社会、经济及文化活动的各个方面，主要表现为人与人之间、个人与集体之间以及集体与集体之间的各种关系。这三大系统之间通过高度密集的物质流、能量流和信息流相互联系，其中人类的管理和决策起着决定性的调控作用。

与自然生态系统相比，城市生态系统具有以下特点。

（1）城市生态系统是以人类为核心的生态系统。城市中的一切设施都是人制造的，是以人为主体的人工生态系统。人类活动对城市生态系统的发展起着重要的支配作用。与自然生态系统相比，城市生态系统的生产者绿色植物的量很少；消费者主要是人类；分解者微生物的活动受到抑制，分解功能不完全。

（2）城市生态系统是物质和能量流通量大、运转快、高度开放的生态系统。城市中人口密集，城市居民所需要的绝大部分食物要从其他生态系统人为地输入；城市中的工业、建筑业、交通等都需要大量的物质和能量，这些也必须从外界输入，并且迅速地转化成各种产品。城市居民的生产和生活产生大量的废弃物，其中有害气体必然会飘散到城市以外的空间，污水和固体废弃物绝大部分不能靠城市中自然系统的净化能力自然净化和分解，如果不及时进行人工处理，就会造成环境污染。由此可见，城市生态系统无论在能量上还是在物质上，都是一个高度开放的生态系统。这种高度的开放性又导致它对其他生态系统具有高度的依赖性，由于产生的大量废物只能输出，所以会对其他生态系统产生强烈的干扰。

（3）城市生态系统中自然系统的自动调节能力弱，容易出现环境污染等问题。城市生态系统的营养结构简单，对环境污染的自动净化能力远远不如自然生态系统。城市的环境污染包括大气污染、水污染、固体废弃物污染和噪声污染等。

（4）城市生态系统的食物链简单化，营养关系出现倒置，这些决定了城市生态系统是一个不稳定的系统。

（二）城市与地质环境

早期人类是根据气候、地形、水源和安全情况"以穴而居，逐水草而生"的，其中就含有最原始的根据地质环境选择巢穴的隐性地质思维。我国古代园林、城镇的选址优先考虑选择依山傍水的优势地形地貌。例如，皖南的西递、宏村、潜口、江村等古民居村落的选址，都有朴素的地理地质思维，但是都没有形成科学的工程建筑地基的调查和评价方法。

进入20世纪以后，人们开始重视各种地质环境因素的评价，而科学界从理性上清醒地考虑人类活动对地质环境的影响也还是近几十年的事。

优越的地质环境使许多城市历经数千年而长盛不衰，而恶劣的地质环境制约了城市的发展，许多城市因地质灾害和环境变迁而毁灭和衰败，如被火山灰埋没了1600多年的意大利庞贝城，古楼兰国都城、西夏都城因沙漠化而衰败，原泗州城因地壳沉降而沉没于洪泽湖底。

要保证城市建设可持续发展，必须依据城市的地质环境条件，科学地确定城市发展的性质和规模，充分发挥地质环境的效应和潜能，使之与城市经济结构和发展相协调。

（三）城市生态地质环境问题

在现代社会，城市建设是人类与自然环境相互作用最为密切的人类活动，自然环境条件深刻地影响着城市建设和城市生活，城市建设和城市生活所形成的人工环境或次生环境对人类的发展所起的作用亦最为显著。城市建设和城市生活引起的城市地质变化是多方面的，既有地表结构的变化，又有岩石和其他矿物成分的变化。地表结构的变化显而易见，而物质成分的变化则不易被察觉。

城市化和工业化过程对环境的影响范围或尺度主要集中在岩石圈的最上层。人类和其他生物依赖地质环境而生存和发展，同时又在不断地改变着地质环境的化学成分和结构特征。人类活动所形成的地质结构物约占陆地表面的5%，其中主要分布在城市化地区。

人类及其他生物与地质环境的关系主要表现在：①地质环境是人类和其他生物的栖息场所和活动空间，为人类和其他生物提供丰富营养元素，故人类和生物体的物质组成及其含量同地壳的元素丰度之间有明显的相关性。②地质环境向人类提供矿产和能量。目前人类每年从地层中开采的矿石达4km^3，可从中提取金属和非金属物质。由于矿产资源是经过漫长的地质年代形成的，属不可更新资源，一经开采很难恢复。③人类对地质环境的影响随着现代技术水平的提高而越来越大。例如，采掘矿产、开凿运河等都直接改变地质、地貌；人类向地质环境排放大量工业废弃物，造成地表有害化学元素如汞等的浓度增高。

与城市建设和生态有关的地质环境问题主要是区域地质条件、基岩特征、水文地质条件、土质性状和厚度、地下开矿情况、建筑材料、地球化学和地球物理过程以及地震、滑坡、坍塌、地陷等，这些地质现象，对城市建筑均有不同程度的影响。

在城市所处的地球表面，各种各样自然的和人为的地质作用和现象广泛发育，并且正在引起城市地质环境的改变。而地质环境的改变终将对城市建设和人类生活产生极大的影响，甚至带来灾害。

二、城市生态地质环境承载力

（一）生态地质环境承载力

在对生态地质环境系统的研究中，人们逐渐认识到生态地质环境对人类活动的承载能力是有限度的，即生态地质环境存在阈值，这个值就是“生态地质环境承载力”。生态地质环境承载力是指在一定时期和一定区域范围内，以及在一定的环境目标下，在维持生态结构、地质环境系统不发生质的改变，生态地质环境系统功能朝着有利于人类社会、经济活动方向发展的条件下，生态地质环境系统所能承受的人类活动和外部力量影响与改变的最大潜能。这一概念从本质上反映了生态地质环境与人类活动之间的辩证关系，建立了生态地质环境与人类活动之间的联系纽带，为生态地质环境与人类活动之间的协调发展提供了理论依据。

（二）城市生态地质环境承载力

城市生态地质环境承载力是指在特定的时间和特定的区域，城市生态地质环境系统及其子系统、要素对特定生产力水平的人类活动的响应程度及自身修复能力。一个地区的生态地质环境承载力是有一定容量的，超越了它的容量就会产生灾难。这里的“承载力”是指一个地区的生态资源、环境资源和自然资源能容养人口总量的极限量。城市生态地质环境承载力是地质环境、生态环境和社会经济环境综合作用系统的标度，是制订城市发展规划的必要依据。城市在发展过程中要注意调控，不能超过人为地质作用（大规模的经济活动）对生态环境造成负面效应的临界值。

城市生态地质环境承载力具有三个方面的内涵。（1）城市生态地质环境系统的任何一种结构都有承受一定程度外部作用的能力，称之为生态地质环境抗扰动能力。在这种程度之内，系统可以通过自身内部各部分子系统进行协调，使其本身的结构、特征、总体功能均不会发生质的变化。生态地质环境抗扰动能力是其具有承载能力的根源，它从根本上决定了地质环境承载的能力。

（2）城市生态地质环境的承载对象是人类活动。城市生态地质环境承载能力是人类活动（开采、利用、改造地质环境）的规模、强度和速度的极限值，因而，其大小可以用人类活动的规模、强度和速度的量来体现。

（3）城市生态地质环境承载力本身是一个表征地质环境系统属性的客观量，是城市地质环境系统产出能力和自我调节能力的表现。在不同的环境目标下，或在不同的区域，其生态地质环境承载能力也不同。

（三）城市生态地质环境承载力的影响因素

1.城市生态地质环境系统性能

城市生态地质环境系统中各功能要素的特性、景观生态状况和资源的存储状况等，决定其本底整体的性能。系统中各要素的特征主要是指区域的规模大小、区域自然地理情况和区域地质背景特征等要素，它们会在一定程度上影响生态地质环境承载力的大小。

2.科学技术水平

科学技术是生态地质环境承载力重要的影响因素。科学技术可以推动人类各个领域的发展，提高人类对自然环境的利用程度，减少不必要的破坏和浪费，有助于人类对自然的利用率达到最大化。

3.人类自身的活动

人类活动的诸多方面如经济发展模式、人口增长、消费方式等，都会影响生态地质环境承载力。与区域生态地质环境相协调的人类活动可以提高一个地区生态地质环境的承载力；反之，和区域环境相违背的人类活动可以降低区域的生态地质环境承载力。

4.区域外因素

任何一个区域都不是独立存在的，都会与其相邻区域产生联系，区域和区域之间都会存在一定的相互作用，所以一个地区的生态地质环境承载力势必会受到相邻区域内一些因素的影响。因此，协调各区域的发展，改善区域外的相关因素是提高一个区域承载能力的有效措施。

三、城市生态地质环境与城市可持续发展

（一）城市建设与发展

人类进入文明社会以来，城市逐渐形成、扩大、增加、连片，不断地发展，问题层出不穷，以下将三个有关城市发展进程中的名词及其含义串联起来，即可折射出城市建设发

展中不可避免的问题。

1.城市化

城市化也称为城镇化，是指随着一个国家或地区社会生产力的发展、科技的进步以及产业结构的调整，其社会由以农业为主的传统乡村型社会向以工业（第二产业）和服务业（第三产业）等非农产业为主的现代城市型社会逐渐转变的历史过程。

2.城市群

城市群是在特定的区域范围内云集相当数量的不同性质、类型和等级规模的城市，以一个或两个（有少数城市群是多核心的例外）特大城市（小型城市群为大城市）为中心，依托一定的自然环境和交通条件，城市之间的内在联系不断加强，共同构成一个相对完整的城市“集合体”。

3.城市病

“城市病”是指人口过于向大城市集中而引起的一系列社会问题，表现在：城市规划和建设盲目向周边扩延，大量耕地被占，使人地矛盾更尖锐。“城市病”表现为人口膨胀、交通拥堵、住房紧张、就业困难、环境污染恶化等，将会加剧城市负担、制约城市化发展以及引发市民身心疾病等。日常突出的问题是城市的出行时间较长，因交通拥堵和管理问题，城市会损失大量的财富，无形中浪费了能源和资源，不利于“城市的畅通发展”。

一般认为，常住人口超过1000万的城市或多或少都患有城市病，而且还有向中小城市蔓延的趋势。常住人口超过1600万的城市大多会有严重的城市病。另外，如果特大城市附近有许多其他城市，即成为“城市群”；当城市群（200km范围内）常住总人口超过3000万时，都或多或少患有城市群病；当城市群（200km范围内）常住总人口超过5000万时，也会产生严重的城市群病，尤其是环境问题（城市废弃物难以就近消纳）和交通问题等。

城市现代化使大部分居民进入城市，这是不可逆的趋势；比较有利于发展的区域，城市群、大城市群不断涌现，也是不可逆的趋势，如不加以疏导和规范，“城市病”将越来越严重。

（二）生态城市建设与可持续发展

可持续发展的思想早在战国时期就已经在中国萌芽了。例如，在《吕氏春秋》中记载：“竭泽而渔，岂不得获？而明年无鱼；焚薮而田，岂不获得？而明年无兽。”又如，《荀子・王制》有云：“斩伐养长，不失其时，故山林不童，而百姓有余材也。”

城市的可持续发展对区域、国家乃至全球都会产生深远的影响。因此，城市可持续发展研究比较早、比较多。例如，田园城市、花园城市、森林城市、山水城市、园林城市、绿色城市、生态城市等概念，就是基于城市可持续发展的要求提出的。但是，认同、探讨、实施较多的，是“田园城市”和“生态城市”。

生态城市，也称生态城，是一种趋向尽可能降低对于能源、水或食物等必需品的需求量，也尽可能降低废热、二氧化碳、甲烷与废水排放的城市。这一概念是在20世纪70年代联合国教科文组织发起的“人与生物圈”计划研究过程中提出的，一经出现，立刻就受到全球的广泛关注。从广义上讲，生态城市是建立在人类对人与自然关系更深刻认识的基础上的新的文化观，是按照生态学原则建立起来的社会、经济、自然协调发展的新型社会关系，是有效地利用环境资源实现可持续发展的新的生产和生活方式。狭义地讲，就是按照生态学原理进行城市设计，建立高效、和谐、健康、可持续发展的人类聚居环境。但是，关于生态城市的概念众说纷纭，至今还没有公认的确切的定义。

100年以来，一些国家和地区在城市可持续发展，在田园城市、生态城市建设方面做了许多有益、有效的探索，如巴西的库里蒂巴、桑托斯市，德国的图宾根、鲁尔，澳大利亚的堪培拉、怀阿拉，丹麦的哥本哈根、凯隆堡，瑞典的马尔默，美国的加州欧文、伯克利，日本的北九州市，韩国首尔的清溪川，英国的伦敦泰晤士河，印度的班加罗尔和新加坡，中国的北京、天津等，在不同时期、不同条件下就如何构建宜居宜业、可持续发展的生态城市进行了深入探索，并取得一些成功的经验。

（三）城市生态地质环境与城市可持续发展

1.良好的生态地质环境是城市可持续发展的基础

城市可持续发展是指在一定的时空尺度上，以最少的劳动、技术、资金和资源消耗，取得长期持续的由城市增长、城市结构变革和城市进步所产生的集聚效应，实现高度现代化的城市化目标，从而既满足当代城市发展的需求，又满足未来城市的发展需求。

城市系统是一个由社会、经济、环境三个子系统相互作用、相互制约构成的复杂系统。环境子系统由水、土、气候、生物等自然环境和交通、基础设施等人工环境构成。环境通过自然再生产过程，以其生态平衡、纳污能力、自净能力等物流和能流的功能，直接或间接地满足人类日益增长的生态需要。可见，就城市的发展而言，社会可持续性是目标，经济可持续性是前提，环境可持续性是根本，这三者的协调是城市可持续发展的关键。

2.城市可持续发展的影响因素

城市可持续发展的影响因素包括城市资源、城市环境、城市经济和城市社会。社会因素和经济因素也都受到资源因素、环境因素的制约，这里主要介绍资源因素和环境因素。

（1）资源因素。自然资源是城市赖以生存的条件，是一个城市可持续发展的物质基础和基本支撑系统。土地、水、能源是支撑城市的三大核心资源，在不同程度上影响甚至制约城市的可持续发展。

（2）环境因素。城市环境是指城市居民生存和城市经济发展的空间，是自然环境和社会环境综合作用下的人工环境。环境是支持城市人类生产生活的基本原材料和各种投入的来源，是吸纳经济活动废弃物的储存库和净化库，有一定的缓冲能力、抗逆能力和自净能力，能在一定程度上对城市的各种废弃物进行稀释、分解、还原和净化，但当城市的破坏超过其环境容量时则会带来一系列城市环境问题。

城市建设的有形资源，全部来自地质环境；城市环境，主要的、最重要的是地质环境。归根结底，资源因素和环境因素基本都是地质环境因素。随着科技水平和社会生产力的不断提高，人类开发、利用和改造城市的规模、强度速度越来越大，城市生态地质环境受到的影响和压力与日俱增，带来的生态地质环境问题日益凸显。人们逐渐认识到生态地质环境对人类活动的承载能力是有限度的，即生态地质环境存在阈值。生态地质环境承载力可容负荷范围内的发展是可持续的，超负荷的发展是不可持续的，或难以持续的，或持续的代价是非常高的。

生态地质环境是城市可持续发展的重要判据，是城市可持续发展能力的组成部分，是实现城市可持续发展的必要条件。要做到城市的可持续发展，务必根据客观生态地质环境条件，科学地确定城市发展的性质和规模，充分发挥地质环境效应和潜能，使之与城市经济结构和发展相协调，与自然和谐统一，才能实现城市建设的可持续发展。

（四）维护城市生态地质环境的主要措施

城市生态系统是城市居民与其环境相互作用而形成的统一整体，也是人类对自然环境的适应、加工、改造而建设起来的特殊的人工生态系统。因此，影响城市生态地质环境的因素有两个方面：一方面是原生生态地质环境问题；另一方面是受人为地质作用产生的次生生态地质环境问题。原生生态地质环境问题是指地质环境中与生俱来的物理性地质灾害或化学性地质灾害基质，在与生态系统相关因子的相互作用下产生的对生物有害的现象或隐患。次生生态地质环境问题是指由于人为地质作用使地质环境恶化（产生物理性或化学性改变），对生态系统构成威胁、产生危害的现象或隐患。

针对原生生态地质环境问题，主要是城市建设之初的选址要慎重，避开有物理性地质灾害、化学性地质灾害隐患的地质环境。如澳大利亚的堪培拉、中国的曹妃甸等，建设城市之前，应先选择良好的生态地质环境。

作为人工生态系统的城市生态地质环境，更需要关注的是次生生态地质环境问题。

1.强化城市地学工作的服务功能

新建城市的规划、老城市改造或扩建的规划之前，都应当先进行生态地质环境调查评价，作为制定规划的基础资料。

在大比例尺城市地质填图、城市及城郊水文地质调查、城市工程地质调查、城市及城郊环境地球化学调查的基础上做出综合评价；对城市建设、发展过程中的地质环境变化污染进行动态监测。有关城市生态地质环境调查、评价、监测的所有资料，都应由专门机构统一建立城市生态地质环境动态数据库，为政府决策和规划、管理相关部门提供城市拓展范围、空间的地质环境信息（包括土地可利用性、地质环境脆弱性、地质环境容量等）；为城市建设部门提供岩土工程地质参数信息、城市环境地质问题（含城市地质灾害）发生规律、趋利避害的对策建议；为广大城乡居民提供生态地质环境信息，搭建深入认识和了解生态地质环境及生态地质环境问题的系统平台；为城市安全保障、人—地—生相协调的可持续发展提供地学支持。

2.严格城市生态地质环境管理，完善政府宏观调控和市场经济相结合的管理体系

城市人口集中、工业集中，污染也相对集中，因此，应积极创造条件推行污染集中控制，以提高治理污染的投资效益。把工业污染防治作为环保工作的重点，要从生产源头和生产全过程进行控制，把分散治理与集中控制结合起来，把浓度控制与总量控制结合起来，要实行污染物排放的总量控制。制定有关政策、法令，严格生态环境管理。

积极引入市场机制，依靠市场手段来解决环境问题势在必行。按“污染者负担、受益者付费”的原则，完善现行的排污收费制度，如超标排污收费等。疏通、扩展环保资金来源渠道，增大环保投资，提高控制污染的投资强度和投资效果。国家应制定有利于环境的产业政策，通过产业结构调整减少环境污染和破坏，发展质量效益型、资源节约型产业，鼓励能源消耗少、环境污染轻的产业发展。

为保证城市可持续发展战略的顺利实施，应构建“政府主导、公众参与、市场推进”的保障机制。例如，库里蒂巴的“公交优先”“购买垃圾”并分类利用，就是政府主导并投入部分资金，由相关企业运作，引导公众参与，取得良好的经济效益、社会效益和环境效益。

3.控制城市废弃物污染，加强对污染源的治理

长期以来，为控制城市废弃物污染采取的有效措施包括：

（1）改变能源形式，净化大气质量。

（2）保护好地表水、地下水水源地不再继续遭到污染。

（3）改变生产工艺过程，杜绝固体废弃物及污染源产生；

（4）加强建筑工地管理，合理规划生活垃圾堆放，避免二次扬尘发生。

（5）绿化城市内和市郊的土地表层，防止近、远距离沙尘源产生。

（6）调整产业结构和工业布局，淘汰占地多、消耗大、性能差、污染严重的企业和产品，移地改造或限期治理。对不符合布局要求的工厂坚决实行关、停、并、转、迁，提高高新技术产业的比例。

第三章　生态地质环境评价

第一节　基本概念

一、生态地质环境的含义

生态环境与地质环境是自然环境中相互联系、密不可分的两个部分。两者之间的关系可以从以下三个方面加以考察。

（一）空间分布

地质环境的上限为岩石圈的表面，下限为人类科学技术活动可达到的地壳深部，但一般都认为其下限是地下16～40km。而生态环境的上限是地表以上15～20km，据研究可知，在地下约10km处仍有微生物生命活动存在，所以生态环境的下限为地下约10km处。这样，在地质环境与生态环境之间就有一个厚度很大的交叉带，在交叉带中，地质环境就成了生物生存的空间环境。

（二）物质能量循环

地质环境是生态环境的营养库，它提供了生物生长所必需的养分和水分，还为植物生长发育和动物的生存繁衍提供了温度条件；土壤的酸碱度、氧化还原性还影响着植物酶的产生，改变着动物的生活习性。可以说，地质环境是生态系统物质与能量循环的起点，初级生产者正是从地质环境中摄取了各种养分、水分、热量等进行有机物质合成，构成了生态系统物质能量循环最基本的一环。

相反地，生态环境中的物质和能量也不停地以各种形式返还到地质环境中，在分解者的作用下，动植物的残渣和粪便以及一些生物碎屑等都还原为简单无机物，部分归还到大气环境与水环境中，绝大部分归还到地质环境中。在生物生命活动过程中，尤其是在分解者执行功能的过程中，生态环境中的能量也不停地以热能、化学能等形式进入地质环境。

（三）相互间的物理作用

生态环境与地质环境间不但存在物质与能量的交换，而且由于其分布空间的重叠，两者之间还存在物理作用。

地质环境对生态环境的物理作用主要是指地质灾害对生物的毁灭作用。而生态环境对地质环境的物理作用则包括：生态群落正向演替所产生的保护土壤、防止水土流失、防风固沙良性作用；生态群落的退化造成水土流失、泥石流、滑坡等地质灾害。

所以，综合以上分析，可以给出“生态地质环境”的含义，即除人口以外的由生态系统中不同层次的生物及其赖以生存的地质条件构成的，与人类生产生活活动有着特殊关系的有机系统。笼统地说，是指一个自然地理中的岩石、土壤、水、大气、气候、光照、温度、湿度、地理地形、地貌与生物等组成的自然生态系统，其下限为人类科学技术活动达到的地壳深部，其上限为生物圈的上限。

二、地质环境系统与生态系统的关系

许多相关文献指出，生态学是环境地质学的重要基础之一。早在1866年，德国生物学家黑格尔就首先提出了生态学的意义，他认为生态学是“各种动物与有机和无机环境的整体关系”。目前，大多数人认为“生态学是研究生物学与其生存环境关系的科学”。如果说生物学被理解为一个生命系统，环境被理解为一个环境系统，那么生态学就是一门研究生命系统与环境系统的关系及其演化规律和动态机制的科学。环境科学和生态学是相关的和不同的。环境科学按照通常的学科定义，研究人与环境的关系，其研究对象是环境系统（人与环境相互作用的系统），揭示了环境规律。生态学研究生物与环境的关系，其研究对象是生态系统（生物群落与环境相互作用的系统），揭示了生态规律。

随着环境科学的发展，生态学领域向人类生活和社会形成延伸，人类物种被纳入生态系统，研究整个生物圈中生命系统与环境系统的关系。特定空间中生命系统与环境系统的结合称为生态系统。在一定的时间和空间内，生物群落和非生物环境相互作用，交换物质、能量和信息，形成一个统一而完整的系统。因此，对于人类社会来说，地质生态环境系统主要研究社会领域地质环境与自然环境（包括生命与非生命）以及人类生命系统与生存环境的关系。地质环境系统属于非生物生态系统。

由此可以看出，地质生态系统的概念有区别。前者主要研究地质环境与人类生存空间的关系；而后者则将人类视为一个生命系统，研究自然或社会经济中人类生存环境与地质环境的关系，所以它涉及的范围更广。生态地质环境系统或生态环境地质不是一个新术语，但对此至今尚未有明确统一的定义。

三、生态地质环境质量

一个特定的陆地植被生态系统由两个子系统组成：生命子系统（植被）和非生命子系统（生境）。地下生境是后者的重要组分，是植被生态系统的次级子系统，也是地质环境的一部分。

从广义上来说，生态地质环境质量，主要是指地质环境的生态适宜性，即指在一个具体的生态地质环境内，环境中的地质要素为其内的生物群落所提供的生存空间的大小及对其正向演替的适宜程度。生态地质环境质量指地下生境中可供植物利用的资源（水分、养分、空气等）的数量，时空分布格局、对植物的适宜性等。

由于地下生境往往对地表植被结构具有决定性的作用，故对水资源与土地的不合理开发利用往往会造成地表植被，甚至导致整个生态系统的退化。例如，威胁全球生态环境质量的荒漠化问题除自然因素外，大多是由于水资源与土地的不合理利用导致地下生境资源流失，从而引发植被退化。正因如此，为寻求防止生态环境退化的最优水土利用方式，必须进行生态地质环境质量评价。

四、生态地质环境评价

生态地质环境评价就是对地质环境的生态适宜性的优劣程度进行定量描述，即按照一定的评价标准和评价方法，对一个特定区域内生态地质环境为生物群落提供的生存空间的大小和对其正向演替的适宜程度进行说明、评定和预测。其目的是为区域环境开发提供生态地质环境方面的决策依据，防止由于地质资源和地质环境的不合理开发而造成生态环境恶化，也为生态建设、生态环境问题的治理及生态环境保护提供科学依据。

（一）内涵

对于天然植被生态系统，从植被生态系统的结构分析和生态地质环境评价的定义可以看出如下内涵。

（1）生态地质环境评价的目标是确定地下生境对地表植被的适宜程度；

（2）生态地质环境评价是基于生态系统概念的评价，评价的是植被生态系统的两个重要组成部分——地下生境和植被之间相互作用；

（3）生态地质环境评价是基于生态关系的评价，反映的是地下生境与植被之间的生态关系和协调程度。

（二）特点

生态地质环境评价不同于土地质量评价，它主要有如下特点。

1.生态地质环境评价具有明确的对象

评价的对象是地下生境，即作为植被生态系统重要组成部分和子系统的、具有明确的上下边界和空间范围的地下生境。因此，生态地质环境评价具有很强的针对性。而作为土地质量评价对象的土地，在更多情况下是一个广泛的概念，虽然有些定义认为它具有一定的厚度，但关于其厚度的界定却各不相同。另外，土地质量评价多是对复合生态系统或人工生态系统的评价，而生态地质环境评价既适用于人工生态系统和复合生态系统，也适用于天然生态系统。

2.生态地质环境评价具有明确的内容

评价的内容主要是地下生境对植被生态系统中植被部分的适宜性。而不同的土地利用规划，土地质量评价既可以是土地对农、林、牧的适宜性，也可以是对城市建设、工矿、交通甚至经济和军事活动的适宜性，有些则是考虑所有这些目的的所谓的“综合评价”。

3.生态地质环境评价针对群落系统

评价是针对群落水平进行的，而不是物种水平的评价。在各类土地质量评价中，以指导农业生产为目的的评价——农用土地质量评价（或土壤质量评价）与生态地质环境质量评价最相似。但这类土地质量评价通常是针对某一或某些具体农作物开展的，评价结果通常是某一块土地适宜种植何种作物及对该作物的适宜程度。而生态地质环境质量评价却是针对植被即整个植物群落而言的。特别是在西北干旱区，生态环境保护和生态建设是当地社会经济发展的首要任务，因而评价工作多是针对天然植被的。

4.生态地质环境评价关注现状及演替的综合性

评价需综合考虑地下生境现状及演替情况。现状评价指地下生境当前状况对植物的适性程度，通常由当前实际植被状况和地下生境的生态潜力来描述；演替情况下的预测评价指地下生境条件一旦发生变化，地表植被可能的演替特征，包括演替的敏感性、演替方向、演替距离、演替结果等。

第二节　生态地质环境评价的目的和任务

一、生态地质环境评价的目的

地质环境为人类的生存与发展提供了诸如矿产、土地、地下水等各种资源，是人类的资源宝库。但由于人类对地质环境的不合理开发，已经造成了一系列环境问题，其中最引起人们关注的就是生态环境问题。例如，由于土地资源或地下水的过度开采引起的生态退化，由于矿产资源的开发造成的植被破坏等。这些生态环境问题对人类的生活与生产造成了极大危害，并且会反过来使地质环境质量恶化，引发水土流失、泥石流、滑坡、沙漠化、荒漠化等地质环境问题。

为此，在利用和开发地质环境资源时，首先要评定地质环境对生物群落的适宜程度，即进行生态地质环境评价，这样才能够制定出合理的地质环境资源开发决策与方案，实现在充分利用地质环境资源的同时保护生态环境。进行生态地质环境评价还可以找出生态环境恶化的地质原因并加以治理，使其更适合于人类的生产和生活。

简要地讲，生态地质环境评价的目的，就是对研究区域的地质环境生态质量进行定量描述，为建设项目合理布局和区域开发提供决策依据，为生态环境的地质治理提供方案。

二、生态地质环境评价的内容

与土地质量评价不同，生态地质环境评价研究的是地质环境对整个生物群落的适宜程度，即其对群落结构的优化、群落的演替、群落的稳定性的适宜程度。生态地质环境评价的内容主要是从地质环境的物质组成、地质结构和动力作用三个方面来考察地质环境对生物群落的生存、繁衍及发展的适宜程度。

地质环境的物质组成为生物的生存提供了物质条件和环境条件。土壤中的有机质及矿物质和地下水中的盐类是生物营养物质的来源，土壤中的水为生物提供了水分，土壤层是植物生存的环境条件。研究地质环境的物质组成对生物群落的适宜程度是生态地质环境评价的主要内容。

地温、地形与地貌等地质结构要素也对生物群落的生存与发展产生了重要影响，因此，地质结构的生态适宜性也是生态地质环境评价一个非常重要的研究内容。

地质环境的动力作用程度主要表现为滑坡、泥石流、土地侵蚀等地质灾害的强度与频率，滑坡、泥石流会对生物造成毁灭性后果，土地侵蚀则会造成生物所需土壤与养分的流失。因此，地质环境的动力作用对生物的影响程度也是生态地质环境评价的内容之一。

三、生态地质环境评价类型

生态地质环境评价是环境评价的重要组成部分。环境评价主要是对环境质量进行评价，而生态地质环境质量是指在一个具体的生态地质环境内，环境中的生命系统与地质条件的总体对人类生存和繁衍以及社会经济发展的适应程度，在这个意义上，生态地质环境评价也可以认为是生态地质环境的适宜性评价。

生态地质环境评价是在生态环境地质调查的基础上，按照一定的评价标准和评价方法评估生态地质环境质量的优劣，预测生态地质环境质量的发展趋势和评价人类活动的环境影响，从地质的角度提出农业、矿产、林业、旅游、水资源等合理开发利用与生态地质环境保护的措施与对策，为生态环境保护与建设服务。它也是生态环境地质调查项目主要工作内容之一。

同传统的环境质量评价一样，生态地质环境评价目标可以分为以要素和问题为导向的环境质量评价体系（横向评价体系）和以时序为导向的环境质量评价体系（纵向评价体系）。

以要素和问题为导向的评价可以归结为两大类，即生态地质环境专门性评价和生态地质环境综合性评价。生态地质环境专门性评价包括不同生态地质环境类型的评价（如农业生态地质环境评价、人居生态地质环境评价等），以及其他单一要素和问题的评价。生态地质环境综合性评价是在专门性评价的基础上，全面考虑影响和控制生态地质环境质量的因素，综合评价生态地质环境的质量状况。

以时序为导向的评价体系包括生态地质环境现状评价、生态地质环境预测评价，以及在此基础上的生态地质环境规划方面的评价。

具体来讲，生态地质环境评价的所有问题包括三个方面的内容，即生态环境现状和趋势、地质环境现状和趋势、生态环境和地质环境的相互作用，以及整个生态地质环境巨系统在其自身平衡附近的动态变化趋势（黄润秋等，2001）。因此，可以从以下几个方面进行评价。

（1）地质环境质量评价：主要评价区域基本地质环境状况和地质灾害易发性程度。

（2）生态地质环境容量评价：不同的生态地质小环境对来自系统内部和外部的干扰和破坏因子的容忍度不一样，认识清楚生态地质环境的承载能力，对于土地利用和资源开发决策具有很重要的指导意义。

（3）土地资源利用与开发评价：包括水土流失、草地退化、盐碱化、土壤肥力分析。

（4）水资源与水环境评价：包括水资源、水能资源的质量储量和水环境质量评价。

（5）生态环境恢复的地质适应性评价：在分析生态环境和地质环境相互作用的基础上，评价地质环境现状和趋势对生态环境恢复的适应性，主要体现了地质环境对生态环境的制约作用。

（6）生态地质环境质量现状评价：利用近期生态地质环境要素质量参数数据及其衍生的生态地质环境指标资料来评价环境。一个区域的生态地质环境状况是一个复杂的巨系统，如能总结出一个能概括整个系统核心的、物理意义明确的、便于管理决策使用的综合性评价结果，无疑具有重要的现实意义。

另外，生态地质环境评价从空间范畴上可以划分为点评价、地段评价、区域评价。

点评价是在生态环境地质野外调查的基础上，在不同类型的野外调查点所反映的内容的基础上，提取和参考特定的因素指标进行评价，既可以是定性评价，也可以是定量评价。如城镇生态地质环境质量评价、放射性污染评价等。

地段评价是基于生态地质环境剖面以及野外路线调查进行的定性评价。

区域评价按区域划分的方式不同，可以分为类型区域评价和区划区域评价。

类型区域评价：在特定的评价区域内，没有按照区域分异性和完整性原则对该区域的生态地质环境进行进一步的区域划分而进行的评价。例如，长江上游安宁河流域基于不同的生态地质环境类型区域而进行的定量评价，因为不同类型的生态地质环境在空间分布上是离散的，不具有区域完整性，以下有详述。类型区域生态地质环境质量定量评价的控制和影响因素比较稳定，是下一步区划区域定量评价的前提和基础。

区划区域评价：在考虑区域分异性和完整性的基础上，按照一定的原则和目标而进行的评价。

值得注意的是，如果在具体区域内不同类型野外调查点的数量足够丰富，以至于能够全面而且准确地反映整个区域的生态地质环境质量，那么基于野外调查点的资料和数据进行的区域生态地质环境评价无疑是最为准确和实用的。然而由于财力、人力、物力等的限制，不可能布置足够的野外调查点。另外，繁多的野外调查数据处理和分析也是件令人头痛的事情。所以，现阶段区域生态地质环境定量评价主要是基于相关的区域生态地质环境要素图来进行的。

（一）生态地质环境质量现状评价

生态环境地质调查是为生态环境建设服务的基础性地质调查，因此，基于生态环境地质调查而进行的生态地质环境质量现状评价，应该主要考虑对生态环境现状质量产生影响的那部分地质环境质量的评价，但同时必须适当地考虑生态环境质量的状况，以此综合反映其生态地质环境质量。

要对生态环境现状产生影响的那部分地质环境质量进行评价，首先要分析地质环境要素与生态因子之间的相互关系，确定对生态环境质量产生影响的地质环境因素，然后对这些因素进行系统分析，确定主要因素，将其作为评价指标。而评价指标体系的选取十分重要，只有在系统分析生态环境地质问题的基础上选取合理的指标体系，准确提取各指标的性状参数并赋予其科学的评价标准，才能使评价结果真实、客观、正确地反映评价区生态地质环境质量现状，为区域开发提供科学、准确的依据与建议。指标体系选取不合理会得出偏差较大甚至是错误的评价结果，可能会造成开发决策不合理、生态环境退化乃至恶化等一系列严重后果。

评价指标体系的确定可分为三步。

第一步，通过生态环境综合研究，确定生态因子，即找出影响生态环境质量的因子。

第二步，通过对地质环境与生态环境相互作用过程的系统分析，选定影响这些生态因子的地质要素。

上述两步综合性工作并不是针对某一具体区域而进行的，其具有普适性。

第三步，确定特定区域生态地质环境质量的评价指标。

如果没有人类活动的干预，在很长一段时期内，在除地质环境外的其他环境要素相同的情况下，特定的地质环境条件下就应该具有与之相对应的生态环境，在这个意义上，我们可以说地质环境质量的好坏是生态环境质量好坏的必要条件。

在一个具体的生态地质环境内，环境中的地质要素为环境中的生物群落提供的生存空间的大小以及相应的生物量的多少，在特定的生产力水平条件下是比较稳定的。然而由于人类对地质环境利用水平和利用方式的差异，使得生物群落生存空间大小以及生物量的多少差异很大。因此，要综合评价一个地区的生态地质环境质量，也必须适当考虑生态环境质量的状况。

由于人类对自然环境的利用方式各异，因此其相应的生态地质环境类型也不同，可以将其划分为森林生态地质环境类型、农业生态地质环境类型、人居生态地质环境类型、矿山生态地质环境类型等。不同类型的生态地质环境质量的控制和影响因素各不相同，相应地，其评价体系也不一样。然而，要综合反映一个区域的生态地质环境质量，还得在类型评价的基础上，对区划区域进行生态地质环境质量的综合评价。

（二）生态地质环境质量预测评价

生态地质环境质量现状评价结果只反映了区域生态地质环境质量现实状况，要做一个区域的生态地质环境规划，还需对区域内生态地质环境质量的变化趋势做出分析和预测，即生态地质环境质量预测评价，然后在此基础上，指导生态地质环境规划和修正当地的经济发展规划。

生态地质环境质量预测评价主要有两种途径，第一种途径是在生态地质环境质量现状评价的基础上结合人类活动情况和当地的经济规划来进行的；第二种途径是先对不同时段的生态地质环境质量进行分析和评价，然后通过不同时段的生态地质环境质量的对比分析，来预测生态地质环境质量的变化趋势。以上两种途径，都需要对生态地质环境质量现状进行评价，因而现状评价是基础。

四、生态地质环境评价步骤

（一）调查和采样

调查是评价的第一步。调查应包括以下内容：研究区域的地质、水文、生态和环境背景；当地人类活动的性质和规模；环境管理措施等内容。采样是评价的关键步骤，应选择代表性地点进行采样。采样对象包括土壤、岩石、地下水、地表水和生物等。为了保证采集到全面的信息，在采样过程中要注意采样深度、位置和数量等方面的问题。

（二）实验分析

采集样品后，应将其带回实验室进行分析。实验分析包括：土壤的化学成分、物理性质和微生物数量；水体的水质、化学成分、水动力学和污染物含量；生物的生态分布和数量。实验过程中还应注意有关样品分析的标准化和标准参照物的使用。

（三）数据处理和结果分析

数据处理包括数据登记、数据录入、数据清洗、数据归档等过程。数据处理完成后，可以进行结果分析。结果分析应重点考虑生态系统对环境因素的响应和影响，包括有害物质的污染程度、生物多样性、生态过程和生物互动等方面的问题。在分析结果的同时，应将结果与已有的环境标准进行比较。

（四）环境评价报告撰写

环境评价报告包括评价方法、评价过程、评价结果和评价结论等。报告应该对评价结果进行详细的解释和说明，并提出合理的建议和措施，以促进生态环境的保护和改善。对政府、企事业单位、社会公众和学术界面都应该开放报告，以便吸收所有方面的意见和建议。

第三节　生态地质环境评价方法

一、生态地质环境评价指标体系

确定生态地质环境评价指标主要如下几个步骤。

（1）确定生态因子，即找出影响生态环境质量的所有因子。

（2）确定影响这些生态因子的所有地质要素。

（3）分析研究区域的生态地质环境特征，确定主要生态因子和次要生态因子。然后分析各地质要素是对主要因子还是次要因子产生影响；分析每个地质要素对多少生态因子产生影响以及影响程度。根据以上分析，确定对生态因子起主要作用的地质要素，将其作为生态地质环境评价指标。

按有关专家的看法，地质环境系统可划分为四个子系统：土壤环境子系统、水环境子系统和岩石环境子系统，以及与这三个子系统密切相关的地形地貌子系统，都对生态因子产生影响。这四个子系统对生态因子的影响程度与方式各不相同。

二、生态地质环境评价的程序与方法

生态地质环境评价工作一般包括准备、系统分析、设计、综合评价和调控五个阶段。

（一）准备阶段

主要是人员配备、基本设备的准备等工作，还要进行区域生态地质环境的调查，搜集相关资料。

（二）系统分析阶段

进行生态地质环境分析，确定评价指标体系。根据评价区特点，从评价指标中选取主导因子，用来进行评价单元的划分。

（三）设计阶段

（1）设计评价方法与定权方法。生态地质环境评价的方法有经验法和数值法。常用的是数值法，它分为等权累加法和加权累加法两种。在权重计算方面，早期多用经验判断法和等差指数法，近期则趋于应用比较复杂的方法，如层次分析法、灰色关联分析法和模糊综合评判法等（详见第二章）。

（2）获取指标值。根据各评价单元资料，对照生态地质环境评价表，得出各指标的分值。

（四）综合评价阶段

根据所选评价方法建立数学模型，将各评价指标的指数、权重等数据代入模型进行计算，得出各单元生态地质环境的综合指数，据此将该评价单元的生态地质环境列入相应的级别，并进行评价结果检验。

（五）调控阶段

根据评价结果将评价区域划分为不同的等级区，指出每个等级区存在的生态地质环境问题，提出综合整治方案。最后编写生态地质环境评价报告书及制作图件。

三、生态地质环境评价实例——以额济纳盆地为例

（一）自然地理地质背景

额济纳盆地处于内蒙古西部，是黑河下游的断陷盆地，西为马鬃山，东邻巴丹吉林沙漠，南与酒泉鼎新盆地相接，北抵中蒙边界，总面积约$3.4\times10^4km^2$，地理坐标为E99° 30'～102° 00'，N40° 20'～42° 30'。

额济纳盆地深居内陆腹地，受高山高原阻隔，太平洋、印度洋的暖湿气流很难到达该地，区内冬季受蒙古高压控制，夏季受西风带影响，为典型的大陆性干旱气候。

区内的气候特点表现为：气候干燥、降水量少、蒸发量大、冬季寒冷、夏季炎热、温差大、光照充足、多风沙。

研究区土壤属地带性灰棕荒漠土和石膏性灰棕荒漠土。天然绿洲内多是草甸土、盐化草甸土和风沙土等，局部有盐化沼泽土和沼泽盐土出现。由于气候条件严酷，土壤盐化、沙化和风蚀现象严重，有机质含量极低，土地极为贫瘠，植被类型受环境影响以旱生、超旱生、耐盐碱的亚洲中部荒漠成分物种占优势。

额济纳盆地在构造上属复合式断陷盆地类型，南部与阿拉善台隆为深大断裂接触，东侧与巴丹吉林沙漠也为断层所限，北、西两侧与山体为不同角度的山足面接触。

（二）评价指标的选取

在干旱半干旱区，植被生态环境中最重要的生态因子是水分和盐分，有水便是绿洲，无水便是沙漠。而盐分含量的多少与潜水埋深有关，并决定了研究区植被类型。因此，通过研究区生态地质环境调查，选取对植被生态状况起决定作用最为敏感的限制因子土壤水分和盐分作为评价指标。

（三）评价数学模型

通过笔者在额济纳盆地多年的生态环境研究，选取生态指数模型对额济纳盆地生态地质环境进行评价。

生态指数由下列几个参数构成：

$$E=F(a, A, B, C) \tag{3-1}$$

式中：E——某一样地的生态指数；

a——物种多样性参数；

A——遍历种数；

B——演替变程；

C——演替速率。

物种多样性参数a指某一样地现有的多年生植物物种的数目。

遍历种数A是指某一地在土壤包气带水分逐渐减小或盐分逐渐增大直至研究区现有全部物种不再存活，即群落逆向演替到终极时，可能遍历的物种数目。

演替变程B是对遍历种数A的补充，它是描述某一样地从目前的水、盐等组合状态到极限状态（研究区现有物种均无法存活）的距离或路程长短。变程长则该样地从现状演化到不毛之地所经历的状态或阶段多。

演替速率C是指某一样地在其逆向演替总进程中，单位变程内被淘汰的平均物种数。演替速率越大，说明总体上物种更迭的频繁程度越大，物种对地下生境变化的敏感性越强。

（四）评价结果及分级分区

考虑到就研究区植物而言，最为敏感的限制因子是土壤水分和盐分，也为了作图简便，只选择土壤水分、盐分两个生态因子参与生态地质环境指数的计算。

在生存域叠加图上将20个优势物种的生存域投影在包络线内，依据生态地质环境指数的求取方法，分别求取各样地的生态地质环境指数。

土地生态指数是对各样地生态质量优劣进行判别的指标，不便于直接用于区域尺度上。所以，在区划之前，需要进行82个样地的归纳、分类。这项工作运用了模糊聚类分析方法。

每个样地的土地生态指数由7个参数构成，可视为7个变量。82个样地的生态指数放在一起就构成了一个82 × 7的矩阵，对矩阵的每一列进行数据标准化。

利用标准化后的土地生态指数，根据欧氏距离公式计算出表征每两个样地间相似程度的系数——距离系数。

根据任两个样地之间的相似性系数，对82个样地进行模糊聚类分析，并对其进行分类。在分类过程中，为更好地反映当地的实际情况，在必要时放宽了分类门限，选取了不同门限值作为类型划分的依据。随着门限值由高到低，将82个样地分为四个大类。根据各类样地的地下生境条件和植被特点，分析不同类别所反映的土地生态地质环境信息，将其按土地生态质量相对优劣排序，划分为生态地质环境质量较好、生态地质环境质量一般、生态地质环境质量较差和生态地质环境质量最差四个不同的级别。

总体来说，由于研究区所处的地理位置，决定了区内的大部分土地生态质量普遍处于极低的水平。荒漠、戈壁区域的土地生态质量为最差，而靠近河流的土地生态质量普遍较好。所在各分区特征如下。

1.生态地质环境质量较好区

根据数值模糊聚类的结果，生态地质环境质量较好区主要分布在人工绿洲、河滩地绿洲和低湿滩地绿洲中。该区是天然绿洲与人工绿洲分布区。天然绿洲土壤中水分含量较高，盐分含量较少，有机质含量和过氧化氢酶含量为研究区最高。相对而言，它属于土壤比较“肥沃”的地区，土壤承载力为研究区内最高的，植物种类丰富，中生植物分布区所占比例较大，其次是湿生植物分布区；现有物种既有乔木，也有灌木和草本，物种地下生境的层次较多，生态系统的结构比较完善，土地对植被的承载力较高。人工绿洲内物种的选择搭配以及水、土条件都具有半自然的特点，人类活动在其中具有举足轻重的作用。

2.生态地质环境质量中等区

生态地质环境质量中等区主要分布在绿洲与戈壁、湖盆与戈壁之间的过渡地带及少量风蚀洼地中。该区域植被较为茂密，种类比较齐全，既有旱生植物，也有中生植物。土壤含水量适中或偏少，在大部分地段，地下水对物种地下生境中水、盐的调节作用较明显，一旦水分继续减少或者在盐分持续增高的情况下，占物种比例较高的中生植物将较快退化。该区土地的承载力和容量较高，在上游放水或地下水位升高的情况下，区内中生植物的分布区将会扩大，甚至出现湿生植物分布区，即该类区域具有转化为绿洲的潜力。

3.生态地质环境质量较差区

生态地质环境质量较差区主要分布在盐池、湿地周边的盐碱地中，潜水埋深一般在

1m左右，该区属干旱内陆盆地盐分的汇区，土壤中的含盐量为研究区最高，土地对植被的承载力和容量都很小，现有植物多具耐盐、泌盐或嗜盐习性，种类极少。该区内植物对于水分变化不是十分敏感；相反，对于盐分变化较为敏感，一旦盐分持续增加，将会有大量的植物退化。野外观察注意到，这类植物往往是在土壤含水量极高的地段才能生存，而在地势较高处很难生长，这些地段往往成为风蚀作用较为活跃的地区，仅仅是因为盐池、盐沼泽的存在，方使局部沙丘不会连接成大型沙漠。若黑河中上游地区截流和地下水的过度开采使下游地区地下水位持续下降，该区的植被退化和沙漠化将会非常迅速。

4.生态地质环境质量最差区

生态地质环境质量最差区主要分布在基岩、广袤的砾质戈壁、沙漠等极端干旱区，该属区内最为干旱的地段，往往是风蚀作用的源区（剥蚀区）和汇区（沙丘、移动沙丘），土地对植被的承载力很低，容量较小，现有植物多为旱生或超旱生，植被稀疏，物种极少，已接近极致状态，植被极难恢复，任何破坏植被的行为都可能使其沦为不毛之地。该区地下水埋藏的深度较大，地下水对物种地下生境的调节作用不明显。换句话说，现有植物对地下水的依赖性不高。因此，无论是黑河河道的断流还是地下水的开采活动，对其影响都不大。

第四节　生态地质环境评价要求

生态地质环境评价以矿山生态地质环境评价为主，有关要求如下。

一、基本要求

（1）新建矿山以地质环境预测评价为主，生产矿山、改（扩）建矿山以地质环境现状和预测评价为主。

（2）矿山生态地质环境评价内容包括：分析矿山建设及生产活动受地质环境的不利影响和受地质灾害威胁的程度；评价矿山建设及生产活动可能引发的环境地质问题、地质灾害对地质环境的影响破坏程度；进行地质灾害危险性评估，论证地质环境对矿山建设及生产活动的适宜程度；提出矿山地质环境保护与治理方案。

（3）生态地质环境评价应分级进行。按矿山建设规模与矿山地质环境条件复杂程度划分为三级。

二、精度要求

（1）一级评价应有充足的基础资料，采用定量—半定量的评价方法，进行充分论证。

①必须对矿山建设及生产活动影响范围内各类地质灾害和环境地质问题逐一进行现状评价。

②对矿山建设及生产活动可能引发（加剧）地质灾害和环境地质问题，以及本身可能遭受的地质灾害危险性，分别进行预测评价。

③依据现状评价和预测评价结果，对区内地质灾害危险性和环境地质问题危害程度进行综合评价。

④提出地质环境保护与治理方案。

（2）二级评价应有足够的基础资料，参照一级评价的内容，采用半定量—定性的评价方法，进行较充分论证。

（3）三级评价应有必要的基础资料，参照一级评价的内容，采用定性的评价方法进行论证。

三、技术要求

（1）矿山生态地质环境评价应在查明矿区地质环境条件的基础上，结合矿山建设及生产活动特点，根据经批准的矿产资源开发利用方案或矿山开采设计和开采现状，对地质灾害和矿山环境地质问题进行评价，提出矿山地质环境保护和治理方案，论证矿山建设的适宜性。

①现状评价是对已有的环境地质问题、地质灾害进行评价。填写矿山地质环境现状调查表。

②预测评价是对矿山建设及生产活动可能引发（加剧）的环境地质问题、地质灾害以及地质环境对矿山建设及生产活动可能产生的影响进行评价。

③综合评价是在现状、预测评价基础上，进行影响程度分级和综合分区评价。

④依据矿山建设及生产活动与地质环境间影响程度、治理难度、损失大小，论证评价矿山工程的适宜程度。适宜程度分为适宜、基本适宜和适宜性差三级。

（2）矿山地质环境影响评价重点内容。

①矿山建设及生产活动可能引发（加剧）的地质灾害，包括地面塌陷（采空塌陷、岩溶塌陷）、崩塌、滑坡、泥（渣）石流、地裂缝、地面沉降等。

②矿山建设及生产活动对地下水环境的影响。包括海（咸）水入侵、地下水位持续下降、地下水污染等。

③矿山建设及生产活动对土地资源的影响。包括改变土地利用功能、水土流失、土地荒漠化等。

④矿山建设及生产活动对地质地貌景观的破坏。

⑤矿山建设及生产活动受环境地质问题、地质灾害的影响。

（3）矿山生态地质环境评价指标及方法。

①矿山环境地质问题评价指标包括地下水环境、土地资源和地质地貌景观影响评价指标；地质灾害评估指标参照有关标准执行。

②地质环境影响评价方法根据实际情况选定，一般采用层次分析法、模糊综合评判法、相关分析法和工程类比法等。

（4）矿山地质环境保护和治理方案。矿山地质环境保护和治理方案是矿山企业实施地质环境保护与恢复治理工作的依据。根据矿山地质环境影响评价结果，本着以防为主、防治结合的原则，明确防治目标和重点，提出矿山地质环境保护和治理方案，并对保护和治理方案进行简要经济技术论证。

（5）矿山地质环境监测。针对各种环境地质问题，提出矿山企业应监测的内容、监测点的布设原则、位置、数量、监测项目、手段、频率等建议方案。

第四章　生态环境地质调查

第一节　环境地质调查

一、环境地质调查的基础

（一）环境地质调查内容

环境地质调查的目的是通过对区域地质环境条件和由自然地质作用及人类活动引起的环境地质问题的调查研究，评价预测地质条件演化过程及人类活动过程造成的地质环境变化，论证重大区域性环境地质问题和有关地质灾害的地质环境背景，拟定相应的地质环境保护对策，为区域经济与社会可持续发展、生态环境建设与地质环境保护提供科学依据。

环境地质调查的具体任务是：查明区域地质环境条件，调查主要环境地质问题和地质灾害的类型与特征、成因机制、分布规律及其危害程度；分析地质环境系统演变的规律特征，评价预测其对人类生存环境的影响以及人类活动过程对地质环境的影响，预测地质环境的发展趋势；编制环境地质图系，开展环境地质区划；研究重大环境地质问题和有关灾害的地质环境背景，在论证地质环境综合整治的基础上，提出相应的保护对策。

环境地质调查的对象和目的千差万别，涉及的内容十分广泛，其基本内容应包括以下几个方面。

（1）区域地质环境条件：对区域性地质环境的调查，主要包括气象、水文、地形地貌、地层岩性、地质构造及水文地质条件等。

（2）区域地壳稳定性：对区域性大陆地壳或岩石圈的活动性，特别是活动断裂的运动特征与地震活动特征的调查等。

（3）岩土体的物质组成与结构特征：对岩土体的粒度成分与矿物成分、成因类型、岩体结构类型、工程地质岩组类型等方面的调查。

（4）资源开发与利用：对水资源（地下水和地表水）、土地资源、矿产资源等在开发利用过程中所引发的环境地质问题的调查。

（5）地表水、地下水特征：对地表水的径流特征与水质状况，地下水补给、径流、排泄特征，地下水水文地球化学特征，含水层的物理力学性质等方面的调查。

（6）物理地质现象（地质灾害）：对内、外动力地质作用下发生的各种地质灾害的稳定状态、发育规律、危害方式、危害程度和发展趋势的调查。

（7）环境地质问题：对环境地质问题的类型、特征、分布、危害程度及其发展趋势的调查；对重要环境地质问题的专项调查与示范研究。

（8）人类工程活动：对人类工程活动的类型、强度、范围、历史、已造成的危害和未来趋势以及地质环境对人类工程活动的敏感性与反馈作用的调查。

（9）环境污染源：对环境中污染源的类型、特征及分布，污染物种类与危害性，污染物质的迁移、转化途径的调查。

（10）地质环境综合整治措施：针对现有环境地质问题采取的综合防治措施及其治理效果等的调查。

（二）调查区类型划分和复杂程度分区

1.调查区类型

调查区类型划分为平原盆地区、山地丘陵区、岩溶地区、黄土地区和冻土地区。

2.复杂程度分区

调查区复杂程度分区可划分为简单、中等和复杂三类，分类原则如下。

（1）简单地区：地形简单，地貌类型单一，地层结构和地质构造简单，褶皱、断层不发育，环境地质条件简单，环境地质问题少，现代地质作用较弱。

（2）中等地区：地形较简单，地貌类型单一，地层结构和地质构造较复杂，分布少量褶皱、断层，环境地质条件中等，环境地质问题较多，现代地质作用较强烈。

（3）复杂地区：地形与地貌类型复杂，地层结构和地质构造复杂，褶皱、断层发育，环境地质条件复杂，环境地质问题多，现代地质作用强烈。

（三）基本要求

（1）应根据区域经济社会发展对地质工作的需求，确定环境地质调查区，优先部署在国土开发强度大，环境地质问题突出和重要规划布局的地区。

（2）应以标准图幅或县（市）行政区为工作基本单元，兼顾相对完整的地质单元，开展环境地质调查评价。

（3）应确定调查区主要环境地质问题，并重点开展调查研究，选择对应比例尺的工作底图，根据实际需要提高地面测绘精度，增加物探、钻探、山地工程等实物工作量的投入。

（4）应充分搜集和利用已有资料，在已有资料较多、研究程度较高的地区，可采取补充调查、编测和核查结合的方法进行工作。已开展水文地质或工程地质调查区，针对环境地质问题进行补充调查；未开展水文地质或工程地质调查区，根据环境地质问题调查的实际需要，按照有关要求按需开展相应调查。

（四）设计书编制

1.资料搜集

应搜集调查区气象、水文、地质、遥感等综合性或专项的调查研究报告、专著、论文及图表，野外实验和室内实验测试资料，中间性综合分析研究成果，土地利用、经济社会发展以及与污染源有关的调查统计资料等。

（1）气象资料：区内气象站多年气象资料，其时间系列长度应与评价工作年份相适应，区内若无气象资料，应布置简易气象站进行实测。

（2）水文资料：区内与环境地质条件和主要环境地质问题相关的水文资料，若无相关水文资料，应在地面测绘工作中进行实测。

（3）地质资料：区域环境地质条件和主要环境地质问题相关的地质成果资料，钻探、物化遥、野外试验、室内实验及相关监测等原始资料。

（4）遥感资料：区域不同时期航片和卫片及其解译成果。

（5）与地质环境有关的人类活动资料：搜集社会经济环境、土地利用现状、国土空间规划以及重大工程规划建设情况。

2.综合分析

（1）根据调查的目的、任务与要求，整理、汇编各类资料，对各类量化数据进行整理、统计和分析，建立相关资料数据库，编制专项和综合图表。

（2）对搜集的各类资料的可利用程度进行评价，并建立钻探、物探、山地工程等重型工作量资料清单。

（3）结合环境地质评价需要，编制相应的土地利用现状略图。

（4）分析调查区区域地质、水文地质和工程地质条件以及环境地质问题，编制环境地质工作程度图和环境地质草图等。

（5）分析调查目标与工作程度以及存在问题，草拟工作方案，明确工作重点。

3.野外踏勘

（1）野外踏勘应根据工作程度、土地利用状况、重大工程活动情况，结合调查区环境地质条件和主要环境地质问题，制订踏勘工作计划。

（2）踏勘应选择典型路线，核实主要环境地质问题分布情况以及土地利用状况、国土空间规划和重大工程建设情况，确定环境地质调查的重点内容。

（3）编写野外踏勘小结，包括踏勘计划、踏勘路线、踏勘记录、照片、录像等资料，拟解决的主要问题及预期成果等。

二、环境地质调查技术方法与要求

从学科关系考虑，环境地质学是地质学与环境科学之间的交叉科学。它的产生、发展与现代科学技术的发展、社会生产力的提高以及人类对地质环境的改造是密切相关的。研究环境地质学的最终目的是在深入认识原有地质环境的基础上，进一步了解人类活动对其造成的影响，以有效解决在国民经济和社会发展过程中所出现的环境问题，为人类提供适于生存与可持续发展的良好环境。因此，其调查方法应注意以下几个方面。

首先，要以地质环境的调查为基础。从环境地质学的研究内容（地质作用引起的环境地质问题和人为作用引起的环境地质问题）来看，各种环境地质问题的发生都是在地质环境的基础上进行的。因此，环境地质调查必须进行实地地质调查，掌握最基本的地质背景条件。

其次，要以系统理论为指导。从总体上对地质环境的各个方面（大气、水、生物、岩石圈各种资源以及物质的能量转换过程等）和各种问题（污染、洪水、干旱、地震、塌陷等）进行综合调查，调查时应着重于各种环境地质问题的相互联系以及人类和环境地质的相互关系。

再次，环境地质问题的调查还要区分不同层次。例如，森林退化是一个在大范围内长期起作用的影响全局的问题，而岩溶塌陷、地震、火山爆发等虽然也有一定的影响范围，但比起前者其影响范围相对要小，因而在调查时范围明显不同。

最后，环境地质学是一个涉及面广泛的综合性学科，除了要汲取地质学与环境科学的调查方法与手段外，还要吸收其他学科领域研究的新技术与新手段，如遥感解译、地理信息技术、全球定位技术，海洋探测研究、南极考察研究、地球物理进展和电子技术等。

基于以上描述，环境地质调查的方法主要包括遥感解译、地面调查、地球物理勘探、钻探、山地工程及动态观测等。

（一）遥感解译

利用研究区的航空或卫星遥感影像资料，通过对比分析，提取不同时期的环境地质信息与演变趋势。

遥感解译具有时效性好、宏观性强、信息量丰富等特点，但也存在一定缺点，即人们对遥感技术比较陌生，使得遥感技术在环境地质调查中难以发挥其应有的作用；环境地质遥感调查工作需要多时相的实时或准实时的遥感信息源，而这种信息源价格昂贵；当前常用的遥感信息源空间分辨率较小，难以满足环境地质的详细调查工作，这使得遥感技术仅在宏观调查中应用广泛，而在微观上应用较少。虽然具有以上缺点，但该调查方法仍然逐渐成为环境地质学调查的主要方法之一，应用广泛。如目前对青藏高原、青藏交通线等方面的环境地质调查研究都采用了该方法。遥感调查及解译的技术方法与要求如下。

（1）调查中应充分采用遥感技术，通过遥感图像（或数据）解译提取和分析反映调查区内地质环境特征的各种信息，获取各种环境地质参数、解译环境地质条件和研究环境地质问题，编制相应的遥感解译图件，提供遥感解译资料。

（2）遥感解译工作应贯穿于调查工作的全过程，服务于设计编写、野外调查、资料整理及成果编制等各个环节。

（3）遥感解译的范围应根据需要，依查明具体的环境地质问题而确定，一般略大于常规地面调查范围，以便于从区域上对调查区充分了解和分析研究。

（4）应选择云彩覆盖少、冬季成像、清晰度高、分辨率不小于5m、可解性强的卫星遥感数据进行解译。

（5）根据调查任务和不同地区及所选用的遥感图像的可解性与所需要解决的实际问题确定解译内容，一般应包括如下内容。

①划分不同地貌单元，确定地貌成因类型和主要地貌形态及水系特征，判定地形地貌、水系分布发育与地质构造、地层岩性及环境地质条件的相互关系。

②主要断裂构造（包括隐伏断裂）分布位置、发育规模、展布特征；新构造活动形迹在影像上的表现。

③地层岩性，划分岩土体的工程地质岩组类型，对冻土、黄土、盐渍土等特殊土体的分布发育特征进行解译。

④主要环境地质问题的分布、规模、形态特征、危害。

⑤各种水文地质现象，圈定河床、湖泊泥沙淤积地段，圈定图像上显示的古河道分布位置以及古溃口和管涌等发育地段、洪水淹没区域等。

⑥海水与淡水水域，分析海水入侵地下淡水的分布范围和地质环境背景。

⑦区内的植被、草原生态环境和土地利用状况等。

⑧人类工程经济活动引起的地质环境的变化，如“三废”排放造成的污染状况等。

⑨城市或国土开发整治重点地区，现有或潜在的某些特殊环境地质问题，如山区或山前的边坡失稳和泥石流；海滨城市的近岸海流变化对城市的影响；城市废物处置场地选择中的环境地质问题等。

（6）对动态变化的环境地质问题，如江湖库海岸带变迁、江河改道、泥沙冲淤、水土流失、土地沙漠化、石漠化、盐渍化、植被演变、土地利用等，可搜集具有代表性的2～3个以上不同时期的遥感图像，进行解译对比分析。

（7）遥感解译成果报告编制。根据调查任务和遥感解译的具体内容及成果，编写专题报告或总报告的有关章节。报告编写应详细论述遥感图像（数据）的特征和解译技术方法以及所取得的各项成果。

（二）地面调查

充分利用已有基础地质资料，补充必要的野外调查，重点调查研究区地质环境条件及其演化规律、主要环境地质问题、人类工程活动的类型及其环境地质效应等，同时验证遥感影像资料的解译成果。该方法是对遥感解译的较好补充。

地面调查的方法与要求如下。

（1）根据调查区环境地质条件和人类工程经济活动特点，确定重点调查地区和需要重点调查的环境地质问题。

（2）根据已有工作程度的不同，确定不同地区工作程度要求，即实测、编测或修测。

（3）野外调查前，应在调查区或邻区选择地貌、地层、地质构造和环境地质问题有代表性的一个或几个地段，实测地质地剖面，建立典型标志，统一工作方法。

（4）野外调查中，应充分利用已有资料和遥感解译成果，通过野外调查和遥感图像解译成果的野外验证，加强地面调查工作的针对性，提高成果质量和效率。

（5）地面调查手图采用的比例尺应比实际调查精度大一倍或以上。

（6）观测路线的布置：以穿越法为主，对环境地质问题采用穿越法与追索法相结合的调查方法。

（7）观测点的布置，观察描述和定位要求如下。

①观测点的布置要突出重点，兼顾一般，不能平均使用，点位要有代表性，并应统一编号。

②观测点记录既要全面，又要突出重点，同时还要注意观测点之间的沿途观察记录，用剖面图反映其间的变化情况。对典型和重要的地质现象，应实测剖面或绘制素描图，并进行拍照或录像。

③调查点应采用GPS定位，图面误差不超过1mm。

④调查点数量可根据遥感解译成果适当减少，但最高不超过30%。

（8）调查精度要求如下。

①环境地质问题分布范围，凡能在图上表示出其面积和形状者，应实地勾绘在图上或根据遥感解译检验结果在野外核定在图上，不能表示实际面积、形状者，用规定的符号表示。

②观测点密度取决于地区类别和工作区地质地貌条件的复杂程度，以能控制工作区环境地质条件和环境地质问题为原则。

③不允许漏测危害或规模大型及以上的重要环境地质问题。每个环境地质问题，至少有1～2条实测剖面予以控制。

（9）数据库建设、资料整理、综合研究应在地面调查过程中同步进行，并及时提交原始成果，及时编制野外调查总结。野外调查总结材料应包括野外调查手图、实际材料图、环境地质问题图、环境地质条件图、各类观测点记录卡片、照片集、录像和数据库等。

（三）地球物理勘探

根据研究区特点和有待查明的环境地质问题，有的放矢地采用先进适用的技术方法开展物探方法调查工作，注意做好物探成果的综合解译与查证。地球物理勘探方法包括航空物探、地面物探和测井（作探）等；从物理原理上讲，有电法、地震法、重力法和磁法等。目前正在发展的3S成像已在环境地质调查中发挥重要作用。地球物理勘探技术方法与要求如下。

（1）物探技术主要用于危害或规模大型及以上的重要环境地质问题调查，在遥感图像解译和野外调查的基础上进行，与其他方法合理配合使用。

（2）工作前必须充分搜集利用以往的物探成果资料，尤其是航磁、区域重力、电法、区域地震剖面等资料。

（3）应根据调查任务的实际需要，通过对工作区地形、地貌、交通、工作条件的实际踏勘，并根据已知的地球物理条件及探测目标体的几何尺度，决定可以采用的物探方法。对于单一方法不易明确判定的或较复杂的环境地质问题，须采用两种或两种以上方法组合的综合物探。

（4）野外工作前，应根据调查设计书提出的任务，对照有关物探规范，编制物探设计书，或在调查设计书中列出物探工作设计的专门章节。物探设计书的内容一般应包括：工作目的任务，工作区概况，地质与地球物理特征，工作部署和技术要求，工作计划和生产管理，预期提交成果等部分，并附物探工作部署图。

（5）对于物探工作前提不明，地质效果尚无把握或有争议的地区，在布置物探之前，均应开展适量的试验工作。试验应布置在有代表性的地区，调查工作程度较高或有钻孔控制点的剖面上，通过试验选择经济有效的探测方法，并对设计做相应的修改。

（6）物探测线（网）的布置必须根据地质任务、调查精度、测区地形、地物条件，因地制宜合理设计。测线长度、间距以能控制被探测对象为原则。主要测线方向应垂直于被探测体的长轴方向（崩塌、滑坡体纵轴方向等），且宜选择在地形起伏较小，表层介质较均匀，无高压线、变电器等大型电器位置，避开经常爆破、震动的位置，并尽可能通过已有钻孔或平行于地质勘探线布设。

（7）野外作业中，工作参数的选择，检查点的数量，观测精度，测点、测线平面位置和高程的测量精度，仪器的定期检查、操作和记录，应遵循有关物探规范的要求。

（8）物探资料的解释推断，应遵循从已知到未知、先易后难、从点到面、点面结合的原则，多种物探资料综合解释的原则，物探解释与地质推断相结合的原则，通过反复对比，正确区分有用信息和干扰信息，以获得正确的结论。

（9）应根据环境地质调查工作需要，工作区地貌、地质条件和干扰因素，不同物探方法的应用条件，正确选择物探方法。

（10）野外工作结束并经过验收后，必须及时提交物探报告和相应图件。物探工作报告一般应包括序言，地形、地质及地球物理特征，工作方法、完成的工作量、技术及其质量评价，资料整理和解释推断，结论和建议等。附图应包括工作布置图，必需的平面、剖面、曲线图、解释成果图等。

（四）钻探

钻探主要用于区域性控制和专门问题的查证以及地质环境监测点的布设。钻探技术方法与要求如下。

（1）钻探工作主要用于危害或规模大型及以上重要环境地质问题调查，以了解环境岩、土、水体特征，查明探测目标的位置、规模、物质组成，进行现场试验和采样测试，分析环境地质问题的形成条件。

（2）钻探一般应在地质调查和物探工作的基础上进行。应根据环境地质问题类型、规模、性质，环境地质条件复杂程度，欲探明的具体问题，合理选择钻探类型和使用工作量。应充分利用已有的钻探资料，尽可能减少钻探工作量。每个钻孔必须目的明确，尽量做到一孔多用，必要时可留作监测孔。

（3）钻探控制工作量，根据不同地质地貌单元、拟探明的环境地质问题复杂程度、调查精度确定。

（4）钻孔深度根据探测对象而定，一般要求如下。

①崩塌、滑坡，钻孔深度一般应穿过其最下一层滑动面3～5m。

②岩溶塌陷区，钻孔深度一般应穿过岩溶强发育带3～5m。

③地裂缝区，钻孔深度应大于地裂缝的推测深度，并穿过当地主要的地下水开采层位。

④地面沉降区，钻孔深度一般应穿过当地取水层位3～5m，并进入非变形沉降层（或稳定构造沉降层）20～30m。

⑤塌岸区，钻孔深度应穿过第四系土层3～5m，钻孔深度应穿过第四区。

⑥海水入侵区，钻孔深度应以揭穿咸水层至淡水层或隔水层为准。黄土区，孔深应视

勘探目的而定，一般应有一定数量钻孔穿透湿陷性土层。

（5）钻探技术要求应按钻孔类型执行相应的专门性规范规程。

（6）钻孔竣工后，必须按时提交各种资料，一般包括钻孔施工设计书、岩心记录表（岩心的照片或录像）、钻孔地质柱状图、岩溶及裂隙统计表、采样及原位测试成果、测井曲线、钻孔质量验收书、钻孔施工小结等。

（五）山地工程

（1）槽探、浅井工作，主要用于危害或一定规模以上的重要环境地质问题和调查，以查明探测目标的规模、边界、物质组成，进行现场试验和采样测试，分析环境地质问题的形成条件。

（2）探槽、浅井应配合野外调查同时施工，其规格和施工等有关技术要求按山地工程的有关规范规程执行。

（3）各探槽、浅井应及时进行详细编录，除文字描述记录外，尚应制作大比例尺（一般为1：20～1：100）的展视图或剖面图，以真实反映各壁及底板的地质特征、取样位置等，对重要地段尚需进行拍照或录像。

（4）探槽、浅井竣工验收后应及时回填，如需留作监测，应采取相应的保护措施，以防出现安全事故。

（六）动态监测

根据工作区地质环境条件和需要解决的问题，确定监测项目、监测网点布置原则、布设位置、监测内容与要求、监测工作量等。如用于观测地震、活动断裂、地下水、危岩体或滑坡的长期动态观测可为环境地质问题的发生发展提供重要数据，监测手段有地面位移（三角控制测量、微震台网和短基线测量等）、深部位移（多层移动测量计、测斜仪和磁标志法等），热红外跟踪摄影、现场声发射（AE）自动记录仪和GPS等。为确保监测周期，控制性的监测点应在工作初期布设并运行。动态监测主要技术方法与要求如下。

1.监测的内容和方法

监测内容应以环境地质问题的动态特征变化为主，兼顾相关影响因素的监测。对危害或规模较大的重要环境地质问题，监测内容应全面，并根据需要部署常规专业监测设备；危害或规模较小的环境地质问题，以简易监测为主。

2.监测点的数量

危害或规模较大的重要环境地质问题，应加密监测点布设，根据需要部署监测线或监测网；危害或规模较小的环境地质问题，宜根据需要部署控制性的监测点或监测线。

3.监测周期

监测周期根据环境地质问题的变形程度或变化速率确定，变形程度或变化速率小的，监测周期长；变形程度或变化速率大的，应缩短监测周期。监测间隔时间，崩塌、滑坡、泥石流等突发性地质灾害最长不宜超过一个月，汛期、变形变化剧烈期应一天一次或多次；地下水位监测一般逢五、逢十各一次，地下水污染监测可按丰、枯水期各一次。

4.监测成果

应及时对监测资料进行整理分析，编制监测表格和动态曲线图及相应的文字小结。出现临灾迹象时，应紧急上报，提出防灾救灾建议。

5.专项监测

针对崩塌、滑坡、泥石流、地面沉降、海水入侵等环境地质问题按照其各自特点开展专项监测。

6.重要地段监测

对严重威胁城镇、重要居民点、工矿区、交通干线等地段的环境地质问题，应及时向当地政府和主管部门提出监测方案建议。

第二节　主要生态地质问题

一、水土流失

（一）水土流失的主要危害

水土流失既是土地退化和生态恶化的主要形式，也是土地退化和生态恶化程度的集中反映，对经济社会发展的影响是多方面、全局性和深远的，甚至是不可逆的。

1.破坏土地资源

水土流失导致土地退化，耕地毁坏，使人们失去赖以生存的基础，威胁国家粮食安全。

（1）破坏土地资源，蚕食耕地。年复一年的水土流失，造成地形破碎、沟壑纵横，破坏土地资源，耕地面积减少。我国人均占有耕地面积远低于世界平均水平，人地矛盾突出，严重的水土流失又加剧了这一矛盾。北方土石山区、西南岩溶区和长江上游等地有相当比例的农田耕作层土壤已经流失殆尽，母质基岩裸露，彻底丧失了农业生产能力。

（2）土层变薄。土壤几乎是一种不可再生的资源。研究显示，在自然状态下形成1cm厚的土层需要120～400年，而在水土流失严重地区，每年流失表土1cm以上，土壤流失速度比土壤形成速度快120～400倍。特别是土石山区，由于土壤流失殆尽，基岩裸露，“石化”现象严重。据调查，广西、贵州、云南等石灰岩地区许多地方已无地可种。广西大化瑶族自治县七百弄乡总面积203km^2，裸岩面积达102.3km^2，占全乡土地面积的50.4%。

（3）土地肥力下降。水土流失严重的坡耕地成为“跑水、跑土、跑肥”的“三跑田”，土壤肥力下降，结构破坏，理化性状变差，土地日益贫瘠，退化严重。据实验分析，当表层腐殖质含量为2%～3%时，如果流失土层1cm，那么每年每平方公里的地上就要流失腐殖质200t，同时带走6～15t氮、10～15t磷、200～300t钾。全国水土流失与生态安全综合科学考察结果显示，全国每年流失的氮、磷、钾总量近亿吨，其中黄土高原约为4000万t。位处黄土高原的定西、西海固、陕北丘陵沟壑区以及风沙区因水土流失造成粮食单产非常低，在实施水土流失综合治理工程前，多年平均粮食单产不到50kg。

2.加剧洪涝灾害

水土流失造成大量泥沙下泄并淤积下游江、河、湖、库，降低了水利设施调蓄功能和天然河道泄洪能力，增加下游洪涝灾害发生频次。

同时，由于水土流失使上游地区土层变薄，土壤蓄水能力降低，增加了山洪发生的频率和洪峰流量，增加了一些地区滑坡泥石流等灾害的发生机会。

3.制约区域经济发展

水土流失造成人居环境恶化，加剧贫困，成为制约山丘区经济社会发展的重要因素。水土流失破坏土地资源、降低耕地生产力，不断恶化农村群众生产、生活条件，制约经济发展，加剧贫困程度，不少山丘区出现“种地难、吃水难、增收难”。水土流失与贫困互为因果、相互影响，水土流失最严重地区往往也是最贫困地区，我国76%的贫困县和74%的贫困人口生活在水土流失严重区。多数水土流失严重区，土地生产力严重被削弱，人地矛盾突出，无法跳出“越穷越垦、越垦越穷”的发展困境。

4.威胁生态安全

水土流失与生态恶化互为因果。水土流失导致土壤涵养水源能力降低，加剧干旱、风沙灾害。据调查，21世纪初全国因水土流失造成退化、沙化、盐碱化草地约135万km^2，占全国草原总土地面积的1/3。

水土流失导致土地沙化、植被破坏、河流湖泊消失或萎缩、野生动物的栖息地减少、生物群落结构遭受破坏、繁殖率和存活率降低，甚至威胁到种群的生存。同时，水土流失作为面源污染的载体，在输送大量泥沙的过程中，也输送了大量化肥、农药和生活垃圾等面源污染物，加剧水源污染，极大地破坏了生态环境，影响了生态系统的稳定和安全。

5.影响城市安全

随着城镇化飞速发展的过程中也带来了比较严重的水土流失。例如，陕西省榆林市曾因风沙三迁城址；深圳市建市之初，由于城市建设过快，一些地方盲目开发，加之对城市水土保持重要性认识不足，造成大面积地貌植被破坏，自然水系改变，出现严重的水土流失。

（二）水土流失的主要原因

我国水土流失形成的原因既有自然的，也有人为的：既有历史的，也有现代的。现代水土流失除我国特殊的自然地理和复杂多变的气候条件的影响外，更为主要的还是人为因素造成的。

1.历史因素

由于自然气候变异、人口增加、军屯民垦、毁林垦荒、烧林狩猎、伐木阻运、焚林驱兵，以及统治者大兴土木、砍伐森林，造成水土流失加剧、地貌支离破碎、沟壑纵横。越是近代，人类活动对生态环境的破坏越严重。

2.自然因素

造成水土流失的自然因素主要包括气候、地形、地质、土壤、植被等。

（1）气候。影响水土流失的气候因素主要是降雨。我国降水呈现时空分布不均衡的特征。从空间分布上看，我国年降雨量总体由东南向西北递减，造成东南多雨、西北干旱。从时间分布上看，由于受季风气候影响，全国大部分降雨都集中在夏、秋季，降雨量占全年降水量的60%以上，且多暴雨。降水不均衡分布造成水土流失在空间和季节分布上也不均衡。

黄土高原地区受季风的影响，每年冬夏季风周期性的进退和交替变化，使得雨季、旱季分化十分显著，雨季降雨量集中且多为暴雨，降雨量占年降水量的60%～70%，历史上曾有降雨量700～800mm的记录，暴雨常常与水土流失、洪水灾害相伴。东北松花江辽河流域地处温带、寒温带，大陆季风气候显著，区内降水分布很不均匀，70%以上的降水集中在6—9月，其中7月、8月占全年降水量的50%以上，也是集中产生水力侵蚀的季节。东南沿海地区台风雨是降水的主要来源之一，随着冷暖气团的消长强弱及台风登陆的多寡，降水量的年际变化很大，部分地区多雨年的降水量比值在2.0以上，造成较为严重的崩岗。

决定水土流失的降雨因素主要包括降雨类型、降雨量、降雨强度等。一般来说，暴雨发生频次与水土流失程度成正比，即暴雨暴发得越频繁，造成水土流失量越大、程度越剧烈。降雨量也与水土流失成正相关关系，降雨量越大，造成水土流失越严重。降雨强度是指单位时间内的降水量，如果是阵雨又称雨强或雨率，降雨强度越大，造成水土流失也越严重。

（2）地形地貌。我国水土流失类型分布与地貌特征密切相关。我国位于欧亚大陆面向太平洋的东斜面上，整个地势西部高、东部低，地形复杂，自西向东构成三级阶梯。第一级阶梯是位于我国西南部的青藏高原，海拔在4000m以上，是我国地形最高的部分；第二级阶梯是我国高原和盆地的主要分布地区，海拔1000～2000m；第三级阶梯是我国平原的主要分布地区，海拔多在500m以下。特殊的自然地理条件造成了我国山地、丘陵、高原占国土总面积的69%，山高坡陡的地貌为水土流失的形成提供了量能基础，一旦遇到强降雨或大风等其他外营力，则会产生较为严重的水土流失。

地形因素主要包括地面坡度、坡长等。处于临界坡度以下时，地面坡度与水土流失呈正相关。据津格运用小区的模拟降雨和野外条件证实，坡度每增加1倍，土壤流失量增加2.61～2.80倍；斜坡水平长度每增加1倍，土壤流失量增加3.03倍。当地面坡度达到一定值时，水土流失程度反而呈减少趋势，该定值坡度也就是临界坡度，临界坡度大小与当地气候、土壤、地表植被物等有关；坡长与水土流失呈正相关，即坡长越长，侵蚀力的作用面越大，侵蚀动能增加，水土流失越严重。

此外，坡形和坡向也对水土流失具有影响。山丘区的斜坡坡形可分为直形坡、凹形坡、凸形坡等，不同坡形造成降雨径流的再分配情况不同，水土流失形式和强度也不同。坡向是指丘陵斜坡的朝向，坡向不同，坡面水热条件和降雨量存在较大差异，造成植物生长状况和土地利用方式不同，水土流失程度不同。据黄河水利委员会西峰站多年观测结果：一般情况下，阴坡水分状况好，植被易于恢复或生长较茂密，水土流失程度较轻，弱于阳坡。迎风坡降雨量大于背风坡，因此迎风坡水土流失也较背风坡严重。

（3）地质。地质因素中岩性不同，地面组成物质不同，相应的抗蚀能力也不同，因此造成水土流失形成的概率高低不一。在各时代地层中，新生界和中生界的地层出露面积最大，主要由松散沉积物和轻度胶结的碎屑岩组成，加之不同尺度、不同形式地质构造相互叠加及演化的复杂格局，为土壤侵蚀提供了丰富的物质基础。科学研究显示，新构造运动的上升区往往是侵蚀的严重区，六盘山近百年内上升的速度为5～15mm/a，造成这一地区侵蚀复活，使得冲沟和斜坡上一些古老侵蚀沟再度活跃。

（4）土壤。土壤是地球陆地表面能生长植物的疏松表层，由矿物质、有机质、水分、空气和土壤生物组成，是岩石的风化物在气候、地形、生物等因素作用下逐渐形成的。土壤是水土流失形成的物质基础，土壤抗侵蚀性能对水土流失的形成和严重程度具有决定作用。土壤抗侵蚀性能取决于土壤的颗粒组成、有机质含量和水稳性团粒结构的含量。西北黄土高原、西南和南方丘陵山区，出露地面的组成物质主要有厚层黄土沉淀物、紫色页岩风化物和花岗岩风化物及其发育的紫色土、红壤等。这些土壤和地面组成物质在地表植被破坏时，土壤抗侵蚀特性很差，极易受水力、风力侵蚀而被搬运。

（5）植被。植被是指某一地区内由许多植物组成的各种植物群落的总称。按植物群落类型划分，植被的类型可分为森林植被、草原植被、草甸植被、荒漠植被等。我国植被地理分布呈现明显的地带性，区域差异显著，由东南向西北，依次为落叶阔叶林（针阔混交林）、草甸草原、典型草原、荒漠草原、草原化荒漠、典型荒漠。由于特殊的自然地理条件，造成我国水土资源不相匹配，北方缺水、南方缺土，制约植被生长。植被的地带性分异规律是影响我国水土流失类型分布的重要因素。

一般来说，植被覆盖度越大、层次结构越复杂，防治水土流失的效果越显著，以茂密的森林植被为之最，主要表现为以下三点。

①拦截降雨。植被地上部分的茎、叶、枝、干不仅呈多层遮蔽地面，而且能拦截降雨、削弱雨滴的击溅作用，同时改变了降雨的性质，减小了林下降雨量和降雨强度，削弱了林下土壤侵蚀营力。据观测，降雨量的15%～40%首先被树冠截留后通过蒸发回到大气中，其次被枯枝落叶吸收且5%～10%蒸发，其余大部分降雨（50%～80%）渗透到土壤中变成地下径流，仅有约10%的降雨形成地表径流。

②保护和固持土壤。枯枝落叶层覆盖在地表，保护地表土壤免受雨滴的击溅和径流侵蚀。植被根系号称“地下钢筋”，尤其是乔灌木树种构成的混交林具有深长的垂直根系、水平根系和斜根系，有较强的固土作用，保障表土、底土、母质和基岩连成一体，增强了土体的抗蚀能力。

③调节地表径流。林下枯枝落叶层结构疏松、吸水力强，并具有过滤地表径流的作用，使地表径流携带的土沙石等沉淀下来。监测数据显示，1kg的枯枝落叶层可吸收2～5kg的水；在10° 坡地上，15年生阔叶林的枯枝落叶层水流速度仅为裸地的1/40。

3.人为因素

人类不合理利用土地的行为，以及诸多不合理开发的行为，如毁林毁草、滥垦滥牧、开荒扩种、陡坡耕作、开矿修路及弃土弃渣等活动，成为造成水土流失的重要原因。

（1）过伐、过垦、过牧，破坏植被。我国人口众多，对粮食、民用燃料等的需求较大，耕地少，后备资源不足。长期以来，在生产力水平不高的情况下，对土地实行掠夺性开垦，片面强调粮食生产，忽视了因地制宜地开展农林牧综合发展，把只适合林牧利用的土地也开辟为农田，破坏了生态环境。

近年来，随着经济社会发展，国家增长方式的不断调整，农业生产和种植结构发生了较大改变。一些地方结合当地自然条件和社会经济，进行集团化陡坡开垦种植、定向用材林开发、规模化农林开发、炼山造林等多种农林开发模式。但在生产准备阶段和生产过程中缺乏及时、有效的水土保持措施，大规模砍伐、运输、整地、栽植等一系列活动仍造成较为严重的水土流失。据中国水土流失防治与生态安全综合科学考察，2000—2005年，全国农林开发造成的水土流失约占生产建设项目水土流失总量的1/4。

（2）各类生产建设活动。随着我国经济社会快速发展，经济结构调整成效显著，投资渠道不断拓宽，一大批生产建设项目，水利电力工程、油（气）输送和储存工程、输变电工程，以及大型水厂、桥梁、铁路、高速公路等生产建设项目相继启动实施，极大地改善了区域供水、供电、交通、航运等基础设施状况，加快了国民经济发展。但是有相当一段时期，由于一些生产建设单位对水土保持工作认知不到位和重视程度不足，经济增长方式未脱离“四高一低”（高投入、高消耗、高耗能、高污染、低效率）粗放型发展模式，在取得较高发展水平的同时，引发了较为严重的人为新增水土流失。

二、土地沙化

（一）土地沙化的内涵

就土地沙化而言，其主要指土壤在受到侵蚀之后，其表层会失去细粒，然后逐渐过渡到一种砂质化的状态。抑或因为土壤被流沙入侵，大幅度降低了土地固有的生产力，如果情况严重，会使土地直接丧失生产力，极大地破坏当前的土壤环境。土地沙化现象经常发生在干旱、半干旱且生态环境极易被破坏的地区，在与沙漠、明沙相邻的一些地区内，同样会引起土地沙化。实际来说，土地沙化和土壤中水分的分布情况以及平衡状态之间存在比较密切的关联，如果土壤水分的损失量高于土壤水分的补给量，那么土壤就极有可能会出现沙化。形成土地沙化的同时相关人员如果没有在第一时间进行处理，那么就会导致可用土地资源的减少，并且还会削弱土地原有的生产力，也会引发更为严重的自然灾害，增加沙尘暴的发生概率，而且一旦土地沙化出现扩散，形成大面积的沙化现象，将会逐步演变为土地荒漠化。

（二）土地沙化的现状

我国的国土面积十分辽阔，土地资源也非常丰富，但是土地沙化问题也比较严重，这就需要我国在加强建设并加快发展的进程中，坚定不移地将防沙治沙工作置于重要位置，将其视作一项重点工作。根据实际现状来看，相较于南方地区，我国北方地区土地沙化的程度会更加严重，虽然南方地区也存在土地沙化的情况，但其沙化区域较为零散，而北方地区出现土地沙化现象之后，会对土壤中栽植的植被以及土壤周边的环境产生极大影响与破坏，同时还会大大降低土壤肥力，明显加剧土壤的贫瘠问题，导致出现土地沙化的区域寸草不生。此种情况，会显著降低周围居民的居住意愿，致使越来越多的居民想要逃离这种恶劣的生存环境，从而迁移到其他地区生活，如此就会使该地区呈现出地广人稀的状态。

（三）土地沙化的危害

第一，导致土壤肥力减弱。如果植被数量减少，就会不可避免地加重戈壁风沙，依据具体情况来说，我国每年都会有部分土地遭遇风沙侵蚀，而这将进一步提升土地沙化的严重程度。在此种形势下，整体的绿化面积会逐渐缩减，同时牧草的产量也会大量减少，而很多将牧草作为主食的动物，会由于这一原因而缩小发展规模。最主要的是，土地沙化会严重降低土壤的原有肥力，并使土地逐渐丧失生产力，进而在很大程度上制约农业生产工作的健康、有序发展。

第二，缩小人类的生存空间。我国的人口数量非常多，在世界人口密度排名上位居前列，这就降低了我国人口的平均占地面积。但是随着时间的推移，土地沙化现象的恶劣程度也在持续加重，从而使很多地区的基础条件并不能充分满足人们的居住需求，还会引发各式各样的自然灾害，使人们的人身健康安全遭受极大威胁。

（四）造成土地沙化的原因

1.自然因素

我国的国土面积大多处在亚欧大陆内部，很容易被板块构造影响，而且这一地区的降雨量相对较少，同时蒸发量又非常大。在这种特点的影响下，土地干旱问题频发，土壤结构也极易产生诸多不良变化，再加上植被覆盖率不高，因此推动土地沙化情况进一步加剧，导致大片土地出现沙土化、干裂等问题。除此之外，全球气候变暖、温度上升，致使内陆地区更加干旱，很多湖泊也在逐渐萎缩，长此以往，河水将会断流，地下水也面临枯竭，这都是难以修复的生态问题，急剧减少的水资源还会提高植被生存与存活的难度，增扩土地的沙化面积。

2.人为因素

（1）水资源滥用。我国的西部地区非常干旱，绝大多数种植户在实施农田灌溉的过程中，所采取的水资源使用行为普遍缺乏科学性、合理性，时间一长，则会浪费掉大量的水资源，同时该区域地下水的水位会呈逐渐下降趋势，并且会导致河流下游水源的不断匮乏。一旦地区水资源出现严重短缺，那么大部分植物在存活、生长期间，将会得不到充足的水源供给，在水源需求无法被满足的情况下，植物会慢慢枯萎，直至停止生长，最终造成植物的大规模死亡。而且该地区因为水资源滋润的不足，加之植被覆盖率的不断下降和土地裸露面积的不断增加，就会逐渐形成日益严重的土地沙化。

（2）胡乱采挖。根据草原和林地的实际环境状况来看，它们的生态系统均比较脆弱。在部分草原、林地地区，难免会种植一些品种特殊、具有较高经济价值的植物种类，将这部分植物采挖之后，当地居民的经济收入会明显提升，生活质量水平也能获得较好改善。正因如此，一些珍稀植物逐步演变为当地人民的一种经济来源，所以有不少人会为了得到更大数额的钱财而对这些植物进行过度采挖，并且在实际的采挖工作中，人员所使用的采挖方式不具备合理性、规范性，稍有不慎，便会破坏采挖地及其周边的生态环境。近几年，乱砍滥伐、乱采乱挖的不良现象越发严重，甚至一部分人会将高经济价值的植物作为自身主要的收入来源，而且为了采挖到价值更高的植物，会深入林地、草原等生态区域内。这样不合理的采挖行为直接破坏了采挖地区的生态环境，给该地区生态系统的平衡性带来了不利影响，同时还严重影响着区域生物的多样性。

（3）过度放牧。生活于草原地区的居民，其日常的生活和工作主要就是放牧，利用放牧这种方式，可以获得支撑其生活的经济收入，更好地保障他们的日常生活需求。如今，随着经济的快速发展和社会的不断进步，牧民的生活质量与水平也在逐步提升，而且大多数牧民会选择提高自身的牲畜养殖量，因此牲畜的数量会不断增多，超过了草原原本的承受范围。而且牧民在放牧时，大量牲畜主要以啃食草原为生，还会随意踩踏草原地表，导致草原地区的地表形成大面积裸露，受此影响，从而造成土地沙化，由于草原本身就没有任何防护，所以土地沙化会逐步转变为土地沙漠化。

（4）过度开发。一些地区为了拉动当地的经济发展，经常会不合理开发并使用各类资源，也就是对资源进行过度开发，而因为过度开发现象的出现，很多林地、草原、土地等绿地资源都会遭到程度不一的破坏，从而对该区域的生态环境产生负面影响。比如，某些地区在着手推动经济发展的过程中，通常会借助林业资源来开发并建设各类经济项目，在项目的具体推进过程中，需要砍伐售卖掉很多种类的林业资源，或者把林业资源区打造成特色旅游项目，以此来获得更高的收益，还会进一步增加开放景点处的旅游人员的数量，这就严重超出了区域环境的承载限度。

三、荒漠化

（一）我国土地荒漠化的成因

我国面临的重大生态问题之一就是土地荒漠化，很多地区的人民饱受其苦。经过调查发现，我国土地荒漠化的具体原因如下。

1.自然因素

在气候分布上，我国以大陆季风性气候为主，大陆季风性气候的特征为夏季高温多雨，大部分降水量都集中在夏季，而冬季寒冷干燥，整体气候类型是比较复杂多变的。在大陆季风性气候的作用下，在冬季来临时，很多森林植被比较薄弱、稀少的地区就很容易出现干旱状况，时间一长，干旱情况就会更加严重，这样当夏季到来，在暴雨的冲洗下，就会击打土壤，还会形成地表径流、冲刷土体，导致土地荒漠化面积持续蔓延。再加上我国的地形地貌复杂多样，分布了很多山地、丘陵地形，这类地形缺乏良好的水土保持作用，水土一旦减少也会大大降低植被的存活率，这样一来，当地的土壤很容易受到侵蚀，也会进一步扩大土地荒漠化范围。此外，目前全球气候变暖、气候出现异常，导致生态环境不仅脆弱，而且处于失衡状态下，气候越来越干，就会大大加剧土地荒漠化。

2.人为活动

近年来，我国人口增长过快，再加上经济的高速发展与工业化、城市化发展脚步的加快，我国出现了严重的环境污染、环境破坏问题，这就给土地带来了巨大的压力，逐渐导致土地荒漠化的形成。在城市化建设中，城市中涌入过多的人口，为了满足人们的居住需求和经济发展需求，就需要不断地扩张土地，占据大量的绿地面积，人们开始随意乱砍滥伐，这就导致城市原有的自然生态环境失去平衡，水土流失严重。同时在农业灌溉中，没有合理使用水资源，采用大水漫灌等灌溉方式导致耕地土壤次生盐碱化，这也是土地荒漠化形成的原因之一。

（二）荒漠化分类及其表现

1.湿润及半湿润地带的荒漠化土地

主要分布在中国的三江平原、嫩江下游、黄淮海平原的中部和北部、江西南昌及鄱阳湖区、近3000km的沿海地带和海南岛西南部等地，约占中国荒漠化土地总面积的3.9%。该区的荒漠化土地仅出现于沙性物质丰富、人类活动强烈的地区，与河流沉积物及海岸沙质沉积物受风力吹扬有关。其特点是分布零散、面积不大、影响范围小，风沙景观一般只出现于干旱多风季节。

2.半干旱地区的荒漠化土地

主要分布在贺兰山与乌鞘岭一线以东、白城与康平一线以西，长城以北、国境线以南的呼伦贝尔、科尔沁、鄂尔多斯等地，即分布在内蒙古东部与中部、河北北部、山西西北、陕北与宁夏东南部。其都发生在干草原区及荒漠草原区，是中国荒漠化土地比较集中分布的地区，约占中国荒漠化地总面积的65.4%，它是过度的土地利用和干旱多风沙质地表环境相互作用的产物。

3.干旱荒漠地区的荒漠化土地

主要分布在中国的狼山、贺兰山和乌鞘岭一线以西的广大地区，较集中分布在一些大沙漠边缘（如阿拉善的中部、河西走廊、塔里木盆地等地区），占全国荒漠化土地面积的30.7%。其特点是荒漠化的发生和发展主要与河流变迁、水资源利用不合理及绿洲边缘过度樵柴活动有关。

第三节　地质环境治理

一、水土流失治理

（一）提高全民对水土保持重要性的认识

大力加强水土流失防治工作相关政策的宣传与教育工作，在国民的认知中树立人与自然和谐相处的理念，强调水土流失对于国家与社会的危害，要遵循自然的规律，维护生态的稳定，不可过度改造自然环境，在经济发展与建设开发的过程中减少对水土资源的破坏，尽量维护原有的生态环境。

（二）遏制土地错误使用，减少土地过度开发

对于水土流失较严重但生态自我修复能力较高的地区，政府应采取封山育林、退耕还林等措施，利用生态系统的自我修复能力，改善水土流失的现状；对于当地依赖土地生存的民众，政府可以通过开展新型产业、开发新型能源等方法解决民众的生活来源问题；对水土流失相较轻微的地区，政府可以引导农民开展不会加重土壤负担的科学的农业产业，在不影响本地居民收入的情况下提高当地的生态水平，寻求人类经济活动与自然环境的平衡点。

（三）加强林草植被建设

林草植被建设是流域治理水土流失的一项重要措施，对改善区域生态环境具有显著作用。要采取最严厉的措施严格控制森林采伐、毁林开荒、坡地种植农作物、过度放牧、开矿采石等人为破坏生态环境的行为和活动，以保护、培育好现有植被和水土保持设施为重点，遵循适地适树的原则，加强整地措施，搞好封育管护，全面提高造林种草的成活率和保存率。要将退耕还林还草和荒山荒坡造林种草相结合进行水土流失治理工作。

（四）开展水土保持的科研和技术推广工作

实施科教兴水保的战略、提高水保科技含量、提高科学技术在水土保持治理开发中的贡献是达到高起点、高速度、高标准、高效益的有效途径，是加快实现由分散治理向规模

治理、由防护型治理向开发型治理、由粗放型治理向集约型治理转变的重要措施。建立比较完整的水土保持行政管理机构和科研机构，建立多层次的水土保持协调机构和民间水土保持组织，建立稳定的水土保持科研队伍，加强高新技术的攻关、推广和应用工作，注重引进国外的先进技术，进一步提高我国水土流失治理的水平。

（五）拓宽融资渠道

水土流失治理是一个系统工程，工程投资巨大，单纯依靠国家投资远远不能解决根本问题，必须建立多元化、多渠道的投融资方式。一是国家补点儿。国家投入专项补助资金，专门用于水土流失治理项目建设。二是群众筹点儿。对山区群众实际收入状况进行调查评估，适度筹集资金兴建水保工程，取之于民，用之于民。三是广泛发动社会力量，吸引企业和个人以参股方式投入资金。四是地方财政政策适当向山区倾斜，推动本地区水土流失治理工作顺利开展。这样，中央投资、地方匹配、群众筹资及民间投资捆绑起来，提供资金保障，可以加大水土流失治理工作力度。

（六）加强预警系统建设

继续加大水土保持预防监督工作的协调和监督执法力度，促进水土保持法制体系和执法体制建设，制定流域执法情况监督工作规范和流域近期水土保持监督工作规划，明确流域预防监督工作的思路和目标。加强监测，是目前水土保持工作的迫切要求。各级水行政主管部门要切实加强水土流失的动态监测，强化水土保持监督管理和行政执法工作，与环保、林业等有关部门密切配合，加大查处违反水土保持法律法规行为的力度，争取将各地历年防止水土流失工作取得的成效反映在监测数据上，既可为宏观决策提供依据，又可作为对各地工作成效量化考核的客观标准。

（七）加大执法力度

进一步健全与加强水土保持法制队伍建设，切实执行《水土保持法》《森林法》《环境保护法》《草原法》《野生动物保护法》《水法》等法律，以及与生态环境保护相关的法律法规，不断提高全民的法制观念，大力宣传，从各方面推动水土保持工作的开展；制定吸引土地所有者和经营者积极治理的政策，坚决遏制人为水土流失。同时，通过法律的执行，切实保障治理开发者的合法权益，把水土流失的防治纳入法制化轨道。

（八）增强各级地方政府的决策和管理能力

各级地方政府应把水土保持生态建设作为当地国民经济、社会发展计划的重要组成部分和可持续发展战略的一项重大任务，列入重要议事日程。将水土保持生态建设目标、任务与干部政绩考核紧密结合起来，建立健全领导任期目标责任制，层层签订责任状。在水土保持生态建设中，应增强各级水土保持机构的决策和管理能力，以充分有效实施水土流失防治政策，实现水土流失防治政策的现实需要与现实执行能力之间的统筹平衡，要结合本地实际，依法划定、公布本行政区的水土流失重点防治区。采取扎实有效的措施，加快水土流失综合防治步伐，改善水土流失地区的生态环境和农业生产条件，促进区域经济和社会的健康、持续发展。

二、土地沙化治理

（一）提升植被覆盖率

通过栽植植被，可以更为牢固地固定土地表层的结构，如果土地表层缺少足够的依附物，那么极有可能会被风沙影响，但有了植被之后，即可最大化削减来自风沙的作用力，从而使土地出现沙化的程度得到明显降低，所以提升植被覆盖率是进行防沙治沙的一项有效举措。尤其在一些土地沙化程度较严重的区域，如若有关单位想要科学、妥善地处理土地沙化问题，可以通过封沙育草（林）、植被恢复等方式，扩大植被覆盖面积，加大对植被的种植力度，借助植被来强效固定土壤的表层结构，减少土地沙化所带来的不利影响。

（二）加大植树造林力度

在开展林业防沙治沙工作的过程中，植树造林是一项十分重要且有效的措施，在防沙治沙期间发挥着尤为积极的推动作用，而且能够使土地沙化问题得到长效化、根本化的治理。对此，有关单位可以采取飞播造林、人工造林等构建防护林的方式进行植树造林，实现对风沙的及时、有效阻挡，最大化降低风沙给环境造成的不利影响。进行植树造林需要优先选择树种，而树种的选用应遵循合理、适用的原则，重点考虑防风沙能力强、根系发达、生命力顽强、抗旱性能好的乡土树种，保证防护林的存活率，确保其防风抗沙作用的全面、有效发挥。

（三）科学固定流动沙丘

第一，在具体的沙丘治理工作中，需要优先扩大植被的覆盖面积，但这就面临一项难题，即无法在沙丘上种植植被。这种现状下，工作人员探索出在两个流动沙丘之间进行植被栽植的方法，如此一来，就可以有效落实对沙丘的科学固定，有效避免沙丘再出现经常性移动的现象。然而流动沙丘具备一定的区域特征，也就是说，不同区域的流动沙区，其真实情况各不相同，所以需要有关工作人员依据具体情况展开针对性分析，只有使用最为适合、科学的沙丘固定方式，才能达到理想的流动沙丘固定效果。例如，在两个流动沙丘间栽植植被时，可以选择花棒、沙蒿、拐枣之类的植物，据此完成对流动沙丘的科学固定，充分贯彻落实沙丘封育工作。

第二，我国西北地区的气候十分干燥，而且风力也比较大，这就容易产生大量风沙。基于这一状况，需要有关单位进一步强化风沙防护工作，比如，可以采用增设沙障的方法，对风沙进行有效拦截，同时预防风沙的传播与扩散，也可以进行雨水截流，使雨水逐步渗透为地下水，保证植被生长获得足够的水源。

三、荒漠化治理

（一）坚持保护优先

沙区自然条件严酷，生态状况脆弱，生态资源属于稀缺资源，弥足珍贵。要牢固树立保护第一的思想，坚持没有保护就没有发展，保护就是最大的发展、最好的发展的理念。全面落实荒漠生态保护红线，加大沙化土地封禁保护力度，把所有的荒漠天然植被都保护起来，促进自然植被休养生息，维护荒漠生态系统的稳定性、完整性和原真性。严厉打击沙区毁林开垦、毁林采矿、毁林建设，对破坏沙区植被和生态的违法犯罪行为实行“零容忍”，加大查处力度，切实保护好沙区的每一寸绿色。同时，坚持不懈地推进防沙治沙工程，扎实开展固沙治沙，加快防治步伐，使沙区人居环境尽快得到改善。

（二）坚持科学治理

早在数千年前，我国古代思想家就提出了“天人合一”的思想，也就是说，人与大自然要和平相处，人类活动要遵循自然规律，才能有效防止在保护开发利用自然上走弯路。防沙治沙要尊重自然、顺应自然、保护自然，要坚持宜林则林、宜灌则灌、宜草则草、宜荒则荒；要深入实施山水林田湖草沙一体化生态保护与修复，农林水多管齐下，综合治理；要立足旱区实际，大力发展节水型林业，以水定林，适地适树适草，科学防治。在当前国家投入十分有限的情况下，防沙治沙必须正确处理重点与面上的关系，转变发展方式，区分轻重缓急，突出治理重点。三北防护林、退耕还林、京津风沙源等生态工程，要集中力量建设一批区域性重点项目，构筑区域性生态防线，由点到面带动沙区生态状况整体好转。

（三）坚持治沙惠民

土地荒漠化，既是生态问题，也是民生问题。防沙治沙要积极作为，主动承担起生态惠民、绿色富民、促进精准扶贫的历史使命。在有效治理和严格保护的基础上，充分发挥沙区光、热、土地等资源优势，因地制宜地发展沙区特色种养业、精深加工业和沙漠旅游业，合理开发利用沙区资源，培育沙区特色产业，增加群众收入。同时，要积极创造条件，为沙区贫困人口提供相对稳定的就业岗位，要让有劳动能力的贫困人口直接参与防沙治沙工程建设，或者就地转成沙区护林员等生态保护人员，通过参与生态建设和管护，增加收入，实现稳定脱贫，探索一条生态精准脱贫的新路子，更好地实现生态美、百姓富的有机统一。

（四）坚持改革创新

防沙治沙是一项社会公益事业，是全社会的共同责任，必须调动一切积极因素、动员全社会力量共同做好这项工作。要坚持以公共财政支持为主，在落实和稳定现有渠道投资的基础上，积极推动建立荒漠生态效益补偿制度和防沙治沙奖励补助等政策，努力争取各级政府加大投入力度；认真落实防沙治沙相关优惠政策，用好用足有关强农惠农富农政策，充分发挥政府资金政策的导向作用。同时，着力创新体制机制，积极探索建立沙化土地资产产权制度，深化金融创新，大力推广运用政府和社会资本合作模式，最大限度地调动社会力量参与防沙。

（五）坚持合作共赢

牢固树立共商、共建、共享的合作理念，深入参与全球荒漠化治理实践，彰显我负责任大国形象。要充分利用国际、国内“两种资金，两个技术”，坚持“引进来、走出去”，引进国外资金、技术和先进管理经验，进一步提升我国荒漠化防治的科技水平；要围绕“一带一路”，实施防沙治沙“走出去”战略，认真履行国际公约，加强联合研究，积极开展对外技术交流、技术培训和技术示范，分享我国的成功经验和先进技术与模式，推动全球荒漠化防治事业共同发展，为建设绿色世界贡献智慧和力量。下半年，要全力筹备办好《联合国防治荒漠化公约》第十三次缔约方大会，以此为契机，讲好中国防沙治沙故事，推动国内荒漠化防治事业加快发展。

第五章 矿产资源勘查

第一节 矿产勘查概述

一、矿产勘查目的、任务及勘查技术种类

矿产资源是人类赖以生存和发展的物质基础。高效、快速、经济、优质和足够多地提供矿产资源基地和矿产勘查成果，是矿产勘查的基本任务。

矿产勘查的最终目的是为矿山建设设计提供矿产资源储量和开采技术条件、矿床开发经济技术等必需的地质资料，减少开发风险和获得最大的经济效益。

根据勘查阶段划分的预查、普查、详查和勘探四个阶段，工作要求程度不同，其任务也不同。

（1）预查是通过对区内资料的综合研究、类比及野外初步观测，以及少量的工程验证，初步了解预查区内矿产资源远景，提出可供普查的矿化潜力较大地区，并为发展地区经济提供参考资料。

（2）普查是通过对矿化潜力较大地区开展地质、物探、化探工作和取样工作，以及可行性评价的概略研究，对已知矿化区作出初步评价，对有详查价值地段圈出详查区范围，为发展地区经济提供基础资料。

（3）详查是对详查区采用各种勘查方法和手段，进行系统的工作和取样，并通过预可行性研究，作出是否具有工业价值的评价，圈出勘探区范围，为勘探提供依据，并为制定矿山总体规划、项目建议书提供资料。

（4）勘探是对已知具有工业价值的矿区或经详查圈出的勘探区，通过应用各种勘查手段和有效方法，加密各种采样工程以及可行性研究，为矿山建设在确定矿山生产规模、产品方案、开采方式、开拓方案、矿石加工选冶工艺、矿山总体布置、矿山建设设计等方面提供依据。

二、矿产勘查原则

勘查原则是矿产勘查工作规律的抽象与概括，是指导各类矿床勘查工作的共同基础。勘查原则取决于勘查工作的性质和对勘探工作规律的认识程度。准确地确定勘探原则不仅在勘探科学理论上，而且在实际工作中也具有重大的意义。

根据勘查工作的性质与特点的分析及国内外矿床勘查的实践经验，矿床勘查工作必须以地质科学技术为基础，以国民经济需要为前提，多快好省查明和评价矿床，以满足国民经济建设对矿产资源和地质、技术经济资料的需要。这是勘查工作的根本指导思想，也是勘查工作必须遵循的总的指导原则。

勘查工作的具体原则有以下五个。

（一）因地制宜原则

这个原则是勘查工作最基本和最重要的原则，是由矿床复杂多变的地质特点决定的。大量勘查实践经验证明，只有从矿床实际情况出发，按照实际需要决定勘查的各项工作，才能取得比较符合矿床实际的地质经济效果。如果脱离矿床实际，主观臆断地进行工作，勘查工作必将陷入困境。因此，必须加强矿床各方面特点的观察研究，同时又要加强地质、设计和建设单位的结合，使勘查工作既符合矿床地质实际，又能满足矿山建设实际的需要。

（二）循序渐进原则

对矿床的认识过程不可能一次完成，而是随着勘查工作的逐步开展，资料的不断累积，认识才会不断深化。所以，勘探必须依照由粗到细、由表及里、由浅入深、由已知到未知、先普查后详查、再勘探这一循序渐进的原则进行。在矿床勘查的每个阶段，都要先设计，再根据设计进行施工，由设计指导施工。在施工程序上，一般应遵守由表及里、由浅而深、由稀而密，先行控制、后加密、重点深入的顺序进行布置。

循序渐进的目的是提高矿床勘查工作的成效，避免在资料依据不足或任务不明的情况下，盲目进行勘查和施工。但是，循序渐进原则不是消极地一件事跟着一件事的工作顺序，而应客观、科学地促使对矿床的认识过程加速进行。因此，在有条件的情况下，各阶段、各工程合理的平行交叉作业不是不可行的，而且有时是必要的。

（三）全面研究原则

这个原则是由矿产勘查的目的决定的，它反映了对矿床进行地质、技术和经济全面工业评价的要求。其实质是避免勘查工作的片面性，要求必须对矿床地质条件、矿体外部形态和内部的结构和构造、矿石质量与数量、选冶加工技术条件、矿床开采技术条件和水文地质条件等进行全面的调查研究，以便全面地阐明矿床的工业价值。

必须指出，全面研究原则是一个从矿床实际情况和矿山建设的实际需要出发而得出的相对概念。因此，在具体矿床勘查工作中，要根据矿床地质的实际情况与矿山建设的实际需要，既要全面研究矿床、矿体、矿石各个方面的特点，又要区别主次、急缓，抓住主要矛盾，有重点地进行研究。

（四）综合评价原则

这个原则是建立在自然界中的矿床几乎没有单矿物矿石存在，以及过去经验教训基础上的。大部分的黑色及有色金属矿床和部分非金属矿床都含有多种有益组分，其中包括极为重要的稀有及分散元素。另外，在某种矿产的矿床范围内，会有其他矿产与其共生或伴生。它们或者紧密相连，或者赋存于围岩内而自成矿体。如果不对这些伴生有益组分和共生或伴生矿产进行综合勘查、综合研究与评价，势必导致对矿床全面评价的错误，将影响到矿床的综合开发、综合利用，造成伴生有益组分和共生的矿产资源的损失与浪费；另外，伴生和共生矿产的存在，也会影响到矿床中主要矿产的选冶效果及产品质量与数量。如果不对伴生组分或共生或伴生矿产进行综合研究与评价，事后再进行补充勘查或重新采集样品，这样不仅会拖延勘查时间，增加勘查费用，而且也将严重影响矿山建设和生产。

因此，在勘查工作中，对矿床的主要矿产进行研究和评价的同时，必须对伴生有益组分和共生或伴生矿产进行综合研究、综合评价。实行综合评价，不仅可以提高矿产勘查成效，避免重复工作，而且可以提高矿床的工业价值，使单一开发的矿床变为综合开发利用的综合矿床，甚至会使原来认为无工业价值的贫矿变为可供综合开发利用的工业矿床。

（五）经济合理原则

矿产勘查工作是一项涉及地质、技术、经济的综合性工作，它必然受国民经济规律的制约。因此，在矿产勘查中必须讲究经济效益，切实贯彻经济合理原则。

这个原则的基本要求如下。

（1）研究市场的供求情况和国家近期或远期的建设规划、国际市场动态，以及产品在工业利用方面的趋势。

（2）加强对矿床开发利用技术经济的分析，合理地确定工业指标，做好矿床的经济评价。

（3）重视勘查技术经济效果分析，保证必要、合理的勘查程度。

（4）勘查主要矿产时，要注意对所需要的辅助矿产的勘查，以求资源配套。

（5）采取合理措施，加强经济管理与技术管理，提高各项工作效率，降低勘查工程单位成本，减少探明单位储量的投资费用等。

总之，要在保证必要的勘查程度的前提下，力求用最合理的方法，用最少的人、财、物的消耗，在最短时间内，取得最多、最好的地质成果和最大的经济效益。

上述几个勘查原则，相互之间既有区别又有紧密联系，既有相互矛盾的一面又有彼此统一的一面。只有正确认识它们之间的相互矛盾和相互联系，全面贯彻这几个原则，才能保证最合理地进行矿产勘查工作，取得勘查速度快、质量高、投资少、效益大的效果。

三、矿产勘查阶段划分

矿产勘查工作是一个由粗到细、由面到点、由表及里、由浅入深、由已知到未知，通过逐步缩小勘查靶区，最后找到矿床并对其进行工业评价的过程。

矿产勘查过程中一般需要遵守这种循序渐进原则，但不应将之作为教条。在有些情况下，由于认识上的飞跃，勘查目标被迅速定位，则可以跨阶段进行勘查；反之，如果认识不足，则可能会返回到上一个工作阶段进行补充勘查。

矿产勘查阶段的划分是由勘查对象的性质、特点和勘查实践需要决定的，或者说是由矿产勘查的认识规律和经济规律决定的。阶段划分得合理与否，将直接影响矿产勘查和矿山设计以及矿山建设的效率与效果。

（一）勘查阶段划分

按联合国推荐的矿产资源量/储量分类框架中提出的勘查阶段划分如下。

1.预查

预查是依据区域地质和（或）物化探异常研究结果、初步野外观测、极少量工程验证结果、与地质特征相似的已知矿床类比及预测，提出可供普查的矿化潜力较大地区。有足够依据时可估算出预测的资源量，属于潜在矿产资源。

2.普查

普查是对可供普查的矿化潜力较大地区、物化探异常区，采用露头检查、地质填图、数量有限的取样工程及物化探方法，大致查明普查区内地质、构造概况；大致掌握矿体（层）的形态、产状、质量特征；大致了解矿床开采技术条件；已对矿产的加工选冶性能进行了类比研究。最终应提出是否有进一步详查的价值，或圈定出详查区范围。

3.详查

详查是对普查圈出的详查区通过大比例尺地质填图及各种勘查方法和手段，比普查阶段密的系统取样，基本查明地质、构造、主要矿体形态、产状、大小和矿石质量；基本确定矿体的连续性；基本查明矿床开采技术条件；对矿石的加工选冶性能进行类比或实验室流程试验研究，作出是否具有工业价值的评价。必要时，圈出勘探范围，并可供预可行性研究、矿山总体规划和作矿山项目建议书使用。对直接提供开发利用的矿区，其加工选冶性能试验程度，应达到可供矿山建设设计的要求。

4.勘探

勘探是对已知具有工业价值的矿床或经详查圈出的勘探区，通过加密各种采样工程，其间距足以肯定矿体（层）的连续性，详细查明矿床地质特征，确定矿体的形态、产状、大小、空间位置和矿石质量特征，详细查明矿床开采技术条件，对矿产的加工选冶性能进行实验室流程试验或实验室扩大连续试验，必要时应进行半工业试验，为可行性研究或矿山建设设计提供依据。

（二）矿产预查阶段

矿产预查阶段相当于过去的区域成矿预测阶段。预查工作比例尺随勘查工作要求不同而不同，可以在1：100万～1：5万变化。预查工作采用的勘查方法主要包括遥感图像的处理和解译、区域地质及地球物理与地球化学资料的处理，以及野外踏勘等。

预查阶段分为区域矿产资源远景评价和成矿远景区矿产资源评价两种类型。

1.区域矿产资源远景评价

区域矿产资源远景评价是指对工作程度较低地区，在系统搜集和综合分析已有资料的基础上进行的野外踏勘、地球物理勘查、地球化学勘查、三级异常查证，圈定可供进一步工作的成矿远景区的预查工作。条件具备时，估算经济意义未定的预测资源量。其工作内容包括以下几个方面。

（1）全面搜集预查区内各类地质资料，编制综合性基础图件；

（2）全面开展区域地质踏勘工作，测制区域性地质构造剖面，了解成矿地质条件；

（3）全面开展区域矿产踏勘工作，实地了解矿化特征，并开展区域类比工作；

（4）择优开展物探、化探异常三级查证工作；

（5）运用GIS技术开展综合研究工作，对区域矿产资源远景进行预测和总体评估，圈定成矿远景区；

（6）条件具备时估算矿化地段资源量；

（7）编制区域和矿化地段的各类图件。

2.成矿远景区矿产资源评价

成矿远景区矿产资源评价是指对工作程度具有一定基础的地区或工作程度较高地区，运用新理论、新思路、新方法，在系统搜集和综合分析已有资料的基础上，对成矿远景区所进行的野外地质调查、地球物理和地球化学勘查、三级至二级异常查证、重点地段的工程揭露，圈出可供普查的矿化潜力较大地区的预查工作。条件具备时，估算经济意义未定的预测资源量。其工作内容包括以下几个方面。

（1）全面搜集成矿远景区内的各类资料，开展预测工作，初步提出成矿远景地段；

（2）全面开展野外踏勘工作，实际调查已知矿点、矿化线索、蚀变带以及物探、化探异常区，了解矿化特征、成矿地质背景，进行分析对比并对成矿远景区资源潜力进行总体评价；

（3）在全面开展野外踏勘工作的基础上，择优对物探、化探异常进行三级至二级查证工作，择优对矿化线索开展探矿工程揭露；

（4）提出成矿远景区资源潜力的总体评价结论；

（5）提出新发现的矿产地或可供普查的矿产地；

（6）估算矿产地、预测资源量；

（7）编制远景区及矿产地各类图件。

3.预查工作要求

本阶段的勘查程度要求为：搜集并分析区内地质、矿产、物探、化探和遥感地质资料；对预查区内的找矿有利地段、物探和化探异常、矿点、矿化点进行野外调查工作；对有价值的异常和矿化蚀变体要选用极少量工程加以揭露；如发现矿体，应大致了解矿体长度、矿石有用矿物成分及品位、矿体厚度、产状等；大致了解矿石结构构造和自然类型，为进一步开展普查工作提供依据，并圈出矿化潜力较大的普查区范围。如有足够依据，可估算预测资源量。

（1）有关资料搜集与综合分析工作。

①全面搜集工作区内地质、物探、化探、遥感、矿产、专题研究等各类资料，编制研究程度图。对已往工作中存在的问题进行分析；

②对区域地质资料进行综合分析工作，根据不同矿产类型，编制区域岩相建造图、区域构造岩浆图、区域火山岩性岩相图等各类基础图件；

③对区域物探资料进行重磁场数据处理工作，推断地质构造图件及异常分布图件；

④对区域化探资料进行数据分析工作，编制数理统计图件以及异常分布图件，开展地球化学块体谱系分析、编制地球化学块体分析图件；

⑤对区域遥感资料进行影像数据处理，编制地质构造推断解释图件；

⑥对矿产资料进行全面分析，编制矿产卡片以及区域矿产图件；

⑦运用GIS技术，对上述资料进行综合归纳，编制综合地质矿产图，作为部署野外调查工作的基础图件。

（2）野外调查工作。固体矿产预查工作，必须以野外调查工作为主，野外调查和室内研究相结合。野外调查工作包括：区域地质踏勘工作、区域矿产踏勘工作、地球物理与地球化学勘查、遥感地质调查工作、物探与化探异常查证、矿点检查工作；室内研究包括：已有地质资料分析、综合图件编制、成矿远景区圈定、预测资源量估算等工作。

①区域地质踏勘工作：区域地质踏勘工作是预查工作的重要基础工作，无论是否已经完成区调工作都要精心组织落实，一般情况下，部署一批能全面控制区内区域地质条件的剖面进行踏勘工作，踏勘时应进行详细的路线观察编录，并绘制路线剖面图，对重要地质体布置专题路线观察。通过区域地质踏勘工作，实地了解主要地质构造特征，成矿地质背景条件。

②区域矿产踏勘工作：区域矿产踏勘工作是预查工作的关键基础工作，一般情况下，工作区内都有一定数量的矿化线索、矿化点、矿点、物探与化探异常区，因此必须全面开展踏勘工作，对不同类型的矿化线索，都必须进行现场踏勘。对有较多工作程度较高矿产地的地区，应经过分类，对不同类型的代表性矿产地进行全面踏勘，详细了解矿化特征、成矿地质背景、工作程度、以往评价存在问题等情况，修订原有的矿产卡片。

对已有成型矿床远景区，必须开展典型矿床野外专题调查工作，通过实地观察，详细了解矿床成矿地质条件、矿化特征、找矿标志等资料，以便指导远景区总体评价工作。

③地球物理与地球化学勘查工作：一般情况下，区域矿产资源远景评价工作应当在已完成1：20万～1：50万地球物理（包括航空或地面）、地球化学勘查工作的基础上进行，如尚未开展1：20万～1：50万地球物理及地球化学勘查工作的地区，则应单独立项开展1：20万～1：50万地球物理及地球化学勘查工作。

一般情况下，成矿远景区矿产资源评价工作应当在已完成1：5万地球化学勘查工作的基础上进行，如尚未开展1：5万地球化学勘查工作的地区，则应单独立项开展1：5万地球化学勘查工作，必要时应单独立项开展1：5万地球物理勘查工作。

对重要矿化地段，重要物探、化探异常区，以及开展物探、化探异常二级查证的地区应部署大比例尺（一般为1：2.5万～1：1万）地球物理、地球化学勘查工作。

对部署钻探工程的地区，必须做地球物理精测剖面、地球化学加密剖面。对钻探工程在条件适宜的情况下，应开展井中物探工作。

地球物理和地球化学勘查方法应根据具体地质条件，选择有效方法。

④遥感地质调查工作：遥感地质调查工作应贯穿于预查工作的全过程，搜集资料及综合分析工作阶段，应选用合适的遥感影像数据，进行图像处理，制作同比例尺遥感影像地质解释图件。野外踏勘阶段，必须对遥感解释进行对照修正，最大限度地通过野外踏勘，提取地层、岩石、构造、矿产等与成矿有关的信息以及确定矿产远景地段。室内综合研究阶段，应利用遥感资料提供成矿远景区，优化普查区，提供矿化蚀变地段。

⑤矿产地检查和物探与化探异常查证工作：经过搜集资料、综合分析、区域地质踏勘、区域矿产踏勘、物探、化探、遥感等资料综合分析及数据处理工作，对具有成矿远景的矿产地或矿化线索以及有意义的物探、化探异常开展检查工作，主要内容包括：草测大比例尺地质矿产图件，开展大比例尺物探、化探工作，布置少量探矿工程，了解远景地段

的矿化特征，提出可供普查的矿化潜力较大地区，或者提出可供普查的矿产地。

对物探、化探异常查证工作，按照异常查证有关规定执行。

⑥探矿工程：预查阶段的探矿工程布置，要求达到揭露重要地质现象和矿化体的目的。槽井探、坑探和钻探等取样工程应布置在矿化条件好、致矿异常大或追索重要地质界线的地段。探矿工程布置需有实测或草测剖面，用钻探手段查证异常时，孔位的确定要有实际依据。一旦物性前提存在，要用物探勘查方法的精测剖面反演成果确定孔位、孔斜和孔深；在围岩地层和矿层中的岩矿心采取率要符合有关规范、规定的要求。

⑦采样和化验工作：预查工作必须采集足够的与矿产资源潜力评价相关的各类分析样品，各类采样、化验工作技术要求参照有关规范、规定执行。

（三）矿产普查阶段

矿产普查的工作比例尺一般在1∶10万～1∶1万，主要采用的方法包括相应比例尺的地球物理、地球化学、地质填图、稀疏的勘查工程等。

1.矿产普查的目的任务与工作程序

（1）矿产普查的目的。矿产普查的目的是对预查阶段提出的可供普查的矿化潜力较大地区和地球物理、地球化学异常区，通过开展面上的普查工作、已发现主要矿体（点）的稀疏工程控制、主要地球物理、地球化学异常及推断的含矿部位的工程验证，对普查区的地质特征、含矿性和矿体（点）作出评价，提出是否进一步详查的建议及依据。

（2）矿产普查的任务。在综合分析、系统研究普查区内已有各种资料基础上，进行地质填图、露头检查，大致查明地质、构造概况，圈出矿化地段；对主要矿化地段采用有效的地球物理、地球化学勘查技术方法，用数量有限的取样工程揭露，大致控制矿点或矿体的规模、形态、产状，大致查明矿石质量和加工利用可能性，顺便了解开采技术条件，进行概略研究，估算推断的内蕴经济资源量等。必要时圈出详查区范围。

（3）矿产普查的工作程序。普查勘查遵循立项、设计编审、野外施工、野外验收、普查报告编写、评审验收、资料汇交等程序。

2.矿产普查技术方法

（1）测量工作：必须按规定的质量要求提供测量成果。工程点、线的定位鼓励利用GPS技术，提高测量工作质量和效率。

（2）地质填图：地质填图尽可能使用符合质量要求的地形图，其比例尺应大于或等于地质图比例尺，无相应地形图时可使用简测地形图。地质填图方法要充分考虑区内地形、地貌、地质的综合特征及已知矿产展布特征，对成矿有利地段要有所侧重。对已有的不能满足普查工作要求的地质图，可据普查目的要求进行修测或搜集资料进行修编。

（3）遥感地质：要充分运用各种遥感资料，对区内的地层、构造、岩体、地形、地貌、矿化、蚀变等进行解释，以求获得找矿信息，提高普查工作效率和地质填图质量。

（4）重砂测量：对适宜运用重砂测量方法找矿的矿种，应开展重砂测量工作，测量比例尺要与地质填图比例尺相适应。对圈定的重砂异常，根据需要择优进行检查验证，作出评价。

（5）地球物理、地球化学勘查：应配合地质调查先行部署，用于发现找矿信息，为工程布置、资源量估算提供依据，根据普查区的具体条件，本着高效经济的原则合理确定其主要方法和辅助方法。比例尺应与地质图一致，对发现的异常区应适当加密点、线，以确定异常是否存在和大致形态。

对有找矿意义的地球物理、地球化学异常，结合地质资料进行综合研究和筛选，择优进行大比例尺的地球物理和（或）地球化学勘查工作，进行二级至一级异常的查证。当利用物探资料进行资源量估算时，应进行定量计算。验证钻孔和普查钻孔应根据具体地球物理条件，进行井中物探测量，以发现或圈定井旁盲矿。

（6）探矿工程：根据已知矿体（点）的信息和地形、地貌条件，各类异常性质、形态、地质解释特征以及技术、经济等因素合理选用。

探矿工程布设应选择矿体和含矿构造及异常的最有利部位，钻探、坑道工程应在实测综合剖面的基础上布置。

（7）样品采集、加工：样品的采集要有明确的目的和足够的代表性。

普查阶段主要采集光谱样、基本分析样、岩矿鉴定样、重砂样、化探样及物性样等，有远景的矿体（点）还应采取组合分析样、小体重样等，必要时采集少量全分析样。

（8）编录：各种探矿工程都必须进行编录，探槽、浅井、钻孔、坑道要分别按规定的比例尺编制，有特殊意义的地质现象，可另外放大表示，文图要一致，并应采集有代表性的实物标本等。

地质编录必须认真细致，如实反映客观地质现象的细微变化，必须随施工进展在现场及时进行。应以有关规范、规程为依据，做到标准化、规范化。

（9）资料整理和综合研究：该工作要贯穿普查工作的全过程，对获得的第一性资料数据应利用计算机技术和GIS技术进行科学的处理，对获得的各类资料和取得的各种成果应及时综合分析研究，结合区内或邻区已知矿床的成矿特征，总结区内成矿地质条件和控矿因素，进行成矿预测，指导普查工作。

普查工作中使用的各种方法和手段，其质量必须符合现行规范、规定的要求，没有规范、规定的，应在设计时或施工前提出质量要求，经项目委托单位同意后执行。各项工作的自检、互检、抽查、野外验收的记录、资料要齐全，检查结论要准确。为保证分析质量，普查工作中要由项目组按规定送内、外检样品到有资质的单位进行分析、检查。

3.普查阶段可行性评价工作要求

矿产普查阶段可行性评价工作要求为开展概略研究，一般由承担普查工作的勘查单位完成。概略研究是对普查区推断的内蕴经济资源量提出矿产勘查开发的可行性及经济意义的初步评价。目的是研究有无投资机会矿床能否转入详查等，从技术经济方面提供决策依据。

概略研究采用的矿床规模、矿石质量、矿石加工选冶性能、开采技术条件等指标可以是普查阶段实测的或有依据推测的；技术经济指标也可采用同类矿山的经验数据。

矿山建设外部条件、国内及地区内对该矿产资源供求情况，以及矿山建设规模、开采方式、产品方案、产品流向等，可根据我国同类矿山企业的经验数据及调研结果确定。

概略研究可采用类比方法或扩大指标，进行静态的经济分析。其指标包括总利润、投资利润率、投资偿还期等几项。

4.普查估算资源量的要求

矿产普查阶段探求的资源量属于推断的内蕴经济资源量，其估算参数一般应为实测的和有依据推测的参数，部分技术经济参数可采用常规数据或同类矿床类比的参数。当有预测的资源量需要估算时，其估算参数是有依据推测的参数。

矿体（矿点或矿化异常）的延展规模，应依据成矿地质背景、矿床成因特征和被验证为矿体的异常解释推断意见、矿体产状及有限工程控制的实际资料推断。

（四）矿产详查阶段

矿产详查阶段发现的异常和矿点（或矿化区）并非都具有工业价值。经普查阶段的勘查工作后，其中大部分异常和矿点（或矿化区）由于成矿地质条件差、工业远景不大而被否定，只有少数矿点或矿化区被认为成矿远景良好，值得进一步研究。也只有通过揭露研究，肯定了所勘查的靶区具有工业远景后，才能转入勘探。因此，勘探之前针对普查中发现的少数具有成矿远景的异常、矿点或矿化区进行的比较充分的地表工程揭露及一定程度的深部揭露，并配合一定程度的可行性研究的勘查工作阶段，称为详查。

详查阶段的工作比例尺一般在1：2万～1：1000，其目的是确认工作区内矿化的工业价值、圈定矿床范围。

1.详查工作的基本原则

详查阶段在矿床勘查过程中所处的地位决定了它在勘查工作上具有普查和勘探的双重性质，即在此阶段既要继续深入地进行普查找矿，尤其是深部找矿，又要按勘探工作的技术要求部署各项工作。在工作过程中应遵循如下原则。

（1）详查区的选择。在选择详查区时，目标矿床应为高质量矿床，即要选矿石品位高、矿体埋藏浅、易开采和加工、距离主要交通线近的矿点作为详查靶区。

详查区可以是经过普查工作圈定的成矿地质条件良好的异常区或矿化区，也可以是在已知矿区外围或深部，经大比例尺成矿预测圈出的可能赋存隐伏矿体的成矿远景地段，值得进行深部揭露。具体选区和部署工程时，可参考下面两种情况。

①经浅部工程揭露，矿石平均品位大于边界品位，已控制矿化带连续长度大于50m，且成矿地质条件有利、矿化带在走向上有继续延伸、倾向上有变厚和变富趋势的地段。

②规模大的高异常区，且根据地质、地球物理、地球化学综合分析认为成矿条件很好的地区，有必要进行深部工程验证。

（2）由点到面、点面结合，由浅入深、深浅结合。这里的点是指详查揭露部位，一般范围不大，但所需揭露的部位并不是孤立的，其形成和分布与周围地质环境有着紧密的联系。因此，在详查工作中必须把点与周围的面结合起来，由点入手，利用从点上获得成矿规律的深入认识和勘查工作经验，指导面上的勘查研究工作，同时又要根据面上的研究成果，促进点上详查工作的深入发展。另外，详查工作应先充分进行地表和浅部揭露，然后利用地表和浅部工作所获得的认识指导深部工程的探索和研究。

采用地表与地下相结合、点上与外围相结合、宏观与微观相结合、地质与地球物理以及地球化学方法相结合的研究方式，形成一个完整的综合研究系统，各方面的研究成果互相补充、互相印证。

2.详查工作要求

（1）通过1：1万～1：2000地质填图，基本查明成矿地质条件，描述矿床地质特征。

（2）通过系统的取样工程、有效的地球物理和地球化学勘查工作，控制矿体的总体分布范围，基本控制主矿体的矿体特征、空间分布，基本确定矿体的连续性；基本查明矿石的物质成分、矿石质量；对可供综合利用的共生和伴生矿产进行了综合评价。

（3）对矿床开采可能影响的地区（矿山疏排水位下降区、地面变形破坏区、矿山废弃物堆放场及其可能的污染区），开展详细的水文地质、工程地质、环境地质调查，基本查明矿床的开采技术条件。选择代表性地段对矿床充水的主要含水层及矿体围岩的物理力学性质进行试验研究，初步确定矿床充水的主（次）要含水层及其水文地质参数、矿体围岩岩体质量和主要不良层位，估算矿坑涌水量，指出影响矿床开采的主要水文地质、工程地质以及环境地质问题；对矿床开采技术条件的复杂性作出评价。

（4）对矿石的加工选冶性能进行试验和研究，易选的矿石可与同类矿石进行类比，一般矿石进行可选性试验或实验室流程试验，难选矿石还应做实验室扩大连续试验。饰面石材还应有代表性的试采资料。直接提供开发利用时，试验程度应达到可供设计的要求。

（5）在详查区内，依据系统工程取样资料，有效的物探、化探资料以及实测的各种参数，用一般工业指标圈定矿体，选择合适的方法估算相应类型的资源量，或经预可行性研究，分别估算相应类型的储量、基础储量、资源量。为是否进行勘探决策、矿山总体设计、矿山建设项目建议书的编制提供依据。

（五）矿产勘探阶段

勘探是对已知具有工业价值的矿床或经详查圈出的勘探区，通过加密各种采样工程（其间距足以肯定工业矿化的连续性），详细查明矿体的形态、产状、大小、空间位置和矿石质量特征；详细查明矿床开采技术条件，对矿石的加工选冶性能进行实验室流程试验或实验室扩大连续试验；为可行性研究和矿权转让以及矿山设计和建设提交地质勘探报告。

1.矿床勘探工作基本要求

通过1：5000～1：1000（必要时可采用1：500）比例尺地质填图，加密各种取样工程及相应的工作，详细查明成矿地质条件及内在规律，建立矿床的地质模型。

详细控制主要矿体的特征、空间分布；详细查明矿石物质组成、赋存状态、矿石类型、质量及其分布规律；对破坏矿体或划分井田等有较大影响的断层、破碎带，应有工程控制其产状及断距；对首采地段主矿体上、下盘具工业价值的小矿体应一并勘探，以便同时开采；对可供综合利用的共、伴生矿产应进行综合评价，共生矿产的勘查程度应视矿种的特征而定，即异体共生的应单独圈定矿体；同体共生的需要分采分选时也应分别圈定矿体或矿石类型。

对影响矿床开采的水文地质、工程地质、环境地质问题要详细查明。通过试验获取计算参数，结合矿山工程计算首采区、煤田第一开采水平的矿坑涌水量，预测下一水平的涌水量；预测不良工程地段和问题；对矿山排水、开采区地面变形破坏、矿山废水排放与矿渣堆放可能引起的环境地质问题作出评价；未开发过的新区，应对原生地质环境作出评价；老矿区则应针对已出现的环境地质问题（如放射性、有害气体、各种不良自然地质现象的展布及危害性）进行调研，找出产生和形成条件，预测其发展趋势，提出治理措施。

在矿区范围内，针对不同的矿石类型，采集具有代表性的样品，进行加工选冶性能试验。可类比的易选矿石应进行实验室流程试验；一般矿石在实验室流程试验基础上，进行实验室扩大连续试验；难选矿石和新类型矿石应进行实验室扩大连续试验，必要时进行半工业试验。

勘探时未进行可行性研究的，可依据系统工程及加密工程的取样资料，有效的物、化探资料及各种实测的参数，用一般工业指标圈定矿体，并选择合适的方法，详细估算相应类型的资源量。进行了预可行性研究或可行性研究的，可根据当时的市场价格论证后所确定的、由地质矿产主管部门下达的正式工业指标圈定矿体，详细估算相应类型的储量、基础储量及资源量，为矿山初步设计和矿山建设提供依据。探明的可采储量应满足矿山返本付息的需要。

2.矿床勘探类型划分及勘查工程布置的原则

正确划分矿床勘探类型是合理地选择勘查方法和布置工程的重要依据，应在充分研究以往矿床地质构造特征和地质勘查工作经验的基础上，根据矿体规模、矿体形态复杂程度、内部结构复杂程度、矿石有用组分分布均匀程度、构造复杂程度等主要地质因素加以确定。

勘查工程布置原则应根据矿床地质特征和矿山建设的需要具体确定。一般应在地质综合研究的基础上，并参考同类型矿床勘探工程布置的经验和典型实例，采取先行控制，由稀到密、稀密结合，由浅到深、深浅结合，典型解剖、区别对待的原则进行布置。为了便于储量计算和综合研究，勘查工程尽可能布置在勘查线上。

一般情况下，地表应以槽井探为主、浅钻工程为辅，深部应配合有效的地球物理和地球化学方法，以岩心钻探为主；在地质条件复杂、钻探不能满足地质要求时，应尽量采用部分坑道探矿，以便加深对矿体赋存规律和矿山开采技术条件的了解，坑道一般布置在矿体的浅部；当采集选矿大样时，也可动用坑探工程；对管条状和形态极复杂的矿体应以坑探为主。

加强综合研究掌握地质规律，是合理布置勘查工程、正确圈定矿体的重要依据。地质勘查程度的高低不仅取决于工程控制的多少，还取决于地质规律的综合研究程度。因此要充分发挥地质综合研究的作用，防止单纯依靠工程的倾向，努力做到正确反映矿床地质实际情况。各种金属矿床的勘查类型和勘查工程间距，应在总结过去矿床勘查经验的基础上加以研究确定。

四、矿产勘查工作的主要内容

矿产勘查的最终目的是为矿山建设设计提供矿产资源量/储量和开采技术条件等必需的地质资料，以减少开发风险和获得最大的经济效益。

（一）勘查区地质研究内容

勘查区地质研究内容包括搜集、研究与成矿有关的地层、构造、岩浆岩、变质岩、围岩蚀变等区域地质和矿区地质资料。

（1）地层：应划分地层层序、岩性组合、岩相分带，确定含矿层位。对沉积矿产应研究含矿层的岩性组合、物质组成以及沉积环境与成矿关系等。

（2）构造：应对控制或破坏矿床的主要构造进行研究，了解其空间分布、发育程度、先后次序及分布规律等。

（3）岩浆岩：对与成矿有关的岩浆岩应了解或查明其岩类、岩相、岩性、演化特点及其与成矿的关系等。

（4）变质岩：对变质矿床应了解或研究变质作用的性质、强度、影响因素、相带分布特点及其对矿床形成或改造的影响。

（5）围岩蚀变：应了解或研究矿床的围岩蚀变种类、规模、强度、矿物组成、分带性及其与成矿的关系。

此外，对砂矿床还应了解或研究第四纪地质及地貌特征。

（二）矿体地质研究内容

1.矿体特征

应研究或控制矿体分布范围、数量、规模、产状、空间位置及形态、相互间关系及氧化带（风化带）的范围等；研究围岩、夹石的岩性、产状、形态等；研究成矿后断层对矿体的破坏情况、找出矿体的对比标志，使其合理地、有依据地连接。

2.矿石特征

矿石包括矿石物质组成和矿石质量特征。

（1）矿石物质组成包括矿物组成及主要矿物含量、结构、构造、共生关系、嵌布粒度及其变化和分布特征；应划分矿石自然类型，矿石的蚀变和泥化特征，并研究各类型的性质、分布、所占比例及对加工、选冶性能试验的影响。

（2）矿石质量特征包括矿石的化学成分、有用组分、有益和有害组分含量、可回收组分含量、赋存状态、变化及分布特征；依据矿石的工艺性质及当前生产技术条件，划分矿石工业类型和品级，不同矿石类型的变化规律和所占比例。非金属矿产及固体燃料矿产，可根据用途要求选择测定项目，用以确定该矿产的类型和品级。

3.开采技术条件研究

（1）水文地质条件：调查矿区地下水的补给、径流、排泄条件，确定其汇水边界；查明含（隔）水层的分布、含水性质、构造破坏与含水层间的水力联系情况，主要构造破碎带、岩溶发育带与风化带的分布及其导水性，主要充水含水层的含水性及储水性、与矿体（层）的相对位置、连通其他含水层及地表水体和老窿水的情况；地下水的水头高度、水力坡度、径流场特征与动态变化；地表水体的分布、水文特征、连通主要充水含水层的可能途径及其对矿床开采的影响；确定矿床主要充水因素、充水方式和途径，建立水文地质模型，结合矿床可能的开采方案，估算矿坑开拓水平的正常和最大涌水量以及矿区总涌水量。调查矿区及其相邻地区的供水水源条件，结合矿山排水对矿山供水问题及排供结合的可能性进行综合评价，指出矿山供水水源方向；对缺水地区，应对矿坑涌水的利用价值进行评价。

（2）工程地质条件研究：研究矿床开采区矿体及围岩的物理力学性质、岩体结构及其结构面发育程度和组合关系，评价岩体质量；调查影响矿床开采的不良工程地质岩组

（风化层、软弱层、构造破碎带）的性质、产状与分布特征，结合矿山工程需要，对露天采矿场边坡的稳定性或井巷围岩的稳固性作出初步评价，指出可能发生工程地质问题的地质体或不良地段。

（3）环境地质研究：研究区域稳定性，矿区内历次地震活动强度及所在地区的地震烈度；老窿的分布范围及充填情况，在可能的情况下，圈定老窿（采空区）界限；查明矿区内崩塌、滑坡、泥石流、山洪、地热等自然地质作用的分布、活动性及其对矿床开采的影响；调查矿区存在的有毒（砷、汞等）、有害（热、瓦斯、游离二氧化硅等）及放射性物质的背景值；对矿床开采可能造成的危害作出评价。

预测矿床疏干排水范围，对影响区内的生产、居民生活可能造成的影响和对生态环境、风景名胜区可能构成的危害作出评价，提出防治意见。

结合采矿工程，对矿床开采可能引起的地面变形破坏（地面沉降、开裂、塌陷、泥石流等）范围、采选矿废水排放对附近水体的污染进行预测和评价，对采矿废石的堆放和处置以及利用提出建议。

适于水溶、热熔、酸浸、碱浸、气化开采的矿床以及多年冻土矿床，应针对其勘查的特殊性要求开展工作。具体要求可参见相应矿产的勘查规范。

4.矿石加工选冶技术性能试验

根据试验的目的、要求、程度及其成果在生产实践中的可靠性，矿石加工选冶试验可分为可选冶性试验、实验室流程试验、实验室扩大连续试验、半工业试验、工业试验五类。试验工作应根据勘查阶段，由浅入深，循序渐进。具体要求按有关规范执行。

5.综合评价

在勘查主矿产的同时，对于达到一般工业指标要求、又具有一定规模的共生矿产或伴生的其他矿产，应进行综合评价。对同体共生矿，应综合考虑、整体勘查，运用综合指标圈定矿体；对异体共生矿，应利用勘查主矿产的工程进行控制，其控制程度，视具体情况而定。

6.放射性检查

一般矿产应做放射性检查，对于放射性矿产，在各勘查阶段均应按规范要求开展放射性测量工作。

第二节　地质矿产资源勘查中存在的问题及优化

一、地质矿产资源勘查概述及其重要性

（一）地质矿产资源勘查概述

目前，我国的地质矿产资源勘探工作存在较大的困难，要求有关工作人员具备一定的地质科学理论和理论知识，并具备一定的勘探实践能力，因此，对地质矿产勘查工作的要求非常高。地质矿产勘探在不同的地质情况下，需要采取不同的方法，而在具体的勘探过程中，由于各方面的工作比较繁杂，所以需要各方面的专家共同努力。就像之前的钻孔、槽探等，都要求相关的工作人员具备一定的探测能力，而后期的资料处理，就需要具备一定的理论基础。由于地质矿产勘探工作本身就是一个整体和独立的工作，所以，在实际勘查工作中所涉及的各方面都是相互关联的，各部门、各环节的工作人员对此也要有一定了解。为了确保地质勘探工作的顺利进行，必须事先考虑到周围的地质环境等外部因素，制定出一套科学、可行的勘查方案，并严格按照程序来进行。首先，在实际勘查工作开始前，有关工作人员必须全面分析我国的矿产资源状况，并根据所勘查的区域的地形、地质、水文等外部因素，在地图上标注出我国的矿产资源，并确定勘探的路线和时间；其次，要有有关人员前往勘探现场，以查明矿藏的确切地点；最后，要确保勘探工作在不影响外部环境的前提下，确定区域内的矿产资源边界。在此基础上，通过对矿产资源类型、储量的分析，确定其经济、社会价值。

（二）地质矿产资源勘查特征

1.地质矿产勘查收益大

地质矿产勘探是一个多层次的工作，要把每一个环节都做好，以地质矿产资源的优势为基础，这是一种高回报的行业，但也存在一些潜在的风险，这些都是有可能产生的，但在开采过程中，要考虑到各种因素，避免出现意外。地质矿产勘探的实质就是对矿产资源进行准确的分析，并对其进行详细的了解，从而有利于今后的工作。

2.地质矿产勘查不确定因素多

当前，我国的地质矿产勘探工作普遍采取单一的方式，即从内到外、由浅入深。随着

我国地质矿产资源开发的不断深入，地质勘探工作将会变得更加困难，人力、物力、财力都会急剧增加。由于地质矿产勘探的不确定性较大，有时需要耗费大量的时间和人力，难以达到预期的结果，因此，在世界范围内，矿产资源勘探工作的效率普遍低下。

3.地质矿产勘查权受限制

由于地质矿产牵涉各种影响因素，导致其职责难以明晰。如果一个矿场的所有权已经确定，没有合法的授权，任何公司和个人都不能擅自进入，更不要说勘探了，在没有得到允许的情况下，就算是调查出来，也不能算是调查员。

（三）地质矿产勘查的重要性

作为一个传统的农业大国，我们在过去的几千年里，并没有太多关注工业和重工业，直到新中国成立之后，我们的工作人员就发现了我们与欧美的巨大差距。目前，重工业在我国的发展中占有举足轻重的地位，但与国外一些发达国家的差距还是很大的，所以我们必须加大对重工业的关注、对重工业的扶持。开发和利用矿产资源是发展我国重工业的必由之路，而随着我国重工业的发展，对矿产资源的需求也在不断增加。另外，矿产资源也是影响我们国家其他产业发展的重要因素，要使矿产资源在我国现代化进程中得到最大限度的利用。因此，我国在发展矿产资源时，要充分重视发展和利用非可再生资源，并采取相应的技术措施，以提高其利用效率。我国的矿产资源开发起步比较晚，尽管近几年来取得了一些技术上的突破，但还处于一个相对滞后的阶段，再加上目前国家有关企业对矿产资源的需求太大，技术水平落后，导致矿产资源的大量消耗。因此，必须加强矿产资源的勘探和开发，以促进我国的矿产资源开发。

二、地质矿产资源勘查过程中存在的问题分析

（一）勘查技术滞后，且缺乏专业性人才

矿产资源勘查工作在实践中，涉及的问题非常多，涉及的专业领域也很广泛，包括矿山地质、地形、地貌、水文条件、地质构造及矿产资源的定位、矿产资源的各种特性、矿产资源的综合评价、矿产资源的综合评价、经济和社会效益的评估等。但是，由于我国现有的勘探仪器缺乏专业化、先进性，难以将其与信息技术有机结合，导致相关技术水平较低。由于矿产资源勘探工作十分繁杂，对实务人员的专业素质要求也很高，目前国内拥有足够的人力资源，单优秀的人才数量还比较稀少，而矿产行业的发展又是一个动态过程，对相关人员的专业素质提出了新的要求，因而出现了一种供不应求的状况。

（二）资金基础比较薄弱

要提高我国地质矿产资源勘探的效率，使其在地质和矿产方面得到最大限度的利用，就需要有充足的经费。地质矿产勘探工作在进行中涉及的项目比较多，建设周期比较长，开展各种项目都需要一定的经费。但是，目前国内在地质和矿产方面的投资还比较低。

如果没有足够的经费，那么在勘探工作中就会出现两个问题：第一，基础设施的维护和保养工作不够好，如果不能及时进行维修和更新，就不能确保它的稳定性和先进性。在勘探实践中，由于仪器老化和破损，会造成测量结果偏差，从而极大地影响到勘探工作的工作效率，乃至前功尽弃。第二，在勘探工作中，不能保障有关工作人员的人身安全。地质矿产开发工作相对于其他工作来说，风险更大，如果没有足够的资金进行安全管理，就会因为外部因素的影响而出现安全事故。目前，我国大部分矿产勘查工作是以社会资本和外部资本为基础，这种资金来源比较不稳定，导致目前我国地质矿产勘查领域资金短缺。

（三）信息流通不够通畅

矿业公司在生产经营的时候，所处的位置是固定的，而在我国，由于其地理位置的不均衡，使得各大矿业公司在实际运作的时候，不能确保其经济与社会的和谐发展。小规模的矿业公司分散开来，技术落后，在勘探的时候，往往会因为不全面的勘探而造成资源的浪费，信息的传递也不畅通，导致各个公司之间的技术发展不平衡，这就导致我国矿产资源行业的发展速度缓慢。

（四）矿产资源供需不平衡

我国幅员辽阔、物产丰富，矿产资源相对来说比较多，但我国也是一个人口大国，随着国家经济发展和人民生活质量的提高，我国的人口基数迅速扩大，所以我们的人均矿产资源比较少。近几年，随着科技的快速发展，各有关部门对现代化建设的重视，对矿产资源的需求不断增加，而各种矿种的需求量也有很大差别，这就导致目前国内某些矿产资源供不应求，同时有一些矿产资源供大于求，导致总体的供求失衡。

（五）矿产地质勘查体系不完善

地矿勘查单位是全国地质矿产勘查单位、市级矿产勘查单位、省级勘查单位和国家级勘查单位。每个探矿单位的权限都不一样，采集到的数据和数据也会有很大的差异，要将这些数据集中在一起，无疑是一件非常困难的事情。由于受传统的计划经济体制的制约，地质勘探工作很难全面展开，目前的经济、市场情况比较复杂，在不同的领域都有不同的变化，尤其是在受益者的转变上，目前的矿产地质勘查体系很难发挥其应有的功能。

三、地质矿产资源勘查工作的优化措施

（一）引进先进技术，加大人才培养力度

目前，我国已经进入了信息化时代，各个行业在实际发展的过程中，都会将信息化技术应用到现实生活中，从而使传统的企业向现代化转变。地质矿产勘查是国家现代化建设中的一个重要环节，它要把地质矿产资源勘探和信息技术相结合，使之不断向现代科技转变，使其社会经济效益最大化。同时，还要求研究人员根据实际情况，持续改进有关的信息技术，以确保勘探成果的精确度和探矿效率与市场要求相符。在地质矿产勘探工作中，可以利用人工智能技术、分布式处理技术和卫星传输技术，实现对勘探进度的遥控和跨地区的监控。在人才培养上，要通过定期开展相关专业理论知识的培训，不断地提升有关工作人员的专业技术水平和实践能力，从而形成一支高素质、高质量的地质资源勘探队伍。建立相应的激励机制，鼓励员工自主学习。

（二）加大资金投入力度

由于地质勘查工作的特殊性，需要资金支持，提高资源利用效率，采取有效的融资、借贷或合作等方法来获取更多的资金，以便在人才、技术和设备方面保持同步。在进行资源勘探之前，要做好前期的准备工作，全面掌握目标矿床周围环境、主要成分、分布范围等，从而达到较高的预测精度，从而使资源的价值得到最大限度的发挥，为进一步勘探打下坚实的基础。

（三）构建信息共享平台

在进行地质矿产资源开发工作时，要结合实际，不断完善和完善地质勘查的管理和共享制度，使之与我国的地质矿产资源勘查工作相适应，从而推动地质矿产资源勘查工作顺利、有效地进行。建立信息共享平台需要从专业、管理等多方面着手，通过对数据的梳理和分类，建立一个共享的地矿资源信息目录，使勘探工作者能够通过这个平台进行信息查询，全面掌握目前的地质矿产资源状况。对水文地质、水资源、环境地质资料进行加工处理，绘制成地质图，为勘探工作的进行提供参考。要加强我国地质勘探和科研工作，必须建立健全地质勘探管理与共享体系，以保证其科学性、合理性和系统性。

（四）不断更新矿产资源勘查开采系统

任何企业的发展都不能与整体环境脱节，它们必须依托于完善的制度体系。目前我国

矿产资源勘探开发系统仍不够完善，因此需要根据实际情况不断进行更新，同时考虑外部因素和企业内部的实际情况，以确保资源开采系统的完善与科学。在具体工作中要不断地完善管理制度，加强各环节之间的联系，从而实现资源的高效利用。实际操作过程中，必须建立行之有效的监控制度，为保证各部门配合，必须确立一套科学、合理的采矿制度，以解决目前资源开发效率低下的问题。我国矿产资源丰富但分布不均，因此需要加大各地区之间的合作力度，消除地区间不均衡现象，建立矿产勘探综合体系，从而才能逐步缩小地区差距，提升整体水平。

要想使整个国家经济快速稳定发展，就必须重视矿产勘探工作，不断调整优化产业结构，促进国民经济可持续发展。与时俱进才能更好地适应市场的发展，各地区主管部门应明确职责和责任，尽职尽责，努力将矿产资源勘探工作有机结合起来，同时还要不断优化技术方案，完善相关的管理制度，为后续开采奠定坚实基础，严格把关产品质量，以及建立和完善质量监控系统。此外，还要加大资金投入力度，不断提升地质勘探人员的素质和技术水平，从而实现我国矿产资源勘探行业的快速稳定健康发展。另外，实际地质勘查工作中，应加强对各项工作的关注，勘查团队应保证自身具备相关能力，能高效地开展各项勘查工作。目前，随着国家经济建设的不断推进，社会对于地质矿产资源的需求量越来越大，为了满足这一需求，相关部门加大了地质矿产勘探力度。但是由于地质勘探中管理水平并未得到切实提升，有些思想被束缚，无论从事何种职业，均按照企业传统工作方案，它不仅会影响企业的健康成长，还会使地质矿产勘查工作遭受巨大损失。因此，为了保证地质矿产勘探人员能够更好地为人们服务，就必须加强对其的管理与控制。我国地质矿产勘探中涌现出不少典型的事例。这些例子说明，在今后的工作中，必须加强对地质矿产勘探人员综合素质的培训，同时还要注重地质矿产勘探过程中各环节的协调与配合。地质矿产勘探工作者应该学习应用最新科技知识，工作中应该主动学习，善于从典型案例中总结成功经验，必须养成发散思维的习惯，培养工作人员的创新意识，积极发表自身看法。只有这样，才能够促进地质矿产勘查工作更好地开展下去，进而实现资源的最大化利用。由于我国地质矿产勘查中使用了许多先进的勘探技术和仪器，随着科学技术的进步，各项科学技术不断进行改革，设备还应随实际情况的不同有所改变。所以地质矿产勘探工作人员必须提高自身素质，掌握新技术、新工艺以及相关理论基础，以保证各项操作流程规范有序地进行。唯有如此，才能够保证地质矿产勘探的顺利开展，从而满足现代工业发展的需要。

（五）构建科学完善的监管制度

随着我国经济的快速发展，传统的内部经营模式已不能适应新时期的市场需要。有关部门应根据具体情况，进一步完善矿产资源管理体制。矿产资源的勘探工作在实践中需要处理的问题比较多，因此，建立健全的矿产资源管理体系，可以对各个方面进行全方位的监控。要实现这一目标，必须对现有的矿产资源管理体制进行全面的剖析，找到存在的问题和不足之处，并制定相应的对策，加以落实。

（六）优化管理体制，规范开发条件

地质矿产资源的勘查工作是开发资源的基础，为了使后续开采工作顺利进行，需要重点关注前期勘查阶段的质量，严格把控每一部分，包括数据分析与整理、开采位置选址、风险评估等。为了避免中途出现意外情况，地质企业必须科学规划开采条件，制定完善的管理体系，确保有规可依。矿产资源的利用需要遵循国家法律标准，切忌盲目开采。国家相关部门要加大审查力度，针对地质勘查企业进行定期走访，严格规划矿业发展秩序，同时根据投入资金额度审查业绩情况，杜绝出现“小矿大开”“隐瞒不上报”等现象。企业也要优化内部的管理体系，维护员工的合法权益，进而推动地质行业的整体发展。矿业地质勘探的发展必须全面分析市场需求，并进一步调整和健全相应机制。一是要创新和改革管理理念与模式，强化协调，统筹规划，合理布局，促进相应机制的健全。要培养和贯彻社会主义生态发展观念和可持续发展意识，以实现矿产资源的可持续发展与综合利用。二是要全面分析矿产资源的分布、分布条件和开发难度，科学地布局，合理地设计矿业地质勘查方案，以保证勘探工作顺利实施。三是建立科学合理的勘探管理机制，做好前期勘探管理工作。明晰矿业地质勘查的主要目标、职能，以加强各区域间的合作，从而保证矿业成因质量勘查决策过程的科学合理。

第三节　矿产勘查基本理论与基础

矿产勘查的特点就是在不确定条件下进行各种决策。因此，矿产勘查的核心是预测。预测不同于猜测，其区别就在于预测是有理论指导的。除预测理论外，勘查方法的理论原理也均属于理论基础的范畴。勘查的理论基础包括地质基础、数学基础、经济基础及技术基础四个基本方面。

一、地质基础

矿产勘查工作的主要内容包括查明地质特征和矿床特征。

（一）地质特征

地质特征可分为基本特征和成矿地质条件两部分。

根据我国最新的《固体矿产地质勘查规范总则》的说明，基本特征是地质背景，包括与成矿有关的区域地质及区域地层、构造、岩浆岩、蚀变特征等，对砂矿床还包括第四纪地质及地貌特征。

成矿地质条件是指与成矿有直接关系的诸多因素。不同的矿床其成矿地质条件各异。例如，沉积矿产应详细划分地层层序、确定含矿层位、岩性组合、物质组成及沉积环境与成矿关系等；与岩浆岩有关的矿床应查明侵入岩的岩类、岩相、岩性、演化特点、与围岩的关系及蚀变特征等；变质矿床应研究变质作用强度、影响因素、相带分布特点及对矿床形成和改造的影响；与构造有密切关系的矿床，则应对控制或破坏矿床的主要构造进行研究，了解控矿构造的空间分布范围、发育程度、先后次序及分布规律等。

（二）矿床特征

矿床特征可分为矿体特征、矿石物质组成、矿石质量三部分。

矿体特征主要研究和控制矿体总的分布范围，矿体数量、规模、产状、空间位置及形态、相互关系等；根据矿床地质因素和矿石矿物共生组合特征，圈定氧化带的范围；研究围岩、夹石的岩性、产状、形态、矿石有用组分含量等。

矿石物质组成的研究包括：矿物组成及主要矿物含量、结构、构造、共生关系、嵌布粒度及其变化和分布特征；综合分析、全面考虑、合理确定回收利用的主要元素，分别研究氧化矿、原生矿、不同盐类矿物、贫矿、泥状矿等的性质、分布、所占比例及对加工选冶性能的影响等。

矿石质量的研究包括：测试矿石的化学成分、有益和有害组分含量，可回收组分含量，赋存状况、变化及分布特征；划分矿石自然类型和工业品级、研究其变化规律和所占比例；研究矿石的蚀变和泥化特征。此外，还要对与主要矿产共生和伴生的其他矿产进行综合研究和综合评价；对矿床的水文地质、工程地质和环境地质等影响未来开采的各种地质问题进行研究，等等。

从以上固体矿产地质勘查规范的要求来看，查明矿床地质和矿体地质特征是矿床勘查的首要任务和基本内容，因此，矿产勘查最基本的理论基础是地质基础。其次，地质勘查工作的实践表明，矿产储量的分布是不均衡的。矿产储量集中于少数大矿床，而众多小矿床的储量所占比例不大，表明储量的分布具有相对集中的倾向。在矿产勘查中应尽全力去发现大型和超大型目标，并且将其作为主要的勘查开发投资对象。此外，矿床的类型繁多，但其中只有少数类型储量较大，具有较为重要的工业价值。各种金属矿产的储量多集中于少数矿床类型，开采利用的情况也是如此。这指示我们，要尽力去发现主要的、重要的矿床工业类型，就可以大大提高矿产勘查的效果。当然，矿床工业类型也是现有资料的总结，在勘查中不能墨守成规，要注意非传统的、新类型矿床的发现和研究。

从以上情况可以看出，要寻找有重要价值的大型、超大型矿床和重要的矿床工业类型，都必须从分析有利于这类矿床形成的地质环境入手。因此，矿床形成和分布的地质条件是部署矿产勘查工作的基本依据。有利的成矿时代和有利的成矿空间实质上是地球各层圈演化和相互作用过程中与矿产形成有关的特殊条件，也就是“致矿地质异常”在时间和空间上的反映。

综上所述，矿产勘查的第一个基本理论植根于矿产勘查的地质基础。这可以表述为：成矿地质特征是矿产勘查中地质研究的主要内容；矿体地质特征是制约矿产勘查难易程度和精度的基础；致矿地质异常是选择矿产勘查目标和确定勘查范围的基本依据。

二、数学基础

矿产勘查是一种地球探测活动和地学信息工作。在勘查过程中要与大量数据打交道：要获取数据、处理数据、分析数据、解释数据、评价数据和利用数据。数据的类型很多：名义型、有序型、比例型、间隔型；离散型、连续型；定性数据、定量数据、图形数据、图像数据；定和数据、方向数据；纯量、矢量；模糊型、灰色型、随机型、确定型、分维型、混沌型；简单型、混合型、点型、线型、面型、体型；单元型、二元型、多元型，等等。所以，数学成为矿产勘查不可缺少的基础。“数字找矿”“数字勘查”“数字矿床”“数字国土”乃是“数字地球”的组成部分，也是矿产勘查的必然归宿。除去形式上矿产勘查与各种数据打交道而需要依靠数学外，尚有如下更深层次的原因。

（1）地质体（包括矿体）的数学特征是定量区分、鉴别、预测地质体（含矿体）的重要依据，也是揭示、圈定地质异常及致矿地质异常的前提和“数字找矿”的基础。

各种地质作用、地质过程和地质现象（包括成矿作用、成矿过程和矿化现象）都具有一定的数量规律性。地质体的数学特征就是这种数量规律性的表现。这种数量规律性是进行定量预测、定量评价、圈定地质异常、建立预测模型、进行数字找矿和数学模拟的基础。

地质运动的数量规律性是客观存在的，是各种地质事件本质的反映，其具体表现则为各种地质产物（各种地质体，包括矿体）的数学特征。

下面举例说明这种数量规律的客观性。

①地质运动的发展在时间和空间上具有明显的周期性。例如，地质构造活动在时间上的构造岩浆旋回、在空间上分布的等距性等。

空间分布上的周期性可以豫西卢氏北部地区为例，该区的铁、铜、锌、硫、钼、铅等矽卡岩型和热液型矿床，严格地受北东向及纬向构造带的控制，纵横展布以等距出现。小侵入体及其有关的矿床沿北东向断裂分布，各带之间相距8～9km，在每个带内自南而北约每隔6km出现一个岩体及其有关的矿体。这种空间的等距性也正是空间分布周期性的表现。

②矿化具有天然（矿化）密度等级的特点。许多资料表明，矿化强度可能具有天然的（客观的）矿化等级。若以平均品位作为矿化强度的度量，则同一类型矿床的平均品位表现具有一些特定的值或区间。

（2）概率法则对地质现象、地质规律、勘查工作有一定的制约作用。

①地质规律只能以一定的概率指示成矿，地质异常也只有在各种成矿因素异常，在时空上有效地匹配或耦合时，才能有较高控制成矿的概率。

地质规律大多具有统计规律性，就是说，它们服从一定的分布规律。在地质条件有利地区进行的找矿工作也必然受概率法则支配而具有一定的风险。根据国外一些统计资料，可以看到找矿失败或成功概率的一般状况。

②勘查工作只能以一定的概率去发现一定规模的矿床。

发现大型和超大型矿床的概率是很低的，而发现“富、近、浅、易”的大型矿床其概率就可能更低。影响矿床价值的因素主要有规模、品位和埋深，这些因素的变化造成目标的现值和找矿的期望价值差异幅度很大。影响找矿决策的关键因素是成本、优劣比（找矿概率）、回报（期望价值）。例如，如果找矿优劣比为1：100，则对于10万元的勘探费用，寻找的目标应该至少具有现值1000万元的期望价值才可进行，否则将造成亏损。另外，发现大型、超大型矿的回报是很大的，尽管为了发现这类矿床的投入可能很大，但一旦发现，其价值是巨大的，勘探费用与之相比将是微不足道的。这一实例说明，对一个地区进行评价、决策普查勘探工作部署时，概率法则具有明显的支配作用。

③地质观测结果的误差及其随机性。从获取原始资料的最基本方法来说，地质观测是在一定间距的点或线上进行的，通过点与线上资料的内插和外推，或通过确定某种平均特征来表示地质体的空间展布或代表地质体的某种属性。换句话说，地质工作的基本方法是通过抽样观测来推断总体，即使是利用航天或卫星遥感技术对地面进行面状的观测，但对于深部的情况来说，它仍然是一个局部。显然，任何观测结果都不可避免地存在有“代表性误差”。因此，如何正确与合理地分析误差、评价误差、解释误差和处理误差是很重要的。例如，对于代表性误差，我们需要区分“个体代表性”“分级代表性”及“整体代表性”或“总体代表性”。因为很多地质数据都服从于一定的分布规律，不同数值（区间）数据出现的频数或频率是一定的，如果取样数量足够大，则各样品数值出现的观测频率应该与研究对象“真实的或理论”分布频率相一致或相近似。这时，样品的分级代表性即可得到满足。相反，若样品数量不足，则有可能出现各级数值（区间）样品“比例失调”或

与理论分布不一致的情况，这时即不满足分级代表性。应该指出，研究分级代表性对于确定地质数据中的“奇异值”（特高或特低值）具有重要意义。在分级中本应存在的高值样品，则不应该被视为“奇异值”而简单加以处理，只是由于样品数量不足尚未达到充分正确反映理论分布模型而已。在这种情况下，需要增加样品数量，使其满足分级代表性，这样计算出的样品平均数及其他统计量才可能是正确的，也即满足了总体代表性。在所研究的地质体变异程度很高时，样品的个体代表性往往很难达到，在样品数量足够大时可能获得分级代表性，从而实现总体代表性。

从以上所述已可以看出数学基础对于矿产勘查的重要性，更不要说为了进行定量矿床勘查就必须建立和应用各种数学模型作为基本工具了，如进行矿产资源定量预测及评价就需要根据目的任务和可利用的数据特点选择恰当的数学模型。在矿产勘查和资源评价逐步实现数字化、定量化、信息化、网络化、智能化和可视化的情况下，数学已不仅仅是工具和手段，而且是认识鉴别地质体、分析和处理勘查数据、选择和优化勘查方法、获取和评价勘查结果的重要理论基础。

三、经济基础

矿产勘查是一种经济活动，自始至终受经济因素的制约。具体表现如下。

（一）矿体的属性特征受工业要求和市场价格的制约

矿体虽然是有用矿物的自然堆积体，但它包含经济的概念，即在当前的技术经济条件下和矿物或矿产品市场条件下，能满足国民经济要求并能获取经济效益的称为矿体，或一般称为“工业矿体”，而与没有经济条件约束的或未达到经济可采条件的“自然矿体”相区别。工业矿体要根据工业指标进行圈定，它的边界有时和自然矿体是不相吻合的。

由于工业矿体是根据工业指标（如边界品位、最低工业平均品位、最低可采厚度、最大允许夹石厚度等）圈定的，因而它的规模、形态、质量等属性受工业指标的影响，即随工业指标的变化而变化。例如，随着所采用边界品位的提高，矿体内部矿石的平均品位也将提高，但矿石储量则减少，矿体形态也变得更为复杂。这种情况对于矿体与围岩没有明显边界，矿体边界依赖取样加以确定的网脉状矿床或细脉带矿床及残坡积或冲积砂矿床等尤为突出。当采用较低的边界品位圈定矿体时，矿体连成一片呈面状分布；但用较高的边界品位圈定时，则矿体成为相互分割的条带状分布，矿石质量虽提高了，但矿石储量减少，矿体形态和内部结构变得更复杂了。

还有一些矿床品位较低，处于经济可采的边缘，这类矿床对矿产品市场价格影响十分敏感。当所采矿床矿产品价格下跌时则开采低品位矿石将面临企业亏损，这时矿山通常闭坑停产。而一旦矿产品价格回升，关闭的矿山又重新恢复生产。美国艾达荷州的一些银矿就经常处于这种状态。

随着矿产品市场价格的变化，矿床开采的主矿种有时也发生变化。例如，我国山东省某些原来开采铁矿石的铁矿床在黄金价格上涨后改为以生产金为主，并改称为金矿床。

（二）经济合理性是矿床勘查及评价必须遵循的准则

地质效果和经济效果的统一是解决勘查理论与实际问题的出发点。不讲经济效益就不可能有真正的勘查理论。

被勘探的矿产储量，不仅是自然的产物，也是社会劳动的产物，没有相应的劳动消耗，就不可能对矿产进行查明和作出评价。探明的矿产储量具有一定的使用价值，可以被矿山企业利用，因而是一种特殊类型的产品，其价值是由勘查过程中社会的必要消耗，该种矿产的社会与市场需求程度、稀缺程度，获取该种矿产的难易程度及矿山利润等决定的。地质勘查工作是矿山生产前的准备，是矿山开发必不可少的组成部分，因此，必须讲求经济效益。

（1）勘查工作的部署要符合经济原则，以保证在最少的人力、物力、时间消耗的前提下，获得最大的地质效果；要在投资一定的情况下，获得尽量多的地质成果；在任务一定的情况下，花费最少的投资。

（2）要有合理的勘查程度。从经济上考虑，要使勘查的投资和矿床开采所冒风险保持平衡。从详查来说，如果勘查投资少，则开采时因某些现象未查明而遭受的风险损失就可能大；勘查时投资多，地质调查详细，开采时所受风险损失就会小。但如果勘查投资大于开采时可能的风险损失，或本来可以在矿山开采过程中结合开采进行的工作或解决的问题，都提前到矿产勘查时进行就会造成资金积压，因而不符合经济合理原则。例如，在我国一度发生的较普遍的现象，就是勘探工程宁密勿稀，勘探程度宁高勿低，高级储量准备过多，以及整个勘查周期过长等，都不符合经济合理原则。所以，合理勘查程度问题既是地质问题，也是经济问题，两者不可偏废，必须综合加以考虑。

从不可再生的矿产资源的可持续利用角度考虑，资源本身、技术和经济是三大基本影响因素。D.J.希尔兹在《不可再生资源在经济、社会和环境可持续发展中的地位》一文中指出，“根本性问题即资源不足、技术和经济问题是一样的。资源不足问题通常同已经发展起来的开采或加工能力与当前或预期的需求之间存在差距有关。技术问题往往集中在生产率或分配方式上。当然，经济问题仍然处于极其重要的地位。不能依赖那些技术上虽可行，但使投放到市场上的产品无竞争力……来保障一种可靠的资源流通”，又说：“如果矿产品是可以回收和重复利用的，则技术和成本而不是资源不足成了压倒一切的问题。反之，在重复利用不可行并且经济实用的替代品又尚未开发出来的情况下，资源耗竭就成了一个主要问题。无论在何种情况下，关于资源不足和技术以及生产成本和市场价格方面的信息应能促进从经济角度讨论不可再生资源可持续利用问题。任何单独的信息都是不充分的。”该作者还列举了能源和矿产资源经济可持续发展的可能标志。

所以，无论是对矿床的勘查开发，还是考虑矿产资源的可持续供给，经济都是重要的基础。

（三）矿床经济评价是矿床勘查必不可少的组成部分

矿床经济评价是估计矿床未来开发利用的经济价值，是可行性决策的依据。

根据新的《固体矿产地质勘查规范总则》的规定，在地质勘查的各阶段都应进行可行性评价工作。在普查阶段进行概略研究，要求对矿床开发经济意义进行概略评价。在详查阶段，进行预可行性研究，要求对矿床开发的经济意义作出初步评价，初步提出项目建设规模、产品种类、矿区总体建设轮廓和工艺技术的原则方案；初步提出建设总投资，主要工程量、主要设备、生产成本等。从宏观上、总体上对项目建设的必要性、可行性、合理性作出评价，为是否进行勘探提供依据。在勘探阶段，则进行可行性研究评价，要求对矿床开发经济意义作出详细评价，属于基本建设程序的组成部分。此项工作可为上级机关或主管部门投资决策、编制和下达设计任务书、确定工程项目建设计划等提供依据。

四、技术基础

在矿产勘查、开发、利用过程中，新技术的发展总是积极因素。无论是勘查理论和方法的研究，还是解决勘查中的实际问题，都不能不以技术发展的水平为基础。近年来，正是新技术的发展促进了矿产勘查理论、方法和实际工作的发展。

矿产勘查是通过对地球的探测获取有关矿产信息的科学和工作。由于矿床大多是以不同的深度埋藏于地下（即使出露于地表的矿床，也有不同程度隐伏于地下的部分），所以要获取对矿床的完整的或充分必要的信息有很大的难度。矿产勘查获取的矿产信息有直接和间接两种。直接信息是指通过勘查技术手段可以直接达到矿体本身，从而可以对矿体进行直接观测或采样；间接信息是通过各种手段获取间接指示矿体可能存在的信息，无论哪种信息，都有赖于通过相应的技术手段达到预期的目的。

（一）技术水平既影响着勘查的深度和广度，也影响着处理数据和分析信息的速度和精度

人类对矿产的勘查、开发利用最早的是露头矿。随着技术的发展，开始勘查埋藏较浅的矿产。近年来，由于勘查技术及开采技术的迅速发展，又开始向海洋矿产及深部的矿产进军。在俄罗斯，黑色金属矿石平均采矿深度为600m，有色金属矿石平均开采深度为500m，但许多已超过1000m，将来可达1500～2000m，已探明的1/3以上的铜储量，几乎所

有的镍、钴，大部分铝土矿、金刚石、金，优质铁矿及磷矿的开采深度将大于1000m。其他国家的开采深度：加拿大2000m，美国3000m，印度达3500m，南非兰德金矿一竖井将加深至4117m，最近，南非金矿最深矿井已达6000余米。俄罗斯在科拉半岛的超深钻已超过1.2万米。但我国绝大多数金属矿床开采深度不足500m。在我国，埋深大于500m的矿床被称为大深度矿床，目前还很少勘查和评价。深海勘探技术的发展揭开了海洋矿产资源诱人的前景，继深海铁锰结核的发现以后，又相继发现了深海金属软泥、深海富钴结壳等。据统计，仅太平洋就有15000亿吨多金属结核，预测的铜、镍、钴资源量达到200亿～250亿吨。对天体探测技术的开发更把资源勘查的领域拓展到宇宙太空，“宇宙矿产”的开发具有极大的挑战性。据报道，“美国科学家最近在月球上发现了资源量丰富的氦–3矿藏，并绘制了这一矿藏的分布图。据估计，月球上氦–3元素的总资源量大约为100万吨，可为地球上人类提供能源达数千年之久。相比之下，地球上的这种矿藏只有20t且不易开采，因此月球上的氦–3元素将可能成为21世纪热核聚变能的宝贵原料”。

卫星遥感及航天技术的发展使对地面观测的范围大大拓宽、速度大大加快。海量、实时、动态数据的获取大大改变了矿产勘查的面貌。现代计算技术的发展使对这海量数据的管理和科学计算成为可能，现在一个人一天可以完成过去数个人甚至数十个人一年的工作量。

（二）技术水平对勘查战略、勘查程序和勘查方法产生重大影响

在勘查技术不发达的过去，勘查工作主要是以地表地质研究、就矿找矿为策略，形成了“以点到面，连点成片”的战略。而在勘查技术大大发展的今天，由于获取信息、整理信息、传输信息能力的水平的提高、交通通信条件的改善等，在战略上则以“快速扫面，面中求点，逐步缩小和筛选靶区”更为有效。同时，勘查程序也发生了变化，为了提高勘查效果，对勘查战略的研究，对合理地综合运用各种现代勘查技术手段都是十分重要的。在这方面最突出的成就是综合运用“3S”技术，即遥感（RS）、地理信息系统（GIS）及全球定位系统（CPS）于矿产勘查，地质、物探、化探及遥感综合信息勘查及地质、资源、经济及环境联合评价等。新技术的发展，还促进勘查新学科的兴起。例如，以地质、物探、化探及遥感综合多元信息为基础，以数学为工具，以计算机为手段的“矿床统计预测”新学科已日趋成熟和完善。今日，更以“数字地球”为总目标，建立“数字找矿”信息系统对矿产资源进行定量预测及评价。此外，如矿产勘查模拟技术（包括盆地模拟技术）、专家系统智能找矿技术、矿产勘查系统工程、最优勘查决策等都得到了长足的发展。为了适应新技术的要求，有些传统的工作方法正在被新的方法代替，如现代的计算机制图技术、可视化技术、图形图像处理技术等已在很大程度上代替了过去繁重的人工绘图和编图工作。勘查工作正在向快速化、自动化、定量化、数字化与可视化方向发展，因而

正在提高勘查工作的科学性和预见性。

（三）新技术的发展使一些经济因素发生改变，而影响到矿床的勘查评价

新技术的发展不仅提高了勘查效率，也带来了巨大的经济效益，这包括矿床采、选、冶技术的提高，使综合勘探、综合评价、综合利用矿产资源有了更坚实的技术基础，如过去不能开采利用的低品位矿石和难选难冶的复杂成分矿石有不少已得到利用。目前，一些发达国家矿石综合利用率可达85%～90%，并且提出“无尾矿工艺”或“无工业废料工艺”的发展目标。开采技术的发展使得许多矿山经营参数发生改变，从而影响到矿床的经济评价。从某种意义上说，技术又是经济的基础，经济因素是在一定的技术水平条件下发挥作用的。

综上所述，技术是矿产勘查的重要理论基础是显而易见的。

第六章　矿产勘查工作的总体部署

第一节　矿床勘查类型

一、矿床勘查类型的概念

在矿体地质研究和总结以往矿床勘查经验的基础上，按照矿床的主要地质特点及其对勘查工作的影响（勘查的难易程度），将相似特点的矿床加以理论综合与概括而划分的类型，称矿床勘查类型。

划分矿床勘查类型的目的，在于总结矿床勘查的实践经验，以便指导与其相类似矿床的勘查工作，为合理地选择勘查技术手段、确定合理的勘查研究程度及勘查工程的合理布置提供依据。

二、矿床勘查类型确定的原则

（一）追求最佳勘查效益的原则

勘查工程的布置应遵循矿床地质规律，从需要、可能、效益等多方面综合考虑，以最少的投入，获取最大的效益。

（二）从实际出发的原则

每个矿床都有其自身的地质特征，影响矿床勘查难易程度的四个地质变量因素（矿体规模、矿体形态复杂程度、构造复杂程度、有用组分分布均匀程度）常因矿床而异，当出现变化不均衡时，应以其中增大矿床勘查难度的主导因素作为确定的主要依据。

（三）以主矿体为主的原则

当矿床由多个矿体组成时，应以主矿体（占矿床资源/储量70%以上，由一个或几个主要矿体组成）为主；当矿床规模较大，其空间变化也较大时，可按不同地段的地质变量特征，分区（块）段或矿体确定勘查类型。

（四）类型三分、允许过渡的原则

例如，铁、锰、铬矿床均按简单、中等和复杂三个等级划分为Ⅰ、Ⅱ、Ⅲ三个勘查类型。由于地质因素变化的复杂性，允许其间有过渡类型以及比第Ⅲ勘查类型更复杂的类型存在。

（五）在实践中验证并及时修正的原则

对已确定的勘查类型，仍须在勘查实践中加以验证，如发现偏差，要及时研究并予以修正。

三、矿床勘查类型划分依据

在划分勘查类型和确定工程间距时，遵循以最少的投入获得最大效益，从实际出发，突出重点抓主要矛盾，以主矿体为主的原则，依据矿体规模、主要矿体形态及内部结构、矿床构造影响程度、主矿体厚度稳定程度和有用组分分布均匀程度五个主要地质因素来确定。以往的划分依据也基本如此，分别采用变化系数（厚度、品位）、含矿系数等数量指标作参考。为了量化这些因素的影响大小，如在铜、铅、锌、银、镍、钼矿床勘查的新规范中，提出了类型系数的概念。即对每个因素都赋予一定的值，用每个矿床相对应的五个地质因素类型系数之和就可以确定勘查类型。

在影响勘查类型的五个因素中，主矿体的规模大小比较重要，所赋予的类型系数要大些，约占30%；构造对矿体形状有影响，与矿体规模间有联系，所赋予的值要小些，约占10%；其他三个因素各占20%。

（1）按矿体规模划分。按矿体规模划分为大、中、小三类。

（2）按矿体形态复杂程度划分（三种类型赋值）。

①简单：类型系数0.6。矿体形态为层状、似层状、大透镜体、大脉状、长柱状及筒状。内部无夹石或夹石很少，基本无分支复合或分支复合有规律。

②较简单：复杂程度为中等，类型系数0.4。矿体形态为似层状、透镜体、脉状、柱状。内部有夹石，有分支复合。

③复杂：类型系数0.2。矿体形态主要为不规则的脉状、复脉状、小透镜状、扁豆状、囊状、鞍状、钩状、小圆柱状。内部夹石多，分支复合多且无规律。

（3）按构造影响程度划分（三种类型赋值）。

①小：类型系数0.3。矿体基本无断层破坏或岩脉穿插，构造对矿体形状影响很小。

②中：类型系数0.2。有断层破坏或岩脉穿插，构造对矿体形状影响明显。

③大：类型系数0.1。有多条断层破坏或岩脉穿插，对矿体错动距离大，严重影响矿体形态。

（4）按矿体厚度稳定程度划分（按变化系数范围赋值）。矿体厚度稳定大致分为稳定、较稳定和不稳定三种。

（5）按有用组分分布均匀程度划分（按变化系数范围赋值）。根据主元素品位变化系数分为均匀、较均匀、不均匀三种。

（6）矿化连续程度。矿化连续程度是指有用组分分布的连续程度。一般情况下，矿化连续的矿体比矿化不连续的矿体更易于勘探。

四、勘查类型划分

矿床勘查类型的确定应以一个或几个主矿体为主，对于巨大矿体也可根据不同地段勘查的难易程度，分段确定勘查类型。

按矿床地质特征，将矿床勘查类型划分为简单（Ⅰ类型）、中等（Ⅱ类型）、复杂（Ⅲ类型）三个类型。由于地质因素的复杂性，允许有过渡类型存在。

（一）第Ⅰ勘查类型

该类型为简单型；五个地质因素类型系数之和为2.5～3.0。主矿体规模大—巨大、形态简单—较简单、厚度稳定—较稳定，主要有用组分分布均匀—较均匀，构造对矿体影响小或明显。

（二）第Ⅱ勘查类型

该类型为中等型，五个地质因素类型系数之和为1.7～2.4。主矿体规模中等—大，形态复杂—较复杂，厚度不稳定，主要有用组分分布较均匀—不均匀，构造对矿体形态有明显影响、小或无影响。

（三）第Ⅲ勘查类型

该类型为复杂型，五个地质因数类型系数之和为1.0～1.6。主矿体规模小—中等，形态复杂，厚度不稳定，主要有用组分较均匀—不均匀，构造对矿体影响严重、明显或影响很小。

五、部分矿种的矿床勘查类型

（一）岩金矿床勘查类型

1.确定矿床勘查类型的主要因素

矿床勘查类型根据矿体的规模、形态变化程度、厚度稳定程度、矿体受构造和脉岩影响程度和主要有用组分分布均匀程度等因素来划分，实践中以不同矿段中主矿体为主确定勘查类型。矿床勘查类型应随勘查进程和地质认识的不断深化而适时调整。

2.岩金矿床勘查类型

依据上述五种因素和我国岩金矿地质勘查实践，将我国岩金矿床划分为三个勘查类型，作为参照标准，供类比时使用。

（1）第Ⅰ勘查类型（简单型）：矿体规模大，形态简单，厚度稳定，构造、脉岩影响程度小，主要有用组分分布均匀的层状—似层状、板状—似板状的大脉体、大透镜体、大矿柱。属于该类型的矿床有山东焦家金矿床1号矿体、山东新城金矿床。

（2）第Ⅱ勘查类型（中等型）：矿体规模中等，产状变化中等，厚度较稳定，构造、脉岩影响程度中等，破坏不大，主要有用组分分布较均匀的脉体、透镜体、矿柱、矿囊。属于该类型的矿床有河北金厂峪金矿床Ⅱ-5号脉体群、河南文峪金矿床。

（3）第Ⅲ勘查类型（复杂型）：矿体规模小，形态复杂，厚度不稳定，构造、脉岩影响大，主要有用组分分布不均匀的脉状体、小脉状体、小矿柱、小矿囊。属于该类型的矿床有河北金厂峪金矿床Ⅱ-2号脉、山东九曲金矿床4号脉、广西古袍金矿床志隆1号脉等。

（二）铜、铅、锌、银、镍、钼矿床勘查类型

1.确定矿床勘查类型的主要因素

铜、铅、锌、银、镍、钼矿床勘查类型的划分，应依据矿体规模、主要矿体形态及内部结构、矿床构造影响程度、主矿体厚度稳定程度和有用组分分布均匀程度五个主要地质因素来确定。为了量化这些因素的影响大小，提出类型系数的概念，每个因素都赋予一定的值，根据每个矿床相对应的上述五个地质因素类型系数值之和就可以确定是何种勘查类型。在影响勘查类型的五个因素中，主矿体之规模大小比较重要，所赋予的类型系数值要大些，约占30%；构造对矿体形状的影响与矿体规模有间接联系，所赋予的值要小些，约占10%；其他三个因素各占20%。

（1）矿体形态复杂程度分为三类。

简单：类型系数0.6。矿体形态为层状、似层状、大透镜状、大脉状、长柱状及筒状，内部无夹石或很少夹石，基本无分支复合或分支复合有规律。

中等：复杂程度属中等，类型系数0.4。矿体形态为似层状、透镜状、脉状、柱状，内部有夹石，有分支复合。

复杂：类型系数0.2。矿体形态主要为不规整的脉状、复脉状、小透镜状、扁豆状、豆荚状、囊状、鞍状、钩状、小筒柱状，内部夹石多，分支复合多且无规律。

（2）构造影响程度分为三种。

小型：类型系数0.3。矿体基本无断层破坏或岩脉穿插，构造对矿体形状影响很小。

中型：类型系数0.2。有断层破坏或岩脉穿插，构造对矿体形状影响明显。

大型：类型系数0.1。有多条断层破坏或岩脉穿插，对矿体错动距离大，严重影响矿体形态。

矿体厚度稳定程度大致分为稳定、较稳定和不稳定三种。有用组分分布均匀程度，可根据主元素品位变化系数划分为均匀、较均匀、不均匀三种。

2.铜、铅、锌、银、镍、钼矿床勘查类型

依据矿体规模、主要矿体形态及内部结构、矿床构造影响程度、主矿体厚度稳定程度、有用组分分布均匀程度等五种因素，将我国铜、铅、锌、银、镍、钼矿床划分为三种勘查类型，作为参照标准，供类比时使用。

（三）铁、锰矿床勘查类型

1.确定勘查类型的主要地质依据

（1）矿体规模。

大型：铁矿、锰矿矿体沿走向长度大于1000m，沿倾向延深大于500m；表生风化型铁、锰矿体，连续展布面积大于1.0km^2。

中型：铁矿、锰矿矿体沿走向长度500～1000m，沿倾向延深200～500m；表生风化型铁、锰矿体，连续展布面积0.1～1.0km^2。

小型：铁矿、锰矿矿体沿走向长度小于500m，沿倾向延深小于200m；表生风化型铁、锰矿体，连续展布面积小于0.1km^2。

（2）矿体形态复杂程度。

简单：矿体以层状或似层状产出；分支复合少，夹石很少见，厚度变化小。

中等：矿体多以似层状、脉状或大型透镜状产出，间有夹石；膨胀收缩和分支复合常见，厚度变化中等。

复杂：矿体以透镜状、扁豆状、脉状、囊状、筒柱状或羽毛状以及其他不规则形状断续产出；膨胀收缩和分支复合多且复杂，厚度变化大。

（3）构造复杂程度。

简单：产状稳定，呈单斜或宽缓褶皱产出；一般没有较大断层或岩脉切割穿插，局部可能有小断层或小型岩脉，但对矿体的稳定程度无明显影响。

中等：产状较稳定，常呈波状褶皱产出；有为数不多，但具一定规模的断层或岩脉切割穿插，对矿体的稳定程度有一定影响。

复杂：产状不稳定，褶皱发育，断层多且断距大或岩脉切割穿插严重，矿体遭受到严重破坏，常以断块状产出。

（4）矿床有用组分分布均匀程度。

均匀：矿化连续，品位分布均匀，品位变化曲线为平滑型。

较均匀：矿化基本连续，品位分布较均匀，品位变化曲线以波型为主，兼有尖峰型。

不均匀：矿化不连续或很不连续，品位分布不均匀或很不均匀，品位变化曲线为尖峰型或多峰型。

2.勘查类型的划分与确定

（1）勘查类型的划分。依据矿体规模、矿体形态复杂程度、构造复杂程度和矿石有用组分分布均匀程度，将勘查类型划分为三个类型。其中，第Ⅰ勘查类型为简单型，矿体规模为大型，矿体形态和构造变化均简单，矿石有用组分分布均匀。矿床实例：南芬铁矿（铁山、黄柏峪矿段）、庞家堡铁矿和遵义锰矿（南翼矿体）等。第Ⅱ勘查类型为中等型，矿体规模中等，矿体形态和构造变化中等，矿石有用组分分布较均匀。矿床实例：梅山铁矿、石碌铁矿、白云鄂博铁矿（主矿体、东矿体）和龙头锰矿、斗南锰矿等。第Ⅲ类勘查类型为复杂型，矿体规模小型，矿体形态和构造变化复杂，矿石有用组分分布不均匀。矿床实例：大冶铁矿、凤凰山铁矿、大庙铁矿、大栗子铁矿和八一锰矿、湘潭锰矿、瓦房子锰矿等。

（2）勘查类型的确定。勘查类型的确定应遵循追求最佳效益的原则，从实际出发的原则，以主矿体为主的原则，类型三分、允许过渡的原则和在实践中验证并及时修正的原则。其中从实际出发的原则在勘查类型的确定中是至关重要的。由于每个矿床的地质变化特征往往不尽相同，甚至同一矿床的不同矿体或区段，其变化程度亦各有区别。大多数情况下，影响勘查类型确定的多种地质变量因素的变化并不一定向着同一方向发展，以致其间出现多种型式组合，因此，勘查类型的确定一定要从实际出发，要以引起增大勘查难度最大的变量作为确定的主要依据。

第二节　勘查工程的总体部署

矿床勘查的过程实质上就是对矿床及其矿体的追索和圈定的过程。而追索和圈定的最基本方法就是编制矿床的勘查剖面。因为只有通过矿床各方向上的剖面才能建立矿床的三维图像，从而才能正确地反映矿体的形态、产状及其空间赋存状态、有用和有害组分的变化、矿石自然类型和工业品级的分布，以及资源量/储量估算所需要的各种参数。所以，为了获取矿床的完整概念，在考虑勘查项目设计思路和采用的技术路线时，必须充分考虑到各种用于揭露矿体的勘查工程手段的相互配合，并且要求勘查工程按照一定距离有规律地布置，从而构成最佳的勘查工程体系。

一、矿体基本形态类型与勘查剖面

自然界的矿体形态是变化多端的，但根据其几何形态标志，可以划分为三个基本形态类型。

（1）一个方向（厚度）短、两个方向（走向及倾向）长的矿体：这类矿体包括水平的、缓倾斜的，以及陡倾斜的薄层状、似层状、脉状及扁豆状矿体等。这种矿体在自然界出现得较多。这种形态的矿体，变化最大的方向是厚度方向，因此，在多数情况下勘查剖面布置在垂直矿体走向的方向上。

（2）无走向的等轴状或块状矿体：这类矿体包括那些体积巨大的，没有明显走向及倾向的细脉浸染状或块状矿体，如各种斑岩型铜、钼矿床和块状硫化物矿床等。这种矿体形状在三度空间的变化可视为均质状态，因而勘查剖面的方向是影响不大的，但从技术施工和研究角度出发，一般均应用两组互相垂直或呈一定角度相交的勘查剖面构成勘查网控制。

（3）一个方向（延深）长、两个方向（走向及倾向）短的矿体：这一类矿体主要是向深部延伸较大的筒状矿体或产状陡厚度较大的层状矿体等。这种矿体最重要的方法是通过水平断面图来反映矿体的地质特征，即用水平断面在不同的标高截断矿体，然后综合各水平断面中的矿体特征，得出矿体的完整概念。

二、勘查工程的选择

各种勘查工程都可用于勘查揭露矿体，但它们的技术特点、适用条件及所提供的研究条件不尽相同，因而其地质勘查效果和经济效果也不相同。合理选择勘查工程可以从以下四个方面加以考虑。

（1）根据勘查任务选择勘查工程：在预查、普查阶段，一般以地质、地球物理和地球化学方法为主，配合槽探或浅井进行地表揭露，采用少量钻探工程追索深部矿化或控矿构造；而在详查和勘探阶段，往往以钻探和坑探工程为主，采用地球物理和地球化学方法配合。

（2）根据地质条件选择勘查工程：矿体规模大、形态简单、有用组分分布均匀，且矿床构造简单的情况下，采用钻探工程即可正确圈定矿体；如果矿体形态复杂、有用组分分布不均匀且规模较小，则需要采用钻探与坑探相结合的方式或者采用坑探工程才能圈定矿体。

（3）根据地形条件选择勘查工程：地形切割强烈的地区有利于采用平硐勘查；而地形平缓地区则有利于采用钻探工程，如果矿体形态比较复杂、矿化不均匀，而且对勘查要求很高，则可采用竖井或斜井工程。

（4）根据勘查区的自然地理条件选择勘查工程：如高山区搬运钻机比较困难，可利用坑探工程，严重缺水时也只好采用坑探；地下水涌水量很大的地区只能采用钻探工程。

一般情况下，地表应以槽井探为主，浅钻工程为辅，配合有效的地球物理和地球化学方法，深部应以岩心钻探为主；当地形有利或矿体形态复杂、物质组分变化大时，应以坑探为主；当采集选矿试验大样时，也须动用坑探工程；对管状或筒状矿体以及形态极为复杂的矿体应以坑探为主。若钻探所获地质成果与坑探验证成果相近，则不强求一定要投入较多的坑探工程，可以钻探为主，坑探配合。坑探应以脉内沿脉为主，如果沿脉坑道不能揭露矿体全厚时，应以相应间距的穿脉配合进行。

三、勘查工程的布设原则

采用勘查工程的目的是追索和圈定矿体，查明其形态和产状、矿石的质量和数量以及开采技术条件等。显然，只有采用系统的工程揭露才能够达到上述目的，要使每个勘查工程都能获得最佳的地质和经济效果，在布设勘查工程时需要遵循下述原则。

（1）勘查工程必须按一定的间距，由浅入深、由已知到未知、由稀而密地布设，并尽可能地使各工程之间互相联系、互相印证，以便获得各种参数和准确地绘制勘查剖面图。

（2）应尽量垂直矿体或矿化带走向布置勘查工程，以保证勘查工程能够沿厚度方向揭穿整个矿体或矿化带。

（3）设计勘查工程时要充分利用原有勘查工程，以节约勘查经费和时间。

（4）采用平硐或竖井等坑探工程时，设计过程中应充分考虑这些坑道能够为将来矿山开采时所利用。

（5）在勘查工程部署时应根据勘查区不同地段和不同深度区别对待，要有浅有深，深浅结合；有疏有密，疏密结合。既要实现对勘查区的全面控制，又要达到对重点地段的深入解剖。

四、勘查工程的总体布置形式

勘查工程的总体部署是指在勘查工程布设原则指导下，将所选择的勘查工程按一定方式在勘查区内进行布置的形式。勘查工程的总体布置形式实际上是由一系列相互平行的剖面构成的勘查系统，目的是要展示矿体的三维形态和产状，满足矿山建设的需要。其基本形式有如下三种。

（一）勘查线形式

勘查工程布置在一组与矿体走向基本垂直的勘查剖面内，从而在地表构成一组相互平行（有时也不平行）的直线形式，称为勘查线形式。这是矿产勘查中最常用的一种工程总体布置形式，一般适用于有明显走向和倾斜的层状、似层状、透镜状以及脉状矿体。勘查线布设应考虑到下述要求。

（1）决定对一个矿体或含矿带采用勘查线进行勘查时，则最先的几排勘查线应布置在矿体或矿化带的中部，经全面详细的地表地质研究之后，并已确定为最有远景的地段，然后逐渐向外扩展勘查线。

（2）勘查线布设需垂直于矿体走向，当矿体延长较大且沿走向产状变化较大时，可布设几组不同方向的勘查线。具体来说，矿体走向与总体勘查线方向不垂直，夹角小于75°（层状与脉状矿体），或夹角小于60°（其他类型矿体）可改变局部地段的勘查线方向。

（3）勘查线布设前应在其垂直方向设置1～2条基线，基线间距不大于500m。同时计算勘查线与基线交点的平面坐标及各勘查线端点坐标，按计算结果将勘查线展绘在地质平面图上，并对照现场与地质条件加以检查。

（4）勘查线应编号并按顺序排列，勘查线方向采用方位角表示。勘查线按勘探阶段最密的间隔等距离编号。中央为0线，两侧分别为奇数号和偶数号。在预查普查阶段，可以预留那些暂不布置工程的勘查线。

（5）勘查线布设应延续利用前期矿产勘查布置的勘查线，加密工程勘查线应布设在前期勘查线之间。

（6）勘查工程应布置在勘查线上，因故偏离勘查线距离不宜超过相邻两勘查线间距的5%。在勘查剖面上可以是同一类勘查工程，如全部为钻孔，或全部为坑道，而在多数情况下是各种勘查工程手段综合应用。但是，不论勘查工程是单一或多种的，都必须保证各种工程在同一个勘查线剖面之内。

（7）对零星小矿体、构造，以及矿体边缘的控制性工程布设，可不受勘查线及其方向的控制。

（二）勘查网形式

勘查工程布置在两组不同方向勘查线的交点上，构成网状的工程布置形式，称为勘查网形式。其特点是可以依据工程的资料，编制2～4组不同方向的勘查剖面，以便从各个方向了解矿体的特点和变化情况。勘查网布设时应注意以下三点。

（1）勘查网布置工程的方式，一般适用于矿区地形起伏不大，无明显走向和倾向的等向延长的矿体，产状呈水平或缓倾斜的层状、似层状以及无明显边界的大型网脉状矿体。

（2）勘查网与勘查线的区别在于各种勘查工程必须是垂直的，勘查手段也只限于钻探工程和浅井，并严格要求勘查工程布置在网格交点上，使各种工程之间在不同方向上互相联系。而勘查线则不受这种限制，且有较大的灵活性，在勘查线剖面上可以应用各种勘查工程（水平的、倾斜的、垂直的）。

（3）勘查网有以下几种网形：正方形网、长方形网、菱形网及三角形网。一般正方形网和长方形网在实际工作中最常用，后两者应用较少。

正方形网用于在平面上近于等向，而矿体又无明显边界的矿床（如斑岩型矿床）、产状平缓或近于水平的沉积矿床、似层状内生矿床及风化壳型矿床等。这些矿床无论矿体形态、厚度、矿石品位的空间变化，常具各向同性的特点。正方形网的第一条线应通过矿体中部的某一基线的中点，然后沿两个垂直方向按相等距离从中部向四周扩展，以构成正方形网去追索和圈定矿体。正方形网的特点在于能够用以编制几组精度较高的剖面，一般两组剖面；同时还可以编制沿对角线方向的精度稍低的辅助剖面。

长方形网是正方形网的变形。勘查工程布置在两组互相垂直但边长不等的勘查线交点上，组成沿一个方向勘查工程较密，而另一方向上工程较稀的长方形网。在平面上沿一定方向延伸的矿体，或矿化强度及品位变化明显的沿一个方向延伸较大而另一方向较小的矿体或矿带，适宜用长方形网布置工程。长方形的短边，也即工程较密的一边，应与矿床变化最大的方向相一致。

菱形网也是正方形网的一个变形。垂直的勘查工程布置于两组斜交的菱形网格的交点上。菱形网的特点在于沿矿体长轴方向或垂直长轴方向每组勘查工程相间地控制矿体，而节省一半勘查工程。对那些矿体规模很大，而沿某一方向变化较小的矿床适于用菱形网。

菱形网在其一个对角线方向加上勘查线便变成三角形网。三角形网，特别是正三角形网可能是较好的一种工程布置形式，用相同的工程量可能比其他布置形式取得较好的地质效果。尽管一些学者在理论上证明了正三角形网的优越性，但在实际工作中应用者甚为少见，可能的原因还是地质上的考虑，因为自然界的矿体有产状要素的是绝对多数，应用正方形网对了解走向和倾向方向矿体的变化比正三角形网方便得多。

总之，勘查网形的选择，要全面研究矿区的地形、地质特点和各种施工条件，使选定的网型既能满足勘查工作的要求，又能方便于施工。

（三）水平勘查

主要用水平勘查坑道（有时也配合应用钻探）沿不同深度的平面揭露和圈定矿体，构成若干层不同标高的水平勘查剖面。这种勘查工程的总体布置形式，称为水平勘查。

水平勘查主要适用于陡倾斜的层状、脉状、透镜状、筒状或柱状矿体。当平行的水平坑道与钻探配合，在铅垂方向也构成成组的勘查剖面时，则成为水平勘查与勘查线相结合的工程布置形式。以水平勘查布置坑道时，其位置、中段高度、底板坡度等，均应考虑到开采时利用这些坑道的要求。水平勘查坑道的布置应随地形而异，当勘查区地形比较平缓时，通常在矿体下盘开拓竖井，然后按不同中段开拓石门、沿脉、穿脉等坑道；当地形陡峭时，可利用山坡一定的中段高度开拓平硐，在平硐中再开拓沿脉和穿脉等坑道以揭露和圈定矿体。

应用水平勘查这种布置形式，可编制矿体水平断面图。

五、勘查工程间距及其确定方法

勘查工程间距是指最相邻勘查工程控制矿体的实际距离。工程间距也可以理解为每个穿透矿体的勘查工程所控制的矿体面积，以工程沿矿体或矿化带走向的距离与沿倾斜的距离来表示。例如，勘查工程间距为100m×50m，意思是勘查工程沿矿体走向的距离为100m，沿矿体倾斜方向的距离为50m。在勘查网形式中，勘查工程间距是指沿矿体走向和倾向方向两相邻工程间的距离，因而，勘查工程间距又称为勘查网度；在勘查线型式中，勘查工程沿矿体走向的间距是指勘查线之间的距离，沿倾斜的间距是指穿过矿体底板（或顶板，就薄矿体而言）的两相邻工程间的斜距或矿体中心线（就厚矿体而言）工程间的斜距；在水平勘查形式中，沿倾斜的间距系指某标高中段的上下两相邻水平坑道底板之间的垂直距离，又称中段高或中段间距。

勘查总面积一定时，勘查工程数量的多少反映了勘查工程密度的大小；勘查工程密度大则说明勘查工程间距小，工程密度小则说明工程间距大。因而，勘查工程间距又称为勘查工程密度。

按一定间距布置工程，实际上是一种系统取样方法。勘查工程间距的大小直接影响勘查的地质效果和经济效果：工程间距过大，难以控制矿床地质构造及矿体的变化性，其勘查结果的地质可靠程度较低；工程间距过小虽然提高了地质可靠程度，但勘查工作量显著增加，可能造成勘查资金的积压和浪费，并拖延勘查项目的完成时间。因此，合理确定勘查工程间距是工程总体部署和勘查过程中都需要考虑的重大问题之一。

（一）影响勘查工程间距确定的因素

影响勘查工程间距确定的因素比较多，主要包括以下几个方面。

（1）地质因素。包括矿床地质构造复杂程度、矿体规模大小、形状和产状以及厚度的稳定性、有用组分分布的连续性和均匀程度等。要使勘查结果达到同等地质可靠程度，地质构造越复杂、矿体各标志变化程度越大的矿床，所要求的勘查工程间距越小。

（2）勘查阶段。不同勘查阶段所探求的资源量/储量级别不同，这种差别主要反映了对勘查程度的要求。勘查程度要求越高，工程间距越小。

（3）勘查技术手段。相对于钻探而言，坑探工程所获得的资料地质可靠程度更高，因而，同一勘查区若采用坑道，其工程间距可考虑比钻探大一些。

（4）工程地质和水文地质条件。勘查区工程地质和水文地质条件越复杂，所要求的勘查工程间距越小。

需要指出的是，在确定工程间距时，要充分考虑勘查区的地质特点，尽可能不漏掉具有工业价值的矿体，同时要足以使相邻勘查工程或相邻勘查剖面能够互相比对。同一勘查区的重点勘查地段与一般概略了解地段应考虑采用不同的工程间距进行控制。不同地质可靠程度、不同勘查类型的勘查工程间距，应视实际情况而定，不限于加密或放稀一倍。当矿体沿走向和倾向的变化不一致时，工程间距要适应其变化；当矿体出露地表时，地表工程间距应比深部工程间距适当加密。一般依据矿床的地质复杂程度和所要求的勘查程度选择工程间距，目的是满足不同勘查程度对矿体连续性的要求。由于矿床形成的复杂性、多样性，决定了勘查工程间距的多样性。每个矿体的勘查工程间距不是一成不变的，不能简单套用规范附录中的参考工程间距，应由矿产勘查项目的技术责任人员自行研究确定。论证资料应反映在设计和/或报告中。

（二）确定勘查工程间距的主要方法

1.类比法

类比法确定勘查工程间距，是根据对勘查区内控矿地质条件和矿床地质特征的分析研究，与现有规范中划分的勘查类型进行比对，确定所勘查矿床的勘查类型，然后参照规范中总结的该类矿床的工程间距进行确定。如果两者之间存在某些差别，可根据具体情况做适当修正。如果是在已知矿区外围或已进行过详细勘查的勘查区外围勘查同类型矿床，则可参考已知矿区或勘查区所采用的工程间距。

类比法易于操作，常用于勘查初级阶段。由于它是一种经验性推理方法，是否符合所勘查矿床的实际，还需要根据勘查过程中新获得的资料进行验证并对所确定的工程间距进行修正，切忌生搬硬套。

2.稀空法和加密法

按照一定规则放稀工程间距（或取样间距），分析、对比放稀前后的勘查资料结果，从中选择合理勘查工程间距（或取样间距）的方法，称为稀空法。这种方法实质上也是类比法的具体应用，所获得的结果一般只能作为同一勘查区其他地段或特点类似的矿床在确定工程间距或取样间距时的参考，常用于勘探阶段。

该方法的具体操作过程概括为：首先选择矿床中有代表性的地段，以较密的间距进行勘查或采样，根据所获得的全部资料圈定矿体、估算资源储量等；然后将工程密度放稀到1/2、1/3、1/4……，再分别圈定矿体和估算资源储量等，通过分析对比不同间距所确定的矿体边界、估算出的平均品位或资源储量以及它们之间的误差大小，从中选择误差不超过矿山设计要求的合理的工程间距，再将此间距推广应用至所勘查矿区的其他地段。

加密法与稀空法原理相似但在具体操作上不同。加密法是在勘查区内有代表性的地段加密工程，根据加密前后的勘查成果分别绘制图件和估算资源储量；经对比如果前后圈定的矿体形态变化不大、资源储量误差也未超出允许范围，即可说明原定勘查网度是合理的，反之则表明原定网度太稀，应相应加密。

3.统计学方法

最佳工程间距（勘查网度）的目的是要以一个合理的精度水平提供需要控制矿体规模和品位工程数或样本大小。毫无疑问，探明的资源储量比控制的和推断的工程间距更小。

如果地质边界已经确定而且如果资源储量估算中每个样品的影响范围与实际影响范围吻合，那么，最佳化就容易实现。影响范围在几何学上常常与相邻样品有关，可是，如果两相邻样品在某个可接受的信度水平上不相关，在两者之间的范围内没有一个事实上可以预期的实际和可度量的影响，它们甚至可能不属于同一个矿体。显然，如果相邻样品表现出显著的相关性，说明工程控制达到了目的，影响范围可以确定，进一步加密工程将是浪费。

确定工程或样品影响范围及适合工程或样品间距的方法有多种。例如，除上面提到的稀空法和加密法外，还有相关系数、均方逐次差检验、区间估计等统计学方法。

利用相关系数估计样品的影响范围，其基本思路是，如果工程品位值序列的相关系数接近1.0，说明品位之间具有显著的相关性，工程之间没有必要再加密。如果工程位于影响范围之外，则它们的品位值表现出显著的不相关，即品位相关系数接近0。

均方逐次差检验方法与上面提到的稀空法以及即将涉及的地质统计学方法的原理具有

一定的相似性，即按照不同的间距将工程的品位数据分组，检验每个组与相邻组数据之间的独立性；不相关组之间的间距表明品位最大影响范围。

第三节 勘查工程地质设计

一、勘查深度

勘查深度是指勘查工作所查明矿产资源量/储量（主要是指能提供矿山建设作依据的经济储量）的分布深度。例如，勘查深度300m，指被查明的经济的储量分布在矿体露头或盲矿体的顶界至地下垂深300m的范围之内。目前矿床的勘查深度多在400～600m以内，矿体规模越大、矿石品质越好，其勘查深度可适当加大，反之则宜浅。同一矿体或同一矿区的勘查深度应控制在大致相同的水平标高，以便合理地确定开采标高。

合理的勘查深度取决于国家对该类矿产的需要程度、当前的开采技术和经济水平、未来矿山建设生产的规模、服务年限和逐年开采的下降深度以及矿床的地质特征等。一般来说，对矿体延深不大的矿床最好一次勘查完毕；矿体延深很大的矿床，其勘查深度应与未来矿山的首期开采深度一致，在此深度以下，可施工少量深孔控制其远景，为矿山总体规划提供资料。

二、控制程度

矿产勘查首先应控制勘查范围内矿体的总体分布范围、相互关系。对出露地表的矿体边界应用工程控制。对基底起伏较大的矿体、无矿带、破坏矿体及影响开采的构造、岩脉、岩溶、盐溶、泥垄、老窿、划分井田的构造等的产状和规模要有控制。对与主矿体能同时开采的周围小矿体应适当加密控制。对拟地下开采的矿床，要重点控制主要矿体的两端、上下界面和延伸情况。对拟露天开采的矿床要注意系统控制矿体四周的边界和采场底部矿体的边界。对主要盲矿体应注意控制其顶部边界。对矿石质量稳定、埋藏较浅的沉积矿产，应以地表取样工程为主，深部施工少量工程以验证矿石质量。

相应勘查阶段所要求达到的地质研究程度、对矿体的控制程度、对矿床开采技术条件的勘查程度和对矿石的加工试验研究程度称为勘查程度。勘查程度分为以下三个层级。

（一）大致查明、大致控制

大致查明、大致控制是指在矿化潜力较大地区有效的物化探工作基础上，进行了中、大比例尺的地质简测或草测，开展了有效的物化探工作；对地质、构造的查明程度达到相应比例尺的精度要求；投入的勘查工程量有限，发现的矿体只有稀疏工程控制；矿体的连接是据已知地质规律，结合稀疏工程中有限样品的分析成果，以及物化探异常特征推断的，尚未经证实，矿体连续性是推断的；矿石的加工选冶技术性能是据同类型矿床的相同类型矿石的试验结果类比所得或只做了可选（冶）性试验；开采技术条件只是顺便搜集了相关资料；据有限的样品分析成果了解了有可能的共伴生组分或矿产。

（二）基本查明、基本控制

填制了大比例尺地质图及相应的有效物化探工作，充分搜集资料，加强地质研究，主要控矿因素及成矿地质条件已经查明；投入了系统的勘查工程，矿体的总体分布范围已经基本圈定，主矿体的形态产状、规模、空间位置、受构造影响或破坏的情况、主要构造，总体上得到较好的系统控制，小构造的分布规律和范围已经研究，矿体连续性是基本确定的；矿石的质量特征已经大量样品证实，矿石的物质组成和矿石的加工选冶技术性能，对易选矿石已有同类型矿石的类比，新类型矿石和难选矿石至少应有实验室流程试验的成果；开采技术条件的查明程度应达到相应规范的要求，对与主矿种共伴生的有益组分开展了相应的综合评价，且符合规范要求；对确定的物化探有效异常，在地质、物探、化探综合研讨的基础上，通过正反演计算，选择最佳部位对异常进行了查证及解释。

（三）详细查明、详细控制

在已有大比例尺地质、物探、化探成果基础上，应据日常搜集的资料，不断补充、完善地质图及相应的成果；加强地质研究，控矿因素、矿化规律已经查明；对矿体连接存在多解性的地段，通过加密工程予以解决，使主矿体的矿体连续性达到确定的程度。与开采有关的主要矿体四周的边界、矿体沿走向的两端，露采时矿坑的底界、对矿山建设有影响的主要构造，都得到了必要的加密工程控制；邻近主矿体上下的小矿体，在开采主矿体时能一并采出者，应适当加密工程控制；矿石的质量特征及物质组成、含量、结构构造、赋存规律、嵌布粒径大小等已查明；矿石加工选冶技术性能试验，达到了实验室流程试验或实验室扩大连续试验的程度，满足提交报告的需要，难选矿石必要时须做半工业试验；开采技术条件应满足规范的要求，大水矿床应增加专门水文地质工作的工程量，结合矿山工程计算首采区、第一开采水平的矿坑涌水量，预测下一个水平的涌水量及其他影响矿山开采的工程地质和环境地质问题并提出建议，指出供水方向；对可供综合利用的共伴生组分或矿产，应在矿石加工选冶技术试验时，了解其走向和富集特征。在加工选冶工艺流程中不知去向的组分或矿产，无法认定其资源量的数量。

三、地质设计

确定勘查工程种类、总体布置形式、工程间距以及勘查深度等，勘查项目设计内容中还应进行单项工程设计，然后才能进行施工。工程设计包括地质设计和技术设计两部分，勘查地质人员主要承担地质设计的任务，技术设计一般由生产部门完成。

勘查工程的地质设计是从地质角度出发，根据成矿地质条件、矿床勘查类型、工程布置原则等，确定勘查工程的种类、空间位置以及有关技术问题。在充分研究勘查区内成矿地质条件和矿床地质特征的基础上，合理有效地选择勘查方法，使勘查工程的地质设计有充分的地质依据，各项工作部署得当、工程之间密切配合，相得益彰。这里主要论述钻探工程和坑道工程设计。

（一）钻探工程地质设计

钻孔地质设计必须借助于勘查区地形地质图，在勘查设计（预想）剖面图上进行。设计之前，应根据地表地质和矿化资料以及已有的深部工程资料对矿体的形态、产状、倾伏和侧伏以及埋藏深度等特征进行分析研究，充分论证所设计钻孔的目的和必要性。

钻探工程地质设计包括编制勘查线设计剖面图、选择钻孔类型、确定钻孔戳穿矿体的部位、开孔位置、终孔位置、孔深，以及钻孔的技术要求和钻孔预想柱状图的编制。

1.编制勘查线设计剖面图

勘查线设计剖面图是反映钻探及重型坑探工程设计的目的和依据的图件，一般是在勘查区地形地质图上沿勘查线切制而成，其比例尺为1：500～1：2000。图的内容包括勘查线切过的地表地形剖面线、勘查基线、坐标网（X、Y、Z坐标线）、矿体露头及其产状、重要的地质特征（地层、火成岩体、地质构造等）在地表的出露界线及其产状、剖面上已施工的勘查工程及其取样分析结果等。图上应尽可能根据已有资料对矿体或矿化体进行圈定。在勘查线设计剖面图上进行钻孔的设计与布置，设计钻孔轴线通常用虚线表示，已施工的工程则用实线绘制。

2.选择钻孔类型

钻孔类型按其倾角（钻孔轴线与铅垂线的夹角）大小可分为直孔、斜孔以及水平钻孔。主要根据矿体或含矿构造的产状和钻探技术水平进行选定。

3.钻孔戳穿矿体部位的确定

在勘查线设计剖面图上，每个钻孔戳穿矿体的部位需要根据整个勘查系统的要求来确定。当采用勘查线型式布置钻孔时，通常是在勘查线剖面图上，以地表矿体出露位置或已实施的勘查工程戳穿矿体的位置为起点，沿矿体倾斜方向按确定的工程间距，根据矿体倾角大小，以水平距离（或斜距）沿矿体底板（或矿体中心线）定出第一个钻孔将戳穿矿体的位置，然后顺次确定出后续钻孔的位置。缓倾斜矿体（倾角小于30°）上一般采用水平间距布置勘查工程；中等倾斜矿体（倾角30°～60°），勘查工程间距为斜距；矿体倾角大于60°时，工程间距按戳穿矿体中心线或底板的铅垂距离计算。

若矿体成群分布，钻孔穿过矿体的位置则以含矿带的底板边界为准；若有数个彼此平行、大小不等的矿体时，则以其中主要矿体为依据；若为盲矿体，则以第一个见矿钻孔位置为起点，按所选定的工程间距沿矿体的上下两端定出钻孔戳穿矿体的位置。

采用勘查网形式时，钻孔戳穿矿体的位置是根据勘查网格结点的坐标来确定。采用坑钻联合勘查时，钻孔戳穿矿体的标高应与坑道中段标高一致。

4.钻孔的孔口位置、终孔位置孔深的确定

（1）钻孔的孔口位置（孔位）一般根据勘查工程间距及钻孔戳穿矿体的位置在勘查线设计剖面图上按所定钻孔类型，向上延伸钻孔轴线加以确定，钻孔设计轴线与地形剖面线的交点即为该孔在地表的孔位。如果钻孔设计为直孔，从钻孔所定的戳穿矿体的位置向上引铅垂线；若是斜孔或定向孔，从所定截矿位置向上引斜线，在掌握钻孔自然弯曲规律的地区，斜孔孔位可按自然弯曲度向地表引曲线确定（按每50～100m天顶角向上减少几度反推而成）。

对于斜孔还必须考虑其倾向，即斜孔的方位（直孔不存在倾斜方位）。钻孔的倾斜方位一般与勘查线方位一致并且与矿体倾向相反。由于地层产状及岩性的变化，钻孔在钻进过程中常常会沿地层走向发生方位偏斜。根据实践经验，地层走向与勘查线夹角越小，钻孔方位偏斜越大；地层产状越陡，孔深越大，钻孔方位越容易发生偏斜。因此，设计钻孔时，应根据本勘查区内已竣工钻孔的方位偏斜规律来设计钻孔的开孔方位角，使矿体尽可能按设计要求的位置戳穿矿体。

在上述地质设计的基础上还应考虑钻孔施工的技术条件，首先要求孔位附近地形比较平坦，以便修理出安置钻机和施工材料的机场；其次孔口应避开陡崖、建筑物、道路等，因而在确定孔位时，还应进行现场调查。若孔口位置与地质设计要求出现矛盾时，允许在一定范围内适当移动，移动距离应根据所要探明资源量/储量的级别确定，一般在勘查线上可移动10～20m，在勘查线两侧可移动数米。

（2）终孔位置：一般根据地质要求确定，钻孔穿过矿体后在围岩中再钻进1～2m即可。如果矿体与围岩界线不清楚，应根据矿体沿倾斜的变化情况以及围岩蚀变特征等适当加大设计孔深。为了探索和控制近于平行的隐伏矿体或盲矿体，在一些重要的勘查线上应设计部分适当加深的钻孔，其加深深度根据勘查区内矿化空间分布规律而定。

（3）钻孔孔深：自地表开孔到终孔位置钻孔轴线的实际长度称为钻孔孔深。因此，只要确定了钻孔的终孔位置，即可求得其孔深。

5.钻孔技术要求

设计钻孔时需要考虑的技术要求包括岩心和矿心的采取率、钻孔倾斜角漂斜和方位角偏离、孔深验证测量、简易水文观测、物探测井和封孔要求等。

6.编制钻孔预想剖面图

每个钻孔都需要根据勘查线设计剖面编制一份钻孔预想剖面图，比例尺一般为1：500~1：1000，以钻孔设计书的形式提交。它是钻孔技术设计和施工的地质依据，其内容包括钻孔编号、孔位、坐标、钻孔类型、各钻进深度的天顶角及方位角、由上至下主要地质界线的位置（起止深度）、可能见矿深度（起止深度）、矿石性质、矿体顶底板是否有标志层以及标志层的特点、钻孔的技术要求及钻孔施工中应注意的事项（如岩心和矿心采取率的要求、终孔位置及终孔深度、测量孔斜的方法、岩石破碎、坍塌、掉块、涌水、流沙层、溶洞等）。实际上，编制钻孔设计书本身就是单个钻孔的设计过程。

钻孔的直径（尤其是终孔直径）依据矿体复杂程度和研究程度而定。当矿体比较简单而且矿体边界已经基本控制住时，可采用小口径岩心钻进或冲击钻进方法确定矿化的连续性；如果勘查程度较低而且矿化复杂，为了保证达到规定的地质可靠程度，对钻孔的终孔直径和岩心及矿心采取率的要求都比较高。

钻孔地质设计完成后，再将钻孔编号、坐标、方位角、开孔倾角、设计孔深、施工目的等列表归总，连同施工通知书提交钻探部门。

（二）地下坑探工程地质设计

坑道工程包括平硐、竖井、沿脉、穿脉等深部探矿工程。此类工程施工技术条件复杂，投资费用高，因而在工程设计时必须有充分的地质依据，对应用坑道工程勘查的必要性进行充分的论证。同时为了使坑道工程能为今后矿床开采所利用，应向相关的开采设计部门咨询，了解开采方案以及开采块段和中段的高度，以便正确进行地质设计。

在坑道地质设计中，新勘查区与生产矿山外围和深部的要求有所不同。在新勘查区地下坑探工程设计的内容主要包括坑道系统的选择、勘查中段的划分、坑口位置的确定、坑道工程的布置、设计书的编制等。而生产矿区则往往借助于探采资料有针对性地进行坑道设计。

第七章　矿产勘查技术

第一节　找矿方法概述

找矿方法是为了寻找矿产所采用的工作方法和技术措施的总称。实质上各种找矿方法是对找矿地质条件和各种找矿标志进行调查研究，以便达到找矿目的。由于调查研究找矿地质条件和找矿标志所采用的工作方法和技术措施不同，便产生了不同的找矿方法。

目前我国矿产勘查中经常采用的找矿方法，主要有如下几种。

一、地质测量法

在实地观察和分析研究的基础上，或在航空像片地质解释并结合地面调查的基础上，按一定的比例尺，将各种地质体及有关地质现象填绘于地理底图之上而构成地质图的工作过程。这一过程称地质测量，它是地质调查的一项基本工作，也是研究工作地区的地质和矿产情况的一种重要方法。因为通过地质测量能查明工作地区的地质构造特征和矿产形成、赋存的地质条件，为进一步找矿或勘探工作提供资料。因此，矿产地质工作的各个阶段都需要按工作的目的和任务，分别测制不同比例尺的各种地质图。例如，为普查找矿而进行的地质测量，其比例尺为1∶50000至1∶10000；勘探矿区所进行的地质测量，比例尺一般为1∶10000至1∶1000。

二、重砂测量法

它是沿水系、山坡或海滨等，从松散沉积物（包括冲积、洪积、坡积、残积、滨海沉积等）中系统地采集样品，通过对重砂矿物的鉴定分析和综合整理，结合工作区的地质、地貌和其他找矿标志，发现并圈定有用矿物（或与矿产密切相关的指示矿物）的重砂异常，再依次追索原生矿床或砂矿床的方法。

三、地球化学探矿法

地球化学探矿法，简称化探。它是以地球化学理论为基础，以现代分析技术和电算技术为主要手段，从各种天然物质（如岩石、土壤、水系、沉积物、植物、水和空气等）中系统采集样品，分析测试样品中某些地球化学特征数值（如指示元素的含量、元素比值等），对获得的数据进行分析处理，以便发现地球化学异常，并通过对地球化学异常的解释评价而进行的找矿方法。常用的化探方法主要有岩石地球化学测量、土壤地球化学测量、水系沉积物地球化学测量、植物地球化学测量、气体及水化学测量等。

四、地球物理探矿法

地球物理探矿法简称物探。它是以各种岩石和矿石的密度、磁性、电性、弹性和放射性等物理性质的差异为研究对象，用不同的物理方法和物探仪器，探测天然的或人工的地球物理场的变化，发现物探异常，通过解释评价物探异常而进行找矿的方法。常用的物探方法有磁法勘探、电法勘探、重力勘探、地震勘探和放射性物探等。

五、遥感地质测量法

遥感地质测量是综合应用现代的遥感技术来研究地质规律，进行地质调查和资源勘查的一种方法。它是从宏观角度，着眼于从空中取得的地质信息，即以各种地质体和某些地质现象对电磁波辐射的反应作为基本依据，综合其他各种地质资料，以分析判断一定地区内的地质构造和矿产情况。它具有调查面积大、速度快、成本低、不受地面条件限制等优点。目前主要用于地质测量，发现和研究与矿产有关的地质构造现象等方面。

六、工程揭露法

工程揭露法，又称探矿工程法。它是利用各种探矿工程揭露被松散沉积物掩盖的或地下深处的各种地质体（特别是矿体）和地质现象，以便查明地质矿产情况的一种找矿方法。

第二节　工程揭露法

工程揭露法即通过探矿工程揭露松散覆盖的和地下深处的地质体（包括矿体）进行地质观察研究，从而取得地质矿产资料的方法。

一、坑探工程

在岩石或矿石中挖掘坑道以便勘查揭露矿体或者进行其他地质勘查工作，这些坑探工程以其使用的条件和作用可以分为如下主要类型。

（一）探槽

从地表挖掘的一种槽形坑道，其横断面为倒梯形，探槽深度一般不超过3～5m，探槽断面规格视浮土性质及探槽深度而定，以利于工作，保证施工安全。

探槽的布置应垂直矿体走向或平均走向来布置。探槽有两种，即主干探槽和辅助探槽。主干探槽应布置在工作区主要的剖面上或有代表性的地段，以研究地层、岩性、矿化规律、揭露矿体等。而辅助探槽是在主干探槽之间加密的一系列短槽，用于揭露矿体或地质界线，可平行主干探槽，也可不平行。

所有探槽适用于浮土厚不超过3m，当地下水面低时，覆盖层厚达5m时也可使用探槽。

（二）浅井

它是由地表垂直向下掘进的一种深度和断面均较小的坑道工程。浅井深度一般不超过20m，断面形状可为正方形、矩形或圆形，断面面积为1.2～2.2m^2。浅井的布置由于矿体规模产状不同，其布置型式也不同。当矿体产状较陡时，可在浅井下拉石门或穿脉，当矿体产状较缓时，浅井应布置在矿体上盘。

浅井主要用于揭露松散层掩盖下的矿体，深度一般不超过20m。对某些矿床如风化矿床，浅井是主要的勘探手段，对于大体积取样的金刚石砂矿或水晶砂矿来说，只能用浅井来勘探。

（三）平窿

从地表向矿体内部掘进的水平坑道。断面形状为梯形或拱形。主要用于揭露、追索矿体，也是人员出入、运输、通风、排水的通道。在地形条件有利时应优先使用平窿坑道。

（四）石门

在地表无直接出口与含矿岩系走向垂直的水平坑道。石门常用来连接竖井和沿脉，揭露含矿岩系和平行矿体等。

（五）沿脉

在矿体中沿走向掘进的地下水平坑道，用以了解矿体沿走向的变化，在矿体之外的沿脉坑道，可供行人、运输、通风、排水之用。

（六）穿脉

垂直矿体走向并穿过矿体的地下水平坑道。穿脉用以揭露矿体厚度、圈定矿体，了解矿石组分及品位，查明矿体与围岩的接触关系等。

（七）竖井

直通地表且深处和断面都较大的垂直向下掘进的坑道。竖井是人员出入、运输、通风、排水的主要坑道，竖井在矿床勘探和采矿时均可应用。采矿竖井有主井、副井及通风井之分。竖井应布置在矿体的下盘，以确保采矿时使用安全，即可减少矿量损失，保证其他地下坑道的稳固。竖井断面面积有4㎡、4.5㎡、5.5㎡、6㎡、6.5㎡、7m^2等。一般情况下，设计竖井不宜过多，一个矿床设计1～2个就可以了。

（八）斜井

在地表有直接出口的倾斜坑道，适用于勘探产状稳定且倾角小于45° 的矿体。斜井与竖井相比，可减少石门长度；但斜井长度比竖井深度大。

（九）暗井

在地表设有直接出口的垂直或倾斜的坑道。断面一般为长方形，面积为（1.5×2.5）m^2。垂直暗井又称天井，倾斜暗井又称上山或下山。暗井的作用为，在地下坑道中向上或向下勘探矿体，追索圈定被错断的矿体、贯通相邻中断水平坑道。

各水平坑道的断面规格，其形状一般为梯形或拱形，坑道净高不小于1.8m，矿车与坑道一侧的安全间隔为0.2～0.25m，人行道宽度为0.5～0.7m，水平坑道应有0.3%～0.7%的坡度，弯道曲率半径应不小于矿车轴距7～10倍。斜井断面形状有梯形和矩形，净高不低于1.6m。

坑道工程特别是地下坑道工程，由于成本高、施工困难，因此多用于矿床勘探阶段，在使用时应考虑矿床开采时的需要。

二、钻探工程

钻探工程是通过钻探机械向地下钻进钻孔，从中获取岩心、矿心，借以了解深部地质构造及矿体的赋存变化规律，其钻进深度，对于固体矿产多为100～1000m。钻探工程是主要的矿产勘查手段。

（一）浅钻

垂直钻进的浅型钻，其钻进深度多在100m之内，用以勘查埋深较浅的矿体。当涌水量大而无法用浅井勘探时，可采用浅钻。浅钻在矿点检查及物探、化探异常的验证时经常使用。

（二）岩心钻

机械回转钻，备有一整套机械设备如钻塔、钻机、水泵、柴油机或电动机、钻杆及套管等，钻进深度300～1000m，用以勘查深度较大的矿体，可垂直钻进，也可倾斜钻进，在矿产勘查的不同阶段均可使用，但更多是在详查及勘探阶段使用，在普查阶段也可布置少量的普查验证钻孔。

第三节　其他探矿法

一、地质测量法

（一）地质测量法特点

地质测量是根据地质观察研究，将区域或矿区的各种地质现象客观地反映到相应的平面图或剖面图上。它具有以下特点。

（1）地质测量法是一种通过直接观察获取地质现象的方法，因此具有极大的直观性和可信性；对所获得的地质现象进行系统分析和综合整理，对区域及矿区的成矿地质环境进行论述，因此具有很强的综合性。

（2）地质测量成果是合理选择应用其他技术方法的基础，也是其他技术方法成果推断解释的基础，因此它是各种技术方法中最基本、最基础的方法。

（3）从矿产勘查技术方法研究的对象和内容来看，地质测量法既研究成矿地质条件也研究成矿标志，而其他技术方法主要是研究成矿标志和矿化信息。

（4）地质测量往往可以直接发现矿产地，因此它具有直接找矿的特点。

在矿产勘查的不同阶段、不同地区均应进行地质测量。所采用的比例尺分为小比例尺（1100万～1：50万）、中比例尺（1：20万～1：5万）、大比例尺（1：1万或更大）三种类型。各种类型的研究精度和内容有较大差异。

（二）小比例尺（1：100万～1：50万）地质测量

一般是在地质上的空白区或研究程度较低地区进行，或者是为了获得系统全面的基础地质矿产资料，虽然在局部曾进行过较大比例尺的地质测量，也可进行已有资料的整理汇编，并适当进行野外补充编辑成图。小比例尺地质测量是一项综合性的找矿工作，主要目的是确定找矿工作布局。其具体任务如下。

（1）系统查明区域地层、岩石、地质构造特征，阐明区域构造演化历史。

（2）系统搜集区域矿产情报及矿点资料，对其中典型的有意义的矿点进行检查评价，阐明区域一般成矿特点。

（3）根据区域地质特征及成矿作用，分析该区的找矿地质条件及成矿标志，指出今后进一步工作的性质，拟定找矿工作布局。

（三）中比例尺（1：20万～1：5万）地质测量

一般是根据小比例尺地质测量或根据已有地质矿产资料所确定的成矿远景地段以及已知矿区外围开展中比例尺地质测量。其具体任务如下。

（1）查明区域成矿地质条件、控矿因素、成矿标志，总结成矿规律，进行成矿预测，提出进一步找矿的有利区段。

（2）对已发现的矿点进行检查评价，对其中远景较大者进行较详细的工作，并做出较确切的评价，明确是否进行详查或勘探。

（3）对区域内所有在地表露出的矿点及矿体均应找到，并对其深部的含矿前景进行评价，特别是1：5万地质测量工作阶段必须做到，而且可配合其他方法，如物探、化探、钻探等，必要时可采用少量坑探手段进行揭露。

（四）大比例尺（1：10000或更大）地质测量

一般是在矿区范围内开展的精度较高的地质测量工作。其具体任务如下。

（1）详细查明矿区内矿床形成的地质条件及矿化标志，特别要查明具体的控矿因素如控矿构造的类型及性质、控矿岩体赋存矿体的有利部位等。

（2）总结矿化规律，提出矿产勘查的具体准则，明确寻找矿体的具体地段。

（3）对已知矿床进行深入细微的解剖，研究矿床的矿化类型、控矿因素、矿床形成机制，对矿床的浅部地质特征予以揭露研究，对深部含矿前景进行定性及定量预测。

（4）大比例尺地质测量应结合其他各种技术方法所获得的信息，在矿区范围内开展隐伏矿体的勘查。随着各种勘查技术方法的应用及提供的资料越来越多，地质测量工作效率大大提高，研究的范围及深度不断扩大，一些国家已进行立体地质测量，研究深度可达500m。在寻找某些特定性矿床时，往往进行“专门性”地质测量，如岩浆岩地质测量、变质岩地质测量、构造岩相地质测量等。

二、重砂测量法

重砂测量是一种经济、简便、有效的找矿方法。利用重砂测量进行找矿时，主要是通过对水系沉积物中重矿物的鉴定分析，根据矿床或含矿岩石中某些有用矿物及伴生矿物在松散沉积物中所形成的机械分散晕（流），来追索、寻找矿床的。

（一）重砂机械分散晕（流）的形成及其分布

矿源母体暴露地表后，经物理风化作用，形成碎屑物质，进一步机械分离促使其中的单矿物分离出来。在长期的地质作用过程中，由于各单矿物的稳定性不同，有些被淘汰，有些被保留下来。其中部分稳定的重砂矿物保留分散在原地附近，部分受地表流水及重力作用，以机械搬运的方式沿地形坡度迁移到坡积层，形成高含量带，这样与原残积层一同组成重砂矿物的机械分散晕。另外，尚有部分矿物颗粒进一步迁移到沟谷水系中，由于水流的搬运和沉积，使之在冲积层中形成高含量带，称为重砂物机械分散流。因此，重砂矿物机械分散晕（流）的分布范围较矿源母体大得多，因而较易被发现，成为重要的直接找矿标志。重砂机械分散晕（流）的分布规律如下。

（1）重砂矿物机械分散晕（流）的形态与矿源母体的形态、产状及其所处的地形位置有直接关系。等轴状矿体所形成的分散晕（流）呈扇形；脉状及层状矿体顺地形等高线斜坡分布，则形成梯形的重砂分散晕；如与地形等高线垂直，则形成狭窄的扇形重砂分散晕。

（2）重砂分散晕（流）中重砂矿物含量与其迁移距离有直接关系。即距矿源母体较近，重砂矿物含量高；距矿源母体较远，则重砂矿物含量低，据此可追索寻找原生矿源体。此外，对于重砂分散晕，其重砂矿物尚与坡积层厚度有关，当坡积层厚度小于5m时，重砂矿物含量由地表向下逐渐增高。

（3）重砂分散晕（流）中重砂矿物的粒度及磨圆度与其原始的物理性质及迁移距离有关。矿物稳定性越强，迁移距离越小，则矿物颗粒大、磨圆度差，呈棱角状；反之，粒度小，呈浑圆状。

（二）重砂测量样品采集

重砂取样是重砂测量的重要环节，取样质量的好坏直接影响重砂测量的效果。根据重砂取样的种类、目的、任务及地形地貌特征，重砂取样息体布分为三种。

1.水系法

水系法是目前应用最广的一种重砂取样部署方法。通常对调查区二级以上水系进行取样。样点的部署可依据下述原则。

（1）大河稀，小河密，同一条水系则上流密，下流稀，越近源头，取样密度越大。

（2）河床坡度大，跌水崖发育，流速大流量小，溪流应较密，反之应较稀。

（3）主干溪流的两侧支沟发育且对称性好，则样点可放稀，反之应加密。

（4）垂直岩层主要走向的溪流应加密，而平行岩层主要走向的溪流可放稀。

（5）对矿化、围岩蚀变发育地段，岩体接触带，岩性发生重大变化处的溪流冲积层应加密取样。

水系法取样间距可根据不同河流的级别加以确定。

2.水域法

水域法是按汇水盆地中各级水流的发育情况进行布样。取样前应对汇水盆地的水域进行划分，然后将取样点布置在各级水域中主流与支流汇合处的上游，以控制次级水域中有用矿物含量和矿物组合特征。

取样时应逆流而上，对各级水域逐一控制，对没有出现有用矿物的水域逐个剔除，对出现有用矿物的水域逐级追索，直至最小水域，达到追索寻找矿源母体的目的。水域取样每个样品的控制面积视地质构造复杂程度和地貌条件而异：地质构造复杂成矿有利地段，四级支流和微冲沟的每个样品控制在1.5～2km²为宜；地质条件中等地区，三级支流中每个样品控制面积为3～4km²；地质条件简单地区，每个样品控制面积可为5～8km²。

3.测网法

测网法是以重砂取样线距和点距组成纵横交叉的网格，样点布在“网格”的结点上。其目的是圈定有用矿物的重砂分散晕，进而寻找原生矿床，或者对砂矿进行勘查，从而进行远景评价。取样时线距应小于晕长的一半，点距应小于晕宽的一半。

由于重砂样品采取的对象不同，可有下述方法。

（1）浅坑法。它是以冲积物、坡积物和残积物为采取对象，以寻找原生矿床为主要目的。目前多采用在一个取样点运用“一点多坑法”的方式进行采样，以增强样品的代表性。取样深度视取样对象而定，一般对冲积层取样深度以20～50cm为宜；坡积层取样深度可在腐殖层以下20～50cm；残积层取样深度决定于残积层厚度，样深均应达到基岩顶部。取样原始重量要求为20～30kg，以保证获得20g灰砂为准。

（2）刻槽法。主要用于阶地重砂取样，在阶地剖面上进行，首先取表面的松散物质然后从顶部到基岩垂直其厚度，以50cm长的样槽按层分段连续取样，样槽规格以保证取得一定数量的原始样品重量为准。

（3）浅井法。当冲积层、坡积层、残积层及阶地等松散沉积物厚度较大时采取的取样方法，目的是勘查现代砂矿或古砂矿。在浅井施工过程中，用刻槽、剥层或全巷法采集样品。其中剥层法应用较多，它是沿砂矿可采部位将整个剖面取样，开采时沿掌子面取样。剥层规格为：深度5cm、10cm、15cm、20cm不等，宽度一般为0.5 ~ 1m。

（4）砂钻法。在松散物很厚时采用，主要用于砂矿勘查。将钻孔中所取得的砂柱作为样品，样品长0.2 ~ 1m不等，应视具体矿产种类而定。如砂金矿以0.2 ~ 0.5m为好，砂锡矿以0.5 ~ 1m为好。砂钻法取样主要运用大口径冲击钻。

（三）重砂样品的淘洗与编录

1.重砂样品的淘洗是重砂测量工作方法中的一道重要工序

淘洗质量的好坏，直接关系到重砂法找矿的效果。原始重砂样品一般在野外就地淘洗。淘洗工具主要有圆形淘砂盘和船形淘砂盘两种。

原始重砂样品一般淘洗至灰色为止，重量应在10 ~ 15g，以满足对样品分析的要求。若淘至黑砂，会使浅色的相对密度大的一些重要矿物如黄玉、锆石、磷灰石等，因淘洗过分而流失。总之，重砂样品的淘洗以不漏掉有用矿物为基本原则。为保证与提高回收率，可先在野外粗淘，回室内再精淘。

原始重砂样品淘洗时应注意以下三点要求。

（1）对于含泥质较多的样品，在淘洗时，应先将泥洗净，以免重砂随泥浆漂走。

（2）风化壳砂矿及某些残坡积砂矿中，有用矿物常与其他矿物胶结在一起，为了避免有用矿物在淘洗时被其他矿物带走，应先把样品中各种胶结的碎块搓碎，使重砂矿物和其他矿物分离开来。

（3）硬度小的矿物，粒细容易流失，呈片状的以及解理发育的矿物，容易漂走，淘洗时动作要轻要慢。

2.重砂样品的野外编录与初步鉴定

重砂取样的野外编录是重砂测量工作方法中必不可少的一项重要内容。在野外不但要重视重砂取样的实际操作，也要注意取样路线和取样点附近的地质观察，做简单的记录和描述，并将取样点标绘在地形图上，注明点号。

在重砂测量工作中，应当对重砂矿物进行野外鉴定。初步鉴定时应注意发现指示性的有用重砂矿物，并掌握其粒度、晶形、磨圆度的变化和重砂矿物组合的大致情况。

（四）重砂样品鉴定

野外淘洗的重砂样，一般都含几种或几十种不同矿物，但有用矿物只占很小部分。因此，在镜下鉴定之前，样品必须按一定的流程进行分离，以利于有用重矿物的分析与鉴定。常用的分离方法有精淘、重液分离、重熔分离、浮选法等。

重砂矿物的室内鉴定，其目的一般是确定重砂矿物的名称和含量、矿物的共生组合与标型特征，通常采用的鉴定方法如下。

（1）双筒显微镜鉴定。将砂矿物放在双目镜下直接观测矿物外部特征与某些物理性质，是最常用的基本鉴定方法。鉴定内容包括：矿物晶体形态，砂矿物的表面特征，砂矿物的颜色、条痕、光泽、透明度、硬度、磨圆度、解理与断口、延展性、包体与连生体等。

（2）油浸法。主要用浸油来测定透明及半透明砂矿物的光性和折光率。

（3）微化分析。应用化学分析的某些原理和方法，用1～2粒砂矿物和少量试剂，迅速确定矿物中某些特征元素是否存在。

（4）反光镜鉴定。将砂矿物磨成砂光片，测不透明矿物的反光性、反射率等。

（5）发光分析。利用某些砂矿物在外能作用下产生一定强度和颜色的光（磷光和荧光）的发光性，来鉴别某些矿物。

（五）重砂测量成果图

根据重砂样品的详细鉴定结果，按矿种或矿物组合以不同方式编制成图，结合地质地貌特征圈定重砂异常区，编绘重砂成果图。重砂成果图是重砂测量的最终成果，是进行重砂异常分析评价的依据。重砂成果图要求反映重砂矿物的分布规律；反映工作区地质特征，如成矿地质条件、控矿因素、成矿标志及矿化特征；反映工作区地形地貌特征；圈定重砂异常区，对异常区进行评价和检查；圈定成矿有利地段，甚至追索寻找矿源母体以达到找寻砂矿及原生矿体的目的。重砂成果图的底图应选用同比例尺或较大比例尺的地形地质图或矿产地质图。

重砂成果图表示方法有圈式法、符号法、带式法及等值线法四种。

1.圈式法

圈式法为常用的一种图示方法，可同时表示多种矿物含量，并可指出重砂矿物的搬运方法及其共生组合的变化情况。圈式法是以取样点为圆心，以5mm（1：5万重砂图）或3mm（1：20万重砂图）为直径画圆圈，再将之以直径划分成若干“弧底等腰三角形”，每个三角形用不同彩色或花纹符号表示不同的矿物，并以涂色或花纹符号所占面积来表示各矿物的含量。究竟分成几等分，要视矿种多少而定。有四等分的，即四个象限；也可八等分或十二等分。如果取样点太密致使圆圈重叠，可将圆圈画在取样点的上、下两侧的任一侧。

2.符号法

将有用矿物的主要元素符号标注在取样点旁侧即可。此法简单方便、作图快，但不能表示有用矿物含量，同时当矿种较多时，符号排列拥挤，图面不清晰。这种表示方法只适用于以单一或少量矿种为寻找对象的野外定性分析草图。

3.带式法

将同一种矿物的相邻取样点连接成条带，并以条带的颜色或花纹、宽窄、长轴方向分别表示矿物种类、含量和搬运方法。此法能明确表示出有用矿物的富集地段，并直观地指示找矿方向。但如矿物种类较多，图面就不清晰。此图适用于砂矿普查与详细重砂测量。

4.等值线法

以有用矿物含量作分散晕等值线，即将相同含量的相邻点连接成曲线。此法用于1：10000、1：2000的大比例尺残坡积重砂找矿或砂矿勘探（用测网法部署取样点）。一般按单矿物编制，效率较低。但随着数理统计和电算方法的应用，在中小比例尺（1：20万）的重砂测量中也可用此法表示重砂成果，以求得到更多醒目的信息和资料。

（六）重砂异常区的评价

目前常从以下几个方面评价异常区：有用矿物含量、矿物共生组合、矿物标型特征、重砂矿物搬运的可能距离、重砂矿物空间分布特征以及异常区地质地貌条件等。

1.有用矿物含量

它是评价异常区的基本依据。它表明重砂异常的强度：连续的高含量点的出现，表明异常不是偶然的，由矿化引起的可能性极大；而那些孤立高含量点则很可能是由偶然因素引起的。考虑高含量时必须研究一切可能影响含量的因素：矿源母体中的该矿物含量特征、取样处疏松沉积物类型、取样点所处的地质条件和地貌特征及矿床类型和产状等。只有这样，才能真正做到由表及里、去伪存真。

2.重砂矿物标型特征

矿物标型特征即可反映矿物及其“母体”形成时物理和化学条件，表现在形态、成分、物理性质、化学性质、晶体结构等方面的特点。重砂矿物的标型特征对评价异常区具有特殊意义。它可提取一些难得的成矿信息，特别对判断原生矿床的成因类型能提供更可靠依据。

3.重砂矿物共生组合

从找矿角度出发，利用重砂矿物共生组合可分辨真假异常及作为找矿标志。还可利用重砂矿物共生组合判断原生矿的成因类型。

4.重砂矿物搬运的距离

分析重砂矿物搬运的距离，对于确定原生矿床的位置及评价砂矿床具有重要意义。影响重砂矿物搬运距离的因素，一方面是重砂矿物的稳定程度，另一方面是迁移环境。根据经验数据，锡石砂矿距原生矿床一般不超过5～8km，自然金搬运距离可达数百千米，但具工业意义的砂金矿富集在距原生矿床不远的地方。在判断重砂矿物搬运距离时，必须注意其磨圆度及矿物的形态特征。

5.重砂矿物空间分布特征

重砂矿物的空间分布严格受区内各地质体控制，在进行异常区评价时，应将重砂矿物的分布与成矿的地质、地貌条件联系起来，以便追索寻找原生矿。

重砂异常检查的目的在于分析引起“异常”的原因，对“异常”的找矿意义作出评价。它是在异常区评价的基础上，采用必要的技术手段，进一步实地进行的地质调查工作。具体做法有以下三种。

（1）对异常区加密重砂取样，取样密度视工作目的要求确定，可以为20m×50m、50m×100m，也可以100m×100m。

（2）为了查清有用矿物的矿源母体，对异常区的各种岩石和矿化蚀变等地质体，采取一定数量的人工重砂样品。

（3）残坡积层的重砂取样，当发现有用矿物的高含量带，且其粒度、形态及伴生矿物等方面都具有接近原生矿床的特征时，应在取样点附近施以剥土或槽井探工程，进而查明异常的空间分布，圈定原生矿体的范围。

当经过调查研究而判断是由矿体或与矿体有关的地质体所引起的异常时，应对此有希望地段以必要的钻探或坑探工程进行揭露、验证，查明有用矿物在垂直方向上的变化规律及原生矿床的关系。

三、地球化学探矿法

地球化学找矿方法（又称地球化学探矿法，简称化探）是以地球化学和矿床学为理论基础，以地球化学分散晕（流）为主要研究对象，通过调查有关元素在地壳中的分布、分散及集中的规律达到发现矿床或矿体的目的。

（一）地球化学测量法的特点

地球化学测量主要是研究成矿元素和伴生元素在地壳中的分布、分散及集中的规律。在矿体形成的同时在围岩中形成了成矿元素和伴生元素的原生晕，以及在矿体受到破坏过程中发育了较晚期的次生晕。无论是原生晕或次生晕其分布范围都较矿体大，因此可通过发现这些原生晕及次生晕来达到发现矿体的目的。由于成矿元素及伴生元素所处的介质条件不同，因此其迁移距离有时可很远，甚至达到数千米，故而可以用来发现寻找埋藏很深的隐伏矿体。地球化学测量已经是一种重要的矿产勘查方法。

地球化学测量是通过系统的样品采集来捕捉找矿信息的，由于采样的介质不同，所形成的元素晕也不同：以岩石为采样对象，可形成原生晕；以土壤为采样对象，可形成次生晕；以河流底部沉积物为采样对象，形成分散流；以气体为采样对象，形成气晕；以植物为采样对象，形成生物化学晕，等等。采样对象的确定，决定于矿产勘查的目的任务，决定于工作区的地质条件，也决定于工作区的地形地貌气候等自然景观条件。

地球化学测量所研究的成矿元素及伴生元素基本上属微量元素，其含量一般较低，甚至只达到克拉克值，因此，要求分析测试方法应具有较高的灵敏度及精确度。为达到地球化学测量的有效性，要求样品的采集及加工，必须严格按规范进行，确保样品的代表性及可靠性。

地球化学测量是通过发现成矿元素及伴生元素的分散晕（流），即通过元素的异常分布来进行找矿的，因此对地球化学元素异常进行正确的解释评价是一项至关重要的研究内容。一般发现了地球化学元素异常并不等于找到矿，引起异常的原因和因素可以是矿体，也可以是某种地质作用（包括矿化作用），只有前者具有找矿意义。因此，建立正确合理的找矿异常模式，对异常进行正确的解释评价，是最终达到找矿目的的关键所在。

（二）地球化学测量发展趋向

地球化学测量的主要任务是研究地球中元素的分布及其运动规律，其目的是通过发现与矿化有关的地球化学元素异常，寻找有经济价值的矿床。近年来由于区域地球化学找矿的发展，使这门学科的内容发生了重大变化，已经从单纯的以找矿为目的而扩展到地学的其他领域，如为研究岩石学、地层学、构造地质学、矿床学及理论地球化学等提供基础资料。与此同时，在农业、畜牧业、地方病、环境保护等领域也更加广泛地应用地球化学测量的资料，因此，地球化学找矿已经不可能完全概括本学科的全部研究内容。近些年提出“地球化学勘查”这一名词术语，是系统地在不同领域范围研究地球中元素的运动规律，从而赋予地球化学更广泛、更全面的研究内容。

为了提高地球化学找矿效果，地球化学异常找矿模式的研究，一直是人们关注的重要研究内容。地球化学异常找矿模式是通过总结已知的含矿地质体（矿体、矿床、矿田）的地球化学异常特征，进而总结含矿地质体地质特征与地球化学异常特征之间的成因联系，尽管完全相似的矿床是不存在的，但是在总体上相似、局部不相同的矿床是普遍存在的。例如，各矿床元素分带组合不尽相同，但总的元素分带序列具有一定规律；对于次生地球化学异常模式，在同一种景观地球化学条件下，具有共同的、特定的及最优的工作方法。因此，地球化学异常模式的总结和研究，既是必要也是可能的。目前在进行地球化学异常的总结研究时，较为重视系列模式的建立，即按地质体的不同层次结构而建立相应的模式，如矿体地球化学异常模式、矿床地球化学异常模式、矿田地球化学异常模式等。地球化学异常模式是一项内容广泛的研究总结工作，在大量实际资料基础上，不断完善和建立行之有效的地球化学异常找矿模式。

地球化学测量中某些技术方法的改进提高，对提高找矿效果仍然是十分重要的，如测试分析技术、分析数据的处理技术、自动成图技术等，尽管目前有了长足的进步，但仍然需要继续改进。

四、地球物理方法

地球物理找矿方法又称地球物理探矿方法（简称物探），是通过研究地球物理场或某些物理现象，如地磁场、地电场、重力场等，以推测、确定欲调查的地质体的物性特征及其与周围地质体之间的物性差异（物探异常），进而推断调查对象的地质属性，结合地质资料分析，实现发现矿床（体）的目的。

（一）物探的特点

（1）必须实行两个转化才能完成找矿任务。首先将地质问题转化成地球物理探矿的问题，才能用物探方法去观测。在观测取得数据之后（所得异常），只能推断具有某种或某几种物理性质的地质体，然后通过综合研究，并根据地质体与物理现象间存在的特定关系，把物探的结果转化为地质的语言和图示，从而去推断矿产的埋藏情况以及与成矿有关的地质问题，最后通过探矿工作的验证，肯定其地质效果。

（2）物探异常具有多解性。产生物探异常现象的原因，往往是多种多样的。这是由于不同的地质体可以有相同的物理场，故造成物探异常推断的多解性。如磁铁矿、磁黄铁矿、超基性岩，都可引起磁异常。所以工作中采用单一的物探方法，往往不易得到较肯定的地质结论。一般情况下，应合理地综合运用几种物探方法，并与地质研究紧密结合，才能得到较为肯定的结论。

（3）每种物探方法都有严格的应用条件和使用范围。因为矿床地质、地球物理特征及自然地理条件因地而异，影响物探方法的有效性。

（二）物探工作的前提

在确定物探任务时，除地质研究的需要外，还必须具备物探工作前提，才能达到预期的目的。物探工作的前提主要包含以下三个方面。

（1）物性差异。被调查研究的地质体与周围地质体之间，要有某种物理性质上的差异。

（2）规模与深度。被调查的地质体要具有一定的规模和合适的深度，用现有的技术法能发现它所引起的异常。若规模很小、埋藏又深的矿体，则不能发现其异常。有时虽地质体埋藏较深，但规模很大，也可能发现异常。故找矿效果应根据具体情况而定。

（3）能区分异常。从各种干扰因素的异常中，区分所调查的地质体的异常。例如，铬铁和纯橄榄岩都可引起重力异常，蛇纹石化等岩性变化也可引起异常。能否从干扰异常中找出矿异常，是方法应用的重要条件之一。

物探方法的适用面非常广泛，几乎可应用于所有的金属、非金属、煤、油气、地下水等矿产资源的勘查工作中。与其他找矿方法相比，物探方法的一大特长是能有效、经济地寻找隐伏矿体和盲矿体，追索矿体的地下延伸，圈定矿体的空间位置等。在大多数情况下，物探方法并不能直接进行找矿，仅能提供间接的成矿信息供勘查人员分析和参考，但在某些特殊的情况下，如在地质研究程度较高的地区用磁法寻找磁铁矿床，用放射性测量找寻放射性矿床时，可以作为直接的找矿手段进行此类矿产的勘查工作，甚至进行储量估算。

当前找矿对象主要为地下隐伏矿床及盲矿体，因此，物探方法的应用日益受到人们的重视，这也促使物探方法本身的迅速发展。据地质体的物性特征发展了众多具体的物探方法，物探的实施途径也从单一的地面物探发展到航空物探、地下（井中）物探及水中物探等。

五、遥感找矿法

遥感找矿法是指通过遥感的途径对工作区的控矿因素、找矿标志及矿床的成矿规律进行研究，从中提取矿化信息而实现找矿目的的一种技术手段。遥感找矿是一种高度综合性的找矿方法，必须与地质学原理和野外地质工作紧密结合，才能获得可靠的结论。

遥感找矿的技术路线是以成矿理论为指导，以遥感物理为基础，通过遥感图像处理、解译以及遥感信息地面成矿模式的研究，同时配合野外地质调查及验证和室内样品分析，以保证遥感找矿的有效性。

遥感找矿具有视域开阔、经济快速、易于正确认识地质体全貌，对地下及深部成矿地质特征具一定的“透视”能力的特点，并能多层次（地表、地下）、多方面（地质矿产）获取成矿信息。

遥感找矿法是现代高新技术在矿产勘查领域内应用的直接体现：从地质体物理信息的获取、数据处理和判译，直到最后形成各种专门性的成果性图件，整个过程涉及现代光学、电学、航天技术、计算机技术和地学领域内的最新科技成果。因此，与传统的找矿方法相比，遥感找矿法具有明显的优势和发展前景。

但需要强调的是，迄今为止，遥感方法并不是一种直接的找矿方法，其获取的信息多是间接的矿化信息，在矿产勘查工作中，必须与其他找矿方法相配合，才能最终发现欲找寻的矿产。

遥感方法在矿产勘查工作中的具体应用主要有以下三个方面。

（一）进行地质填图

遥感地质填图可以通过两个途径来实现：一是利用高精度摄影机或电视传真机直接摄制遥感图像；二是利用扫描器或传感器获取信息，并经专门的技术处理成图。

通过遥感填图可以较准确地了解各类地质体的宏观特征，校正地面勾绘时因野外观察路线之间人眼可视范围的局限性而造成地质界线推断的错误，并为常规地质填图提供重要的成矿地质信息。此外，应用雷达波束在常规地质填图难以实现的冰雪覆盖的高山区和沙漠地区填绘基岩地质图；利用红外技术填制不同种类的岩石分布的专门性图件；尤其是随着遥感配套技术的不断改进和提高，从不同的高度（航天、航空）、不同的方面（地质、物探、化探）进行多层次全信息的立体地质填图。

（二）研究区域控矿构造格架，总结成矿规律

遥感解译使用的卫星图片覆盖的范围大且概括性强，为宏观地研究区域控矿构造格架、总结成矿规律提供了有利的条件。

遥感图像对于环形、线形构造及隐伏构造的判译尤为简捷准确。环形构造在遥感影像上常表现为圆形、椭圆形色环、色像等，结合地质特征分析可反映不同类型的成矿信息。

通过对研究区环形、线形构造的充分判译，可以较好掌握本地区内的控矿构造格架和矿床分布规律。例如，赣南西华山—杨眉寺地区，通过遥感图像解译发现区内的构造主要为一系列线形及环形构造，并有规律地控制了区内与成矿有关的岩体及矿床的分布。

（三）编制成矿预测图，确定找矿远景区

这是遥感技术应用于找矿的直接例证。应用遥感技术进行成矿预测的关键是建立遥感信息地质成矿模型，即根据遥感影像特征和成矿规律研究工作程度较高的地区的成矿地质特征的研究，分析主要控矿因素和各种矿化标志，建立矿化信息数据库和遥感地质成矿模式，然后推广至工作程度较差的地区，通过类比，编制成矿预测图，圈定找矿靶区，指导矿产勘查工作。例如，美国科罗拉多州中部贵金属和贱金属试验区，应用卫星影像分析了线形构造和环形构造后，确定了10个找矿远景区，并按成矿条件的优劣分为三级，经地面资料证实，有5个与已知矿区相符。

第四节　地质填图法

一、地图和地质图的基本概念

地图是用形象符号再现客观，反映和研究自然现象以及社会现象的空间分布、组合、相互联系及其在时间中变化的图形模型。地质图属于一种重要的地图类型，是矿产勘查中用于交流信息的最重要的媒体。地图是地表特征的一维展示，它不仅能传递某个特定区域的详细信息（采用图形的形式实现），而且能指示该区域相对于地球其他地区的位置（采用坐标系统控制）。地形图和地质图是矿产勘查中最常用的地图，地球物理和地球化学图件常常与地质图结合使用。

地质图是在平面上的地质观测和解释的图形展示，地质剖面图是在垂向上的地质观测和信息解释，两者在性质上是相同的。对于矿产勘查工作来说，平面图和剖面图在可视空间以及三维地质关系方面是必不可少的图件。有了这些图件，便可以应用有关成矿控制的理论来预测潜在矿床赋存的位置、规模、形态以及品位等。

地质填图的目的是确定构造单元并概括或恢复出填图区的地质发展历史，根据对资料的综合分析，评价相应地质条件下矿化潜力和建立勘查准则。矿产勘查的第一步总是需要获得地质图。在确立勘查项目之前，首先需要搜集研究区内原有的地质图和资料，在对这些图进行评价后，可能需要在更小的区域内进行更大比例尺的地质研究。而且，勘查靶区的地质图对所有后续勘查工作，包括地球物理、地球化学、钻探，以及矿山设计和开采等，都是极为重要的地质控制资料。所以地质填图是勘查地质人员必须掌握的基本技术之一。

二、矿产地质填图

矿产勘查阶段的地质填图称为矿产地质填图，由地质勘查部门自行完成，比例尺一般为1：10000、1：5000、1：1000，一些情况下为1：500。野外填图的比例尺越大，要求的控制程度和研究程度越高。例如，如果野外按照1：5000比例尺要求进行地质填图，那么最终成图的比例尺应为1：5000或1：10000，而不能为1：2000，因为该比例尺的野外填图的控制程度不能达到更大比例尺地质图的要求。

在1：10000比例尺的地质填图中，间距为100m的勘查工程能够在这一比例尺的地质图上展绘出来，而且宽度为几米的岩墙和断层带不需要在图上夸大表示。在1：10000地质填图的基础上可进行更大比例尺（如1：2000）的地质填图，更大比例尺的地质图上能够实际表示与矿床有关的规模更小的地质特征。一般来说，地质填图选取比例尺应按工作区内原有地质图比例尺5～10倍的尺度扩大，采用小于这一倍数比例尺的地质填图，例如，进一步详细的地质填图只比原比例尺扩大2～3倍，将不可能新增多少地质细节。

矿产地质填图的目的任务是提高测区内地质矿产研究程度，基本查明地质特征，大致查明成矿条件，发现新矿（化）点，为物化探异常解释、成矿规律研究和勘查靶区圈定提供基础地质资料。

地质填图在矿产勘查的各个阶段都需要进行，随着勘查工作的逐步深入，勘查范围逐步缩小，地质填图所要求的比例尺更大，精度要求更高。地质填图也不是一个孤立的活动，它在勘查手段的最佳组合中占有重要位置，地质填图对地球物理、地球化学、槽探、钻探，以及坑探等勘查技术的应用提供指导作用，而地质填图过程中也需要借助这些手段来了解覆盖层之下基岩的地质特征。

一旦确定了钻探或槽探的施工区域，则一般需要进行更大比例尺的地质填图。例如，使用1：500的比例尺，以便把取样结果以及地层和构造细节都能精确地展绘在图上。勘查工程（如探槽和钻探的原始地质编录）则还要以更大比例尺（如1：50或1：100）来进行。原始地质编录有助于确定构造、岩性、矿化，以及详细取样位置之间的关系，而且对岩土工程研究也是很重要的。

三、实测地质剖面的测制要求

实测地质剖面是进行勘查区基本地质情况研究以及进行地质填图的基础工作。在地质填图设计书中，即应明确测制实测地质剖面的目的和地点以及样品（标本）采集要求等。首先需要通过踏勘，选择露头良好、构造清楚的地段作为实测剖面的路线，必要时采用探槽进行揭露。然后进行实测剖面，通过观察研究和对比，确定填图单位，并采用一套经过鉴定、测试的标本，统一命名和统一认识。

实测地质剖面的分层精度可根据剖面的比例尺大小确定。凡在剖面图上宽度达1mm的地质体均应划分和表示，对于一些重要的或具特殊意义的地质体，如标志层、化石层、矿化层、火山岩中的沉积岩夹层等，如厚度达不到图上1mm，也应将其放大到1mm表示。

对于实测勘查线剖面，要求地质界线定位准确，并且准确测定其产状，勘查工程位置准确定位。

实测地质剖面时，用半仪器法同时测绘地形及地质界线，绘制路线地质平面图和地质剖面图。勘查线剖面图用仪器法测绘地形剖面图，填绘地质体时，对工程位置及地质界线特别是矿体（层）界线、重要的地质构造界线等必须用仪器法定位。

四、矿产地质填图的要求

1：10000矿产地质填图是在1：5万或1：10万（一些情况下可能为1：25万）地质图的基础上进行的。在开始地质填图工作之前，要注意分析研究区内现有地球物理、地球化学以及航空照片资料。如果目标矿床是内生矿床，地质填图过程中尤其要注意对构造特征的了解；如果是外生矿床，则要注重岩相—岩性条件的研究，在变质岩区要加强对变质相的研究。在解读研究区的构造格局时，有必要了解地质事件发生的时间顺序。除构造要素需要查明外，任何类型的接触界线都必须确定。覆盖层不一定要填出来，大比例尺地质填图的主要目的是要发现填图区内出露于地表的所有矿化体、建立矿化与岩性和构造之间的关系、确定矿床界限、圈定有利于成矿的靶区，以及综合搜集矿产勘查所需的资料。在覆盖层厚度不大的地区应采用探槽揭露，中心部位主干探槽最好能够横切过工作区，揭露和控制主要地层和构造；辅助探槽主要用于控制矿化和构造的走向。

前已述及，矿产地质填图的目的任务是提高测区内矿产地质的研究程度，了解工作区内地表和近地表存在的岩石类型和构造形式以及相互间的关系，大致查明地质及矿化特征，发现新矿（化）点，为物化探异常解释、成矿规律研究和勘查靶区圈定提供基础地质资料。矿产地质填图是矿产勘查中花费最少而且最重要的一种方法，主要任务是实测矿产和与成矿有关的含矿层、标志层、控矿构造、矿化带、蚀变带、物化探异常区和与成矿有关的其他地质体。主要目的是创建一幅总结归纳野外地质观测研究结果的地质图。

大比例尺矿产地质图能够全面反映工作区内的地质及矿化特征、矿（化）点的分布状况，是物化探异常解释、成矿规律研究和圈定找矿靶区的重要基础性地质资料，可以直接为矿产资源的进一步勘查提供依据，在矿产勘查中具有重要作用。

矿产勘查地质填图过程中应注意以下几个方面。

（1）应充分搜集、分析应用区内已有的地、物、化、遥、矿产资料，提高研究程度和工作效率。

（2）应充分应用新技术、新理论、新方法，不断提高区内地质、矿产研究程度和填图质量。原则上采用数字填图技术，使用GPS定点。

（3）要充分考虑区内地形、地貌、地质的综合特征及已知矿产展布特征，对成矿有利地段要有所侧重。

（4）尽可能使用符合质量要求的地形图为底图，其比例尺应大于或等于最终成图时的比例尺，野外手图比例尺应大于或等于室内地形底图，无合适比例尺地形图应测绘出符合要求的地形图后再进行填图工作。地质填图过程中最好同时进行地球物理和地球化学测量。

（5）根据不同比例尺要求的精度查明区内地层、构造和岩浆岩的产出、分布、岩石类型、变质作用等特征，深入研究与成矿有关的地质体和构造并且了解含矿层、矿化带、蚀变带、矿体的分布范围、形态、产状、矿化类型、分布特点及其控制因素、矿石特征。

五、矿产地质填图方法和研究内容

（一）不同矿产地质填图方法

1.沉积岩

采用岩石地层方法填图，重点查明岩石地层单位的沉积序列、岩石组成、岩性、主要矿物成分、结构、构造、岩相、厚度、产状、构造特征以及接触关系，大致查明其含（控）矿性质、时空分布变化等，厘定地层层序和填图单位。

2.侵入岩

着重查明侵入岩体、脉岩的形态与规模、产状、主要矿物成分、岩石类型、结构构造、包体、岩石化学和地球化学特征等，以及侵入岩体内外接触带的交代蚀变现象、同化混染现象以及分异现象特征，并圈定接触带、捕虏体或顶盖残留体，测量接触带产状；探讨侵入体的侵入期次、顺序、时代、演化规律、与围岩和矿产的关系及时空分布、控矿特征。

3.火山岩

采用火山地层岩性（岩相）双重方法填图，研究火山岩的成分、结构、构造、层面构造和接触关系。大致查明火山岩层的层序、厚度、产状、分布范围、沉积夹层及岩石化学和地球化学特征，划分和厘定岩石地层单位；划分火山岩相，调查研究火山机构、断裂、裂隙对矿液运移和富集的控制作用及与火山作用有关的岩浆期后热液蚀变、矿化特征；研究探讨火山作用与区域构造及成矿的关系，确定与成矿有关的火山喷发时代。

4.变质岩

区域变质岩要研究各种类型变质岩石的特点和变质作用。对于浅变质沉积岩、火山岩、侵入岩，要注意运用相应的填图方法进行工作；对于中、深变质岩系，根据变质、变形作用特征及其复杂程度以及岩石类型，划分构造—地层单位、构造—岩层单位、构造—岩石单位；对于接触变质岩石，应着重研究接触变质带、接触交代带的分布、物质成分、规模、形态、产状和强度及其主要控制因素。要求查明变质岩石的主要矿物成分、结构构造、岩石类型、岩石化学和地球化学特征、变形特征及其空间分布、接触关系，并建立序次关系，恢复原岩及其建造类型；调查研究各类变质岩内的含矿层、含矿建造及矿产在变质岩中的分布规律，以及变质岩石、变质带、变质相对矿床、矿化的控制作用。

5.构造

查明构造的基本类型和主要构造的形态、规模、产状、性质、生成序次和组合特征。建立区域构造格架，探讨不同期次构造叠加关系及演化序列，观察褶皱、断裂构造或韧性剪切带、构造活动等，及新构造运动对沉积作用、岩浆活动、变质作用、矿化蚀变、成矿的控制作用，对矿体的破坏作用以及矿体在各类构造中的赋存位置和分布规律。

6.矿产

观察研究含矿层、蚀变带、矿化带、矿体以及与成矿有关的侵入体、接触变质带、构造带以及矿化转石等的种类、规模、展布范围、产状、形态及其空间变化，并取化学分析样和采集标本。观察研究矿石质量特征、矿石的物质组成、矿石矿物、脉石矿物、结构构造等。

7.第四纪地质

第四纪地质体大致按时代、成因类型划分填图单位。含矿层位为第四系时，要大致查明第四纪沉积物的物质成分、厚度及时空分布。

在勘查工作区内，常常需要建立地质填图、地球物理测量、地球化学取样，以及勘查工程布置的控制网。一般的做法是沿主要矿化带、地球物理或地球化学异常带或构造带的走向布置一条或多条基线，然后垂直于基线布置横剖面线，剖面线间距最初可定在300m左右，随着勘查工作的深入逐步加密。如果勘查区域已经缩小到矿床或矿体范围，可能要求进行1：1000～1：100比例尺的地质填图。

（二）野外填图过程中的资料搜集方法

野外填图过程中的资料搜集方法常常采用以下两种方式。

（1）在野外记录簿上按时间顺序记录信息，记录簿代表完成野外研究的工作日志，记录每天观测的点号、点位、点性、观测内容、样品编号等。

（2）利用专为本勘查项目设计的标准的搜集数据表格，即要求把每个观测点或取样位置记录在单独的表格上。重要的地质界线和地质体应有足够的观察点控制。重要地质现象、矿化蚀变应有必要的素描图或照片。野外地质观察记录格式应统一，点位要准确，记录与手图要一致，记录内容应丰富翔实、真实可靠。地质现象观察要求仔细，描述要求准确，除详细描述岩性特征外，对于沉积岩石的基本层序、火山岩石的相序特征、侵入岩石的组构特征、露头显示的构造特征、接触关系、矿化蚀变现象等均应有详细描述记录，并有相应照片或素描图。点与点之间的路线亦应有连续观察记录，每条路线应有路线小结。重点穿越路线、重要含矿层位、矿（化）带、矿（化）体、蚀变带的追索路线应有信手剖面。

当发现重要含矿层位、矿化带、矿体（点）、蚀变带时，应采用适当的轻型山地工程予以揭露控制。工程应采用GPS定位。探矿工程应按规范要求编录。

第五节　碎屑找矿法

利用矿石、含矿岩石和蚀变围岩风化形成的机械分散晕（碎屑）进行找矿的方法，称为碎屑找矿法。该法又分为砾石找矿法、河流碎屑法和冰川漂砾法。

一、砾（滚）石法

当矿体及近矿围岩风化后，其大大小小机械破碎产物靠重力或雨水冲刷到山坡和沟谷中的坡积或冲积物内，便形成砾石分散晕。在野外可根据滚石分散晕的形态向地形的高处追寻矿化露头，这种方法称为砾石找矿法。

铀矿滚石可用物探仪发现。矿化滚石分散晕的形态受矿体露头的走向和地形坡度控制。当矿体走向与山坡倾向一致时，分散晕在山坡上呈三角形分布；当矿体走向与山坡倾斜方向垂直时，矿化滚石呈梯形分布；当矿体走向与山坡斜交时，矿化滚石的分布多呈不规则四边形，矿体呈巢状或筒状，碎屑分布形状大体为倒扇形。

二、河流碎屑法

如果矿体、含矿岩石及近矿围岩的风化机械破碎物被山洪或水流搬运到离矿体露头较远的河床沉积物中，则可利用这种矿化碎屑向上游寻找矿化露头，这种方法即称为河流碎屑法。河流碎屑的特点一般是下游少而小，磨圆度好；上游多而大，磨圆度差。碎屑物沿河流呈线状分布。

找矿路线应沿山间沟谷布置，逆河而上，进行追索。若碎屑少而小，且磨圆度较好，说明离矿化露头尚远，应向上游继续追索；如遇河流、沟谷分岔，则应对每条岔沟、岔河进行仔细搜索，并沿碎屑分布较多的岔沟、岔河追索；当发现矿化碎屑急剧增多，且上游再无矿化碎屑出现时，则应转向两侧山上寻找矿化露头。

在追索河流碎屑时，要充分利用放射性物探仪器，要注意观察矿化碎屑的岩性，了解这类岩石的分布地区和范围，以便缩小找矿范围。

三、冰川漂砾法

冰川漂砾法是以冰川搬运的砾石、岩块为主要观察对象，其原理与河流碎屑法类似。由于冰川堆积一般很厚，冰川运动的方向又并非始终如一，并且后一次冰川往往对前一次冰川沉积物有较大的破坏，因而冰川沉积规律难以掌握，故利用冰川漂砾寻找原生矿的效果欠佳。

在冰川发育地区，矿体为冰川刨蚀作用所破坏，矿石碎屑和其他岩石碎块一起被冰川带到下游。如果在找矿中发现这类矿砾，应沿冰川运动方向追寻矿化露头。

第六节　地球化学找矿方法

一、地球化学找矿方法概述

（一）地球化学找矿方法定义

地球化学找矿方法（又称地球化学勘查，也称地球化学探矿法，简称化探），是以地球化学分散晕（流）为主要研究对象，通过调查成矿元素或伴生元素在地壳中的分布、分散及集中的规律，达到找矿的目的。地球化学测量是通过系统的样品采集，借助于各种快速微量元素分析的技术手段来获得找矿信息的。

化探常用于区域地质调查，对区域成矿远景进行评价，也可用于勘查各阶段寻找隐伏矿体。在铀矿勘查中，化探方法往往作为一种找矿的辅助手段，但由于要进行取样分析，工作效率较低，异常解释较复杂，尚开展得不够普遍。随着分析方法和取样工具的改进、数据处理的电算化，化探在今后的铀矿找矿，特别是攻深找盲中将会得到普遍应用。

地球化学勘查技术迅速发展的推动力在于认识到以下几个方面。

（1）大多数金属矿床的围岩中都存在微量元素异常富集的晕圈。

（2）诸如冰碛物、土壤、泉水、河水、河流沉积物之类物质中微量元素的异常富集来源于矿床的风化剥蚀。

（3）发展了适合检测天然介质中含量较低的元素和化合物的快速、精确的化学分析方法。

（4）利用计算机辅助的化探资料统计技术处理和评价方法大大提高了地球化学勘查的效率。

（5）在国外，随着直升机和诸如覆盖层钻进设备的使用，取样效率不断提高。

（6）在研究自然地理景观对地球化学勘查的影响方面取得了重要进展，从而可以针对一定的野外条件选择最有效的野外技术和解释方法。

（二）地球化学勘查的基本原理

矿床代表地壳某个相对有限的体积范围内某一特殊元素或元素组合的异常富集。大多数矿床存在一个中心富集区，在中心富集区内有用元素常常以质量百分数（贵金属以ppm）的数量级富集达到足以能够经济开采的程度；远离中心区的有用元素含量一般呈现降低趋势，达到以ppm（贵金属以ppb）级度量的程度（但其含量明显高于围岩的正常背景水平），有用元素的这种分布规律为探测和追踪矿床提供了地球化学勘查的途径。

地球化学勘查的基本原理是矿化带内与成矿有关的微量元素因为热液、风化剥蚀、地下水渗滤等作用而扩散到周围地区。在水系沉积物地球化学勘查中，这一原理意味着地球化学异常的源区可能位于汇水盆地内的任何部位；在土壤地球化学取样和岩石地球化学取样中，采样网格定义了潜在的异常源区，网度的设计意味着源区的地球化学晕至少大于采样间距的假定，因此，只有深入了解不同元素的搬运机理才能够比较准确地估计地球化学晕的分布范围。

利用矿床附近天然环境中一定元素或化合物的化学特征一般不同于非矿化区相似元素或化合物的化学特征的原理，地球化学勘查技术可以通过系统测量天然物质（岩石、土壤、河流和湖泊沉积物、冰川沉积物、天然水、植被以及地气等）中的一种或多种元素或化合物的地球化学性质（主要是元素或化合物的含量）发现矿化或与矿化有关的地球化学异常。

地球化学勘查建立在一些重要的基本概念之上，主要包括以下几个方面。

1.地球化学背景和异常

在地球化学勘查中，将无矿地区或未受矿化影响的地区称为背景区或正常区；将背景区内天然物质中元素的正常含量称为地球化学背景含量或地球化学背景，简称背景。背景不是一个确定的含量值，而是一个总体，该总体的平均值称为背景值。一个地区的地球化学背景可用背景值和标准差两个数值来描述。偏离某个区域（或某个地球化学景观区）地球化学背景的值称为异常值，异常值分布的区域称为异常区。地球化学异常区按规模分为下列三种。

（1）地球化学省：地球化学省是规模最大、含量水平最低的异常区，其范围可达数万平方千米或更大。例如，非洲的赞比亚，根据水系沉积物Cu含量大于20ppm圈出的铜地球化学省，面积为8000多平方千米，该国的重要铜矿床几乎都赋存在该铜省内。

（2）区域性异常区：由矿田或大型矿床周围广大范围内的矿化引起的异常区，面积达数十平方千米至数百平方千米。

（3）局部异常区：分布范围较小的异常区，其异常元素含量水平最高。许多局部异常在空间和成因上与矿床密切相关，是地球化学勘查中研究和应用最多的一类异常。

2.临界值和异常下限

通过采用设定临界值的方式来确定地球化学异常，临界值标志着某个元素总体的上限和下限，换句话说，临界值所界定的区间内为背景，区间外为异常。矿产资源勘查过程中主要关注的是正异常，因而把背景的上临界值称为异常下限。不过，对于出现的负异常也应该引起我们的重视，例如，成矿过程中由于围岩蚀变发生元素亏损而产生负异常。

3.原生晕和次生晕

矿床形成过程中，成矿元素在矿体周围岩石中迁移扩散形成的元素相对富集区域（异常区）称为原生晕，其富集过程称为原生扩散。由于影响岩石中流体运移的物理和化学变量很多，导致原生晕分布的规模和形状变化相当大，一些原生晕在距离其相应矿体数百米的范围内即可能被检测出来，而有的原生晕只有几厘米的分布宽度。

矿床形成后，由于风化剥蚀作用导致在风化岩石、土壤、植被以及水系等次生环境中迁移扩散形成元素的相对富集区（异常区）称为次生晕，其富集过程称为次生扩散。次生晕的形状和大小受许多因素的约束，其中最重要的也许是地形和地下水运动因素。

识别测区内元素扩散的主要机理有助于合理设计地球化学测量项目实施方案，导致元素迁移富集的过程主要是物理过程和化学过程。

4.靶元素和探途元素

地球化学勘查被认为是利用现代分析技术延伸了我们查明矿床存在能力的一种方法。矿床地球化学勘查是对天然物质进行系统采样和分析以确定派生于矿床的化学元素异常富集区。采样介质通常是岩石、土壤、河流沉积物、植被以及水等。所分析的化学元素可能是成矿的金属元素，称为靶元素；或其他与矿床有关且容易探测的元素，称为探途元素。靶元素和探途元素合称为指示元素。靶元素或探途元素的原生晕是在成矿过程中发育在主岩内的，原生晕的成分和分布与矿床类型有关。例如，斑岩铜矿可能具有平面上和垂向延伸（深）达数百米的原生晕；赋存有沉积型硫化物矿床的地层沿着层位方向可能具有大范围的金属异常富集带，但沿垂向上则迅速消失。发育在次生环境中的靶元素或探途元素扩散晕的分布范围通常都要比相应的原生晕大得多，因此，河流沉积物地球化学、土壤地球化学、地下水地球化学以及生物地球化学等手段能够探测到赋存在更远距离的矿床。因而，地球化学异常显著扩展了矿床目标的探测范围。随着迅速、灵敏、精确的分析方法的迅速发展，在矿产勘查中正日益广泛地应用地球化学勘查技术。

选择探途元素要求建立预测矿床的成因模型。例如，砷在块状硫化物矿床中作为铜的探途元素，但它并不是每类铜矿床的有效探途元素。

5.异常强度和异常衬度

异常强度是指异常含量的高低或异常含量超过背景值的程度。异常区内某元素的平均值称为该元素的异常平均强度。

异常衬度又称异常衬值，是指异常和背景之间的相对差异，它能反映异常的强度，通常有以下四种表现形式。

（1）某个元素含量值与其异常下限之比。用这种方式求出的衬值不小于1即为异常值，可用于对比同一地区不同元素之间的异常强度。

（2）元素的峰值与异常下限之比。异常值中常常有多个峰值，如果这种形式的衬值持续存在，异常区就很容易圈定。

（3）元素的异常值与其背景值之比。所得出的衬值为背景值的倍数。

（4）异常平均强度与相应的背景值之比。可用于对比不同区域同一元素的异常强度。

有时候还可以利用原始衬度来反映勘查区的异常强度。所谓原始衬度，是指矿体中成矿元素的平均值与围岩中该元素的背景值或异常下限值之比。

不同粒级的样品之间、上层土壤和下层土壤之间、河水与河流沉积物之间以及不同的化学分析方法之间所获得的元素含量，其异常衬值不同。显然，异常衬度越高，说明所采用的技术方案的效果越好，利用试点测量可以确定具有最高异常衬值的技术方案。

6.试点测量

地球化学勘查项目的基础是系统的地球化学取样，从而必须从成本—效果的角度对采样介质、采样间距以及分析方法等进行设计。地球化学勘查项目设计中一个重要的方面是评价在勘查区域内采用哪一种技术方案对于所寻找的目标矿种最有效，这一过程称为试点测量，又称为技术试验或地球化学测量方法有效性试验。试点测量利用精心设计好的取样方案确定最佳的技术参数（包括采样密度、采样物质的粒度、靶元素和探途元素等），排除可能存在的隐患，为后续地球化学测量制定最佳的取样战略以及建立标准的操作程序，确保项目顺利开展。最好的试点测量是选择与目标矿床成矿地质条件类似而且地形条件与工作区也类似的远景区或矿区，对采用各种不同的采样方法进行试验，从中选择效果最佳的方法作为工作方法。

如果前人已在测区内或邻区开展过地球化学勘查工作，设计时，其主要技术指标和方案可参照前人的工作成果。如果认为资料不足，可补作部分试点测量。对于前人未工作过的地区、特殊地球化学景观地区以及以寻找特殊矿种、特殊矿产类型为目的的地区，必须开展试点测量。试验内容包括采样层位（深度）、采样介质、样品加工方案、靶元素和探途元素的确定、采样布局、采样网度和方法等。地球化学背景和异常一般都是采用经验方式确定，在试点测量中，可以利用典型背景区和已知矿化区采集的样品确定异常下限。

气候和地形控制着次生环境中元素的活动性。例如，在寒冷气候条件下，由于化学分解效果较差而且水系不发育，因而不容易形成发育较好的地球化学异常；在干燥、炎热的气候条件下（沙漠气候），化学分解效果也较差，由骤发洪水引起的扩散同样不会形成发育良好的地球化学异常；在赤道气候条件下，由于成矿元素的离解和淋滤非常彻底，以至于在风化岩石和土壤中没有保留下金属富集的痕迹。由上述可知，应用地球化学勘查技术的最好环境是位于温带气候且地形平缓的地区，这些地区气候温暖、水源丰富，致使矿物被有效地分解，而平缓的地形又促使化学分解和次生扩散晕的发育。

地球化学勘查的部署采取从区域到局部的方式，一些发达国家还利用直升机辅助步行，从稀疏取样到密集取样演化。大多数地球化学勘查项目是从区域河流沉积物取样开始，然后是土壤取样，最后是岩石取样。地质填图和地球物理测量一般都与地球化学测量同步进行。

二、地球化学勘查的主要方法及其应用

根据采样介质的不同，地球化学勘查技术分为水系沉积物地球化学测量、土壤地球化学测量、岩石地球化学测量、水地球化学测量、生物地球化学测量、气体地球化学测量等。本节将对前三种方法作简要的介绍。读者若需进一步了解不同勘查阶段各种地球化学勘查技术的工作内容和技术要求，可参考有关地球化学勘查的文献。

（一）河流沉积物取样法

以水系沉积物为采样对象所进行的地球化学勘查工作称为河流沉积物取样法，其特点是可以根据少数采样点的资料了解广大汇水盆地面积的矿化情况。由于矿化及其原生晕经风化形成土壤，再进一步分散流入沟系，经历了两次分散，不仅异常面积大，而且介质中元素分布更加均匀，样品代表性强，可以用较少的样品控制较大的范围，不易遗漏异常。对于所发现的异常，具有明确的方向性和地形标志，易于追索和进一步检查。

河流沉积物是取样点上游全部物质的自然组成物，它们通过土壤或岩石的剥蚀以及地下水的注入而获得金属，这些金属可能赋存在矿物颗粒中，但它们更多是存在于土粒中或岩石和矿物碎屑表面的沉淀膜上。表现地球化学异常的河道下游都可能迅速衰减。因为许多河道都是稳定的，所以从河流沉积物中取样是有效的，其单个样品点可以代表很大的汇水区域。故在某些地球化学省，每100km只采取一个河流沉积物样品，但更经常的是一个样品只代表几平方千米的地区，沿主要河流每1km取2 ~ 3个样品，而且取样点都布置在支流与主流汇合处的支流上。在详细测量河流沉积物时，沿河流每隔50 ~ 100m进行采样，在一般情况下，向着上游源区方向金属或重砂矿物含量增高，然后会突然降低，在河床狭长地带内形成水系沉积物异常，习惯上称为分散流。发现矿化的分散流后，其所在的流域盆地，尤其是分散流头部所在的流域盆地便是与该分散流有成因联系的成矿远景区。

一般情况下，指示元素在分散流中的含量比在原生晕或土壤次生晕中的含量低1 ~ 2个数量级，因此，同一指示元素在分散流中的异常下限往往低于在土壤次生晕中的异常下

限。细粒沉积物（0.25～1.0mm）的分散流长度一般在0.3～0.6km（小型矿床）和6～8km（大型矿床）之间变化，最大长度可达12km以上。

河流沉积物样品一般比土壤样品容易搜集而且容易加工，然而，如果人们将各种废料都倾注于河流中，就会使沉积物混入杂物，影响取样效果，严重的甚至可使取样失败。

为了发挥河流沉积物取样的最大效益，应尽可能满足下列条件。

（1）工作区应当是现代剥蚀区，发育了深切的河流系统。

（2）理想的取样点应布置在面积相对较小的上游汇水盆地中的一级河流上，在二级或三级河流中，即使存在很大的异常区也会迅速稀释。

（3）在河流沉积物取样中，可以采集全部河流沉积物，或者某个粒级的沉积物，或者重砂矿物。在温带地区，从细粒级河流沉积物中可以获得微量金属元素的最佳异常值/背景值衬度，这是因为细粒级沉积物含有大多数有机质、黏土以及铁锰氧化物，含有卵石的粗粒级沉积物来源一般更为局限而且亏损微量元素。通常采集粉砂级河流沉积物（一般规定为80网目以下的样品），然而应当通过试点测量来确定能给出最佳衬度的沉积物粒级。对于贱金属分析和地球化学填图来说，0.5kg重量的样品就足够了，但如果是分析Au，由于金粒的分布极不稳定，因而要求采集的样品重量要大得多。

最常用的采样方法是在选定的位置上采集活性水系沉积物样品，最好是沿河流20～30m范围内采集多个小样品组合成一个样品，并且在10～15cm深度采样，目的是避免样品中含过多的铁锰氧化物。在快速流动的河流中，为了采集到适合化学分析的足够重量的样品（至少需要50g，最好是100g），必须采集较大体积的沉积物进行现场筛分。

（4）详细记录采样位置的有关信息，包括河流宽度和流量以及附近存在的岩石露头情况。这些信息在以后对化学分析结果进行研究，以及选择潜在的异常值进行追踪调查时将是很重要的。

（5）异常值的追踪测量一般是采取对上游河流沉积物取样的方式，即沿着异常的河流确定异常金属进入河流沉积物中的入口点，然后采用土壤取样方法进一步圈定来源区。

若河流沉积物中发现有较多的重砂矿物存在，应对河流沉积物进行淘洗或加工。对所获重砂除进行矿物学研究外，还可进行化学分析，以查明重矿物中选择性增强的一定靶元素和探途元素的异常含量。重砂方法基本上是淘金方法的量化。水中淘洗常常需要把密度大于3的离散矿物分离出来，除贵金属外，淘洗还要检测富集金属的铁帽碎屑，诸如铅矾之类的次生矿物、锡石、锆、辰砂以及重晶石之类的难溶（稳定）矿物以及多数宝石类矿物，包括金刚石。每一种重矿物的活动性都与其在水中的稳定性有关，例如，在温带地区，硫化物只能够在其来源地附近的河流中淘洗到，而金刚石即使在河流中搬运数千千米也能够很好地保存下来。通常要对采集的样品进行分析，即要对样品中的重矿物颗粒进行计数。在远离实验室的遥远地区查明重砂矿物的含量是非常有用的，根据重砂异常有可能直接确定下一步工作的靶区。重砂取样的主要问题是淘洗，要达到技术熟练需要花几天时间进行实践训练。

河流沉积物测量一般可采用地形图定点。先在1：25000或1：5000地形图上框出计划要进行工作的范围，在此范围内画出长、宽各为0.5km的方格网，以四个方格作为采样大格。大格的编号顺序自左向右然后自上而下。每个大格中有四个面积为0.25km^{2}的小格，编号顺序自左向右、自上而下标号a、b、c、d，在每一小格中采集的第一号样品为1，第二号样品标号为2。每个采样点根据其所处的位置按上述顺序进行编号。

（二）土壤地球化学取样法

土壤地球化学取样技术的基本原理是：派生于隐伏矿体风化作用产生的金属元素常常形成围绕矿床（体）或接近矿床（体）分布的近地表宽阔次生扩散晕，由于具有测定非常低的元素丰度的化学分析能力，因此按一定取样网度开展土壤地球化学分析便能够圈定矿化的地表踪迹。

在露头发育不良的地区，土壤取样具有一定的优越性，靶元素有机会从下伏基岩的小范围带内呈扇形扩散在土壤中。这里要强调一点的是，土壤异常已经由于蠕动造成与其母源基岩的矿化发生位移，实际上，直接分布在矿体之上的土壤异常只存在于残积土中。因此，与岩石取样比较，土壤取样的主要缺点是具有较高的地球化学“噪声”（指混入杂物或污染）以及必须考虑形成土壤的复杂历史过程的影响。

土壤取样要求按一定的取样间距（网度）挖坑并从同一土层中采集样品。测线方向应尽量垂直被探查地质体的走向，并尽可能与已知地质剖面或地球物理勘查测线一致。对于规模较小的目标矿体（如赋存在剪切带内的金矿体以及火山成因块状硫化物矿体），取样网度有必要加密至10m×25m；对于斑岩铜矿体，取样网度可以采用200m×200m。

利用土壤地球化学追踪地球物理异常时，至少应有两条控制线横截勘查目标，而且控制线上至少应有两个样品位于目标带内，目标带两侧控制宽度应为目标带本身宽度的10倍。

土壤取样的工具是鹤嘴锄或土钻等，将采集的土壤样品装在牛皮纸样袋中，样品干燥后筛分至80网目（0.2mm），并搜集20～50g样品进行分析。

取样土壤的主要类型包括：残积的和经过搬运的土壤、成熟的和尚在发育的土壤、分带性和非分带性的土壤、上述过渡类型的土壤。

在温带气候并具有正常植被的条件下，在树叶腐殖层之下是一层富含腐殖质和植物根须的黑色土层，该层底部常常发育一个淋滤亚层，颜色呈灰色至白色，称为A层，该亚层的金属元素已被淋失。A层之下是一个褐色至深棕色的土层，称为B层，该层趋向于富集由地下水从下部带上来以及从上部A层淋滤下来的金属离子，土壤测量通常是在B层采样。如B层缺失，可以选择其他层作取样层，但必须保证每个样品都取自同一层位。B层之下的土层颜色一般为灰色，称为C层，该层土壤可能直接派生于风化的基岩，因而向下的岩石碎块越来越多，直至为基岩。这类地区的土壤剖面可以反映出母岩中存在的矿化，因而土壤取样是一种很有效的勘查方法。

在一些地区，要对剖面重要部位的各层土壤都进行取样，目的是确定近矿体剖面的特征。在这种近矿土壤剖面中，从B层到C层，金属含量表现为增高或保持稳定，在距矿体更远的部位所采的样品中，B层中的贱金属含量一般更为富集。在温带地区，通常在富腐殖质的A层更容易检测到金。此外，顶部的森林腐殖土层起着圈闭由植被从基岩和土壤中聚集起来的活动元素的作用，有时把它作为取样介质可以收到明显效果，尤其在亚高山地带，那里的矿物土壤层（A、B、C层）实际上是派生于被搬运了的崩积物和冰川碎屑物。

在潮湿炎热的热带地区，原地风化作用可能导致与上述特征不同的红土层，只要认识到当地土层的特征，土壤取样效果仍然会比较好。然而在干旱地区，由于没有足够的地下水渗滤，难以把金属离子迁移到地表，因而一般的土壤取样方法可能失效。

并不是所有土壤都是简单的基岩风化的残积物，例如，它们可能是通过重力作用、风力作用或雨水营力从来源区横向搬运了一定的距离。这些土壤可能是具有长期演化历史地貌的一部分，其演化历史可能包括潜水面的变化以及元素富集和亏损的地球化学循环。为了解释土壤地球化学测量的结果，需要对其所在的风化壳有所认识。对于复杂的风化壳，有必要在设计土壤地球化学测量之前进行地质填图和解释，以便确定适合于土壤地球化学取样的区域。

由于所需费用相对较高，土壤地球化学取样一般应在已确定的远景区内进行比较详细的勘查时使用，主要用于圈定钻探靶区。

（三）岩石地球化学取样法

岩石取样法广泛应用于基岩出露的地区。就取样位置选择而论，岩石采样是最灵活的方法，它可以在露头上或坑道内或岩心中采集。在细粒岩石中，一个样品一般采集500g；在极粗粒岩石中，样品重量可达2kg。

样品可以是新鲜岩石或风化岩石。由于风化岩石和新鲜岩石的化学成分有所不同，因而不能将这两类样品混合，否则将会难以对观测结果进行合理的解释或得出错误的结论。

1.岩石地球化学勘查优点

与其他地球化学方法比较，岩石地球化学勘查具有以下三个优点。

（1）局部取样，所获信息直接与原生晕有关；大范围取样，所获信息可直接与成矿省或矿田联系起来。

（2）岩石取样的地质意义是直接的，因此采样时要注意构造、岩石类型、矿化和围岩蚀变等现象。

（3）岩石样品不像土壤和水系沉积物样品那样容易被外来物质污染，而且岩石样品可以较长期地保存，以备以后检验。当然，污染是相对的，而不是绝对的，即使是最干净的露头，在某种程度上也已经发生了淋滤和重组合现象。

2.岩石取样法的限制

岩石取样法也有一些明显的限制，例如，①采样位置受露头发育程度的制约；②岩石样品仅代表采样位置的条件，比较而言，河流沉积物样品代表整个汇水区内的条件；③在有明显矿化出露部位所采的样品显然不能代表围岩晕，一般的解决办法是取两个样品，一个采自矿化带内以获得金属比值的信息，另一个取自附近未矿化的岩石中；④岩石样品只能在实验室内分析，而土壤、水系沉积物和水化学样品无须磨碎，并可直接在野外用比色法分析，用以立即追踪更明显的异常。

三、矿产地球化学勘查的工作程序和要求

在矿产勘查的各阶段都可应用地球化学测量技术。在区域范围内（数百千米甚至数千平方千米的地区）地质资料缺乏的情况下，以稀疏的取样密度采集河流沉积物样品以查明具有勘查潜力的地区；在比例尺更大的地区，配合地质或地球物理测量，以更密的取样网度覆盖较小的地区（一般是几平方千米）。地球化学异常指导勘查潜在的矿床，缺乏异常有助于确定无矿地区，但实际工作中应慎重，因为没有查明地球化学异常并不能否定矿床的存在。

区域地球化学勘查属于中小比例尺的地球化学扫面工作，矿产地球化学勘查则属中大比例尺地球化学勘查，后者还可进一步划分为地球化学普查（比例尺为1：50000～1：250000）和地球化学详查（比例尺为1：10000～1：5000）。

（一）矿产地球化学勘查区的选择

矿产地球化学勘查以发现和圈定具有一定规模的成矿远景区和中大型规模以上矿床为目的，因而正确选准靶区是矿产地球化学勘查的关键。矿产地球化学勘查选区一般是根据区域地球化学勘查圈定的区域性或局部性地球化学异常，或者是配合地质、地球物理方法综合圈定钻探靶区。

地球化学普查区工作面积一般为数十至上百平方千米，主要采取逐步缩小靶区的方式，以现场测试手段为指导，对新发现或新分解的异常源区进行追踪查证。地球化学详查区主要布置在局部异常区或成矿有利地段，工作面积一般为一平方千米至数十平方千米，主要采用现场测试手段，查明矿床赋存位置及远景规模。

（二）测区资料搜集

全面搜集测区有关地质、遥感、地球物理、地球化学等方面的资料，详细了解以往地质工作程度，并对资料进行综合分析整理，对勘查靶区进行充分论证，利用试点测量选择最适合测区的地球化学勘查方法或方法组合。

在水系或残坡积土壤发育的地区，地球化学普查一般是对区域地球化学圈定的异常范围采用相同方法进行加密测量，地球化学详查则是在地球化学普查圈定的异常区内沿用大致相同的方法技术加密勘查。而在我国西部干旱荒漠地区，或寒冷冰川地区，以及东部运积物覆盖区，则需要进行技术方法的有效性试验。

确定所要分析研究的元素（靶元素、探途元素）、测试要求的灵敏度和精度等，这些选择的根据是成本、已知的或推测的地质条件、实验室设备等因素。此外，最重要的是考虑方法试验或者类似地区的经验。一般来说，地球化学普查的分析指标为几种至十几种，详查范围更接近目标，分析指标以几种为宜。

野外取样时，要在部分样品点采集少量深部样品进行比较，以使样品更具可靠性并对污染等情况作出评价。

（三）矿产地球化学勘查中常用的测试技术

野外现场测试主要使用比色法。这种方法最一般的是用双硫腙（一种能与各种金属形成有色化合物的试剂），通过改变pH值或加入络合剂，可以分别检测出样品中所含的金属，主要是铜、铅、锌等，其具体操作是把试管中的颜色与一种标准色进行对比，并以ppm为单位换算出近似值。因为只有在土壤或河流沉积物样品中呈吸附状态的金属或冷提取金属才能被释放到试液中，所以比色法实际上只能测出样品中全部金属含量的一小部分（5%～20%）。因此，这种测试方法的灵敏度和精度都很低，而且所能测试的元素有限，但是利用它能初步筛选出具有潜在意义的地区。

实验室内分析测试的技术种类很多，为了选择合适的分析测试手段，化验人员与地质人员应充分协商。选用分析测试手段需要考虑的因素是成本、定量或半定量，所需测定的元素数目以及它们表现的富集水平和要求的灵敏度等。在地球化学样品中，如含有多种具有潜在意义的组分时，可能需要考虑采用几种方法测定。

低成本的贱金属地球化学分析方法通常是将重量约1g的样品利用强酸溶解，这种酸性溶液中含有样品中的大部分贱金属，然后采用原子吸收光谱（又称为原子吸收分光光度计）。虽然原子吸收光谱一次只限定测试一种元素，但它能测定大约40种元素，而且灵敏度和精度都很高；它还具有成本较低、速度快、操作相对简单等优点。石墨炉原子吸收分光光度计可用于分析诸如Au、Pt元素以及Ti之类的低丰度值元素。

发射光谱分析在俄罗斯应用尤其广泛，它适用于同时对大量元素（这些元素的富集水平可以变化很大，而且可以是不同的化学组合）作半定量分析。一种较昂贵的新型仪器——电感耦合等离子光谱，具有发射光谱系统的多元素测定能力，灵敏度相当高，而且经济实惠。

岩石和土壤中的贵金属可采用火法试金分析，其优点是可以利用重量相对较大的分析样品（大约为30g），因为重量较大的测试样品有助于降低“块金效应”，从而能够获得更好的分析精度。

中子活化分析是一种灵敏度高、能准确测试地球化学样品的仪器和方法，尤其是测定金的灵敏度很高，它广泛应用于测定生物地球化学样品和森林腐殖土样品中所含的金以及常见的探途元素。作为一种非破坏性方法，它能提供同时或重复测试各种元素的手段。

实验室比色法类似于野外比色法，但它能得益于进一步的样品制备和更周密的控制条件。虽然较其他测试方法精度低，但成本也低，因此仍被广泛应用于测定钨、钼、钛、磷等元素。

地球化学样品分析不必刻意追求测试结果的准确性，因为我们利用地球化学勘查的主要目的是了解靶区内相关元素的分布形式而不是这些元素的绝对含量，何况重量仅为1g的分析样品也难以完全代表原始样品。正因如此，地球化学分析结果只作为矿化显示，而不宜看作矿化的绝对度量。

一般诸如铁、铝和钙之类的元素以质量分数为单位进行测定，锌、铜和镍之类的元素以ppm为单位测定，金和铂族元素则以ppb为单位测定。锌、铜和镍等元素的异常值可以在100ppm至数千ppm变化，砷、铅和锑在数十ppm和数百ppm之间，银的异常值可以达到3ppm至数百ppm，而对于金来说，其值在15～20ppb即可能成为异常值，但在一些重要区域可能达到100ppb或更高。

地球化学分析技术的发展主要反映在分析范围的增加和元素检出限的降低。例如，痕量金的检出限已达到1ppb。

（四）地球化学勘查的野外记录

地球化学技术在矿产勘查中之所以重要，是因为化探样品的搜集很迅速，其大量数据可用于研究元素分布模型和趋势变化。但是，如果只采样而无记录，其后果可能像采样不当或样品分析测试不正确那样容易出现错误。野外记录是取样过程的一个重要组成部分，因此，要经常培训取样人员，提高取样人员的素质，以使取样保质、保量。

在土壤测量中，应当记录下采样层位、厚度、颜色、土壤结构等；若有塌陷、有机质存在、土壤已经搬运以及含岩石碎屑或有可能已被污染等迹象，也应当记录下来。采样位置除必须准确地在图上标定出来外，最好能在现场做标记，便于以后复查。

对河流沉积物的采样，要记录采样点与活动性河床的相对位置、河流规模和流量、河道纵剖面（陡或缓）、附近露头的性质、有机质含量、可能的污染来源等。

岩石样品有特殊的地质含义，记录中应包括尽可能多的岩石类型、围岩蚀变、矿化以及裂隙发育程度等方面的信息。为了加快记录速度，可设计一种便于计算机处理的野外记录卡片。

（五）地球化学勘查数据的处理

地球化学勘查数据处理是地球化学勘查的一个重要组成部分。地球化学原理告诉我们，不同的取样介质、不同的采样方案以及不同的化学分析手段都有可能产生不同的背景水平和异常含量。因此，利用不同取样介质或相同取样介质不同取样方案获得的数据混合处理后所圈定的异常区是不可靠的，实际工作中应该分别进行处理。

地球化学勘查的主要目的是圈定进一步工作的靶区，因而，通常是利用图形的方式表达地球化学勘查结果，凸显地球化学异常区。最常用的地球化学图件是投点图，即把单个元素或一组紧密相关元素的测试结果投在地质图或地形图上。在一些地球化学图（尤其是河流沉积物取样分布图）上是用圆圈的大小或其他符号表示样品点上元素分析值所在的区间，然后圈定异常区。如果数据点比较均匀，可以作等值线图来表示，重要元素之间的比值（如铜/钼、银/锌等值），也可投在图上并绘制等值线图。等值线图的缺点在于有时候图上呈现出只根据一两个样品而圈出的多个封闭等值线区域，尤其是在区域地球化学勘查中、样品分布很不规则的情况下这种现象更为常见。多变量数据常常需要研究变量之间的相关性，两个变量常常采用散点图的图形方法研究其相关性，由于微量元素的含量一般呈偏斜分布，作图之前最好先对数据进行对数转换。其他用几何表示方式的还有曲线图、直方图等。

用以制作地球化学图的数据，采用间隔划分色区。若使用累积频率方法成图，推荐色区划分为小于1.5%为深蓝、大于或等于1.5%且小于15%为蓝、大于或等于15%且小于25%为浅蓝、大于或等于25%且小于75%为浅黄、大于或等于75%且小于95%为淡红、大于或等于95%且小于98.5%为深红、大于或等于98.5%为深红褐色。

地球化学数据处理的数学方式主要是应用统计学方法解释地球化学数据集以及定义地球化学异常，但在实际应用过程中应谨慎，因为地球化学数据集具有其自身的特征。例如，地球化学数据集往往是多元数据集，相邻样品之间存在空间相关性，以及由于取样和分析过程的误差致使数据精度不高等。

一元统计方法可用于组织和提取一个元素数据集中的信息，通常是利用频率直方图、累积频率图以及盒须图等方式了解数据集的分布形状（对称分布还是偏斜分布、单峰还是多峰等）、中心位置、离散程度以及异元值等特征。

一个地球化学数据集常常可能来自多个总体。例如，从不同介质或者派生于不同主岩的相同介质中采集的样本都会含有多个总体，每个总体都有各自的异常下限。进一步说，由异常值构成的异常与背景也分属于不同的总体。

地球化学异常一般采用多元素的形式来表达，这是因为不同的矿床类型通常都有特殊的靶元素和探途元素组合。多元统计方法主要用于评价多元数据集中变量之间的关系，如相关分析、聚类分析、判别分析以及因子分析等。有关数据分析方法有以下几种。

1.方差分析

方差分析是分析处理试验数据的一种方法。在地质科学与找矿勘查实践中，每种地质现象、地质过程、地质体都包含着许多相互制约、相互依存、相互矛盾的因素，如何分析这些复杂因素解决地质问题，这就是方差分析所要解决的问题。例如，一套碳酸盐岩地层肉眼是难以识别（分层）的，但可以用方差分析方法分析它们之间的各种化学成分数据，找出分层的主要化学成分，从而达到分析的目的；又如，岩性、蚀变与矿化的关系，沉积岩岩性的纵横变化与古地理环境的关系等方面的问题，都可以用方差分析方法解释。方差分析是两个总体参数检验的推广，是判断两个以上总体参数是否相等的问题。在化探数据处理中，常用两种方差分析方法，即固定方差分析和随机方差分析。

（1）固定方差分析。把单因素固定方差模型应用于两组数据，但该模型也可以推广到多组数据。在这一模型中，要将数据的组内变差与组间变差进行比较，如果组间变差大于组内变差，则认定两组的平均值不同。这种对比要通过F检验来完成。

（2）随机方差分析。这种方法常用于对来源可辨的变差做对比。在勘查地球化学中，指的是分析误差、取样误差和区域变异的相对大小。在评价变化趋势时，总希望分析误差比区域变异小。为了做这种对比，首先把不同来源的变异分离开来，然后用F检验做必要的对比。

2.回归分析

回归分析是处理相关关系的一种常用方法，它是以大量观测数据为基础，建立某一变量与另一变量（或几个变量）之间关系的数学表达式，是一种能从众多变量（或预先尽可能多地考虑一些变量）中自动挑选重要变量（指标或因子），并确定其数学表达式的一种统计方法。它具有一定的统计意义和实际意义。利用这种方法可以自动、大量地从众多可供选择的指标中选择对建立回归方程式重要的指标。因此，它在勘查地球化学数据处理中有着广泛用途。

（1）圈定异常和成矿“靶区”进行矿产统计预测。

（2）确定找矿标志，或用一种或几种元素的含量预测另一种难于分析的元素含量。

（3）对化探异常进行分类，以便对其进行综合评价、综合解释。

（4）研究矿体产生的地球化学晕的幅度与取样地点距离矿体远近的相关关系，如在垂直方向上，它有助于推断矿体的埋深，研究矿体剥蚀深度、内生矿床分散晕的垂直分带序列等；在水平方向上，它能为评价异常或进行勘查设计提供依据。

（5）解决控制问题，即在一定程度下控制。变量的取值范围应立足在指定的范围内取值。

（6）可用来建立各种找矿模式，发现新的找矿线索等。概括起来说，回归分析可以解决预测问题和控制问题。

3.移动平均分析

在区域地球化学和环境背景研究中，常常要进行大量的采样测试工作。人们发现，在不同采样位置上采样测试结果是不均一的，如果将一条观测线上采样的测试值顺序连接起来，则形成一条元素含量变化的折线，平面上元素含量值变化就更复杂了。在这种情况下，在数据图上主观勾绘元素等值线图或用线性插值方法勾绘等值线图来描述区域元素分布规律是困难的，往往得到的等值线图是粗略的、随意的，不能反映非线性变化的特点，对于这一类问题可以用移动平均分析方法来解决。移动平均分析方法是在矿山开采实践中产生的，最初是用该法降低品位方差进行矿床储量计算。现在人们通常用移动平均分析方法来光滑数据曲线、光滑平面数据曲面。它能消除采样测试误差，从而清晰地显示出元素区域性分布规律和变化趋势。实际上，它是一种低通的滤波方法。由于这种方法运算简单，广泛地应用于区域地球化学数据处理及需要光滑曲线、曲面的研究与实践工作中。

4.趋势分析

趋势分析是一种研究随机变量在空间位置上变化规律的数理统计方法。它用某种数学模型去拟合实测模型。在地质工作中，经常需要研究某种地质特征的空间分布特征与变化规律。例如，为了查明某一地区的地质构造，需要研究某些地层单位的厚度或某一标准层的高程在该地区内的系统变化；为了了解某一岩浆侵入体物质成分空间变化特征，需要研究其矿物成分或化学成分在该岩体内的变化规律。又如，在化探工作中为了发现矿化异常，需要研究化学元素在测区内的“区域趋势”和“局部异常”。地质上的这些变量常常随空间位置的变化而改变，可以说它们是空间位置的函数。这种随机变量可借用地质统计学中的一个名词——区域化变量来称呼它们，或者简单地理解为空间变量。

根据数学手段和方法的不同，可将趋势分析分为滑动平均（或叫移动平均）、多项式拟合趋势分析和调和趋势分析。

趋势分析依空间的维数又可分为一维、二维和三维，对于多项式趋势分析，不同维中按自变量的最高次数又可分为一次、二次……六次，等等。一般来说，多项式次数越高，则趋势面与实测数据偏差越小，但是还不能说它与实际情况最符合，还要在实践中检验。一般来说，变化较为缓和的资料配合较低次数的趋势面，就可以比较好地反映区域背景；而变化复杂、起伏较多的资料，其配合的趋势面可以适当高一些。

由于地球化学变量在空间上表现为既有随机性，又有结构性（受周围点的含量控制），因此可以采用趋势分析来进行研究。

趋势分析的任务主要是确定测区中地球化学变量空间分布的数学模型和区分测区中地球化学变量的“区域变化趋势”和“局部异常”。

5.判别分析

判别分析是对样品进行分类的一种多元统计方法，它在化探中的应用成效最为显著。它的工作过程大体可以分成两个阶段：第一阶段是选择已知归属的对照组（或叫培训组），并用对照组的分析数据建立判别方程式。第二阶段是把未知归属样品的分析结果代入判别方程，算出结果后就可以确定其归属。当然，实际工作中需要根据多元素进行判别。

决定判别效果好坏的是对照组的精心挑选和判别变量的合理决定。前者不但要求有代表性，即每一类都有一定的数量，而且要求判别变量在同一组内的差异要小，而在不同组内差别要大，所以需要通过对比不同的变量组合来选择最佳的判别方程。为了取得对照组样品，可以选用已知的地质单元内的样品，如得不到足够的资料，则可以先在全体数据中选择部分有代表性的样品进行聚类分析，然后将其结果作为对照组。当然，决定判别成效的最终依据不在于判别对象确定其是可判别的，这一点可以用统计检验来证实。

一旦判别方程建立后，就可以对样品进行逐个判别，因此它不受样品数目的限制，适用于大量常规化探样品。

6.聚类分析

聚类分析又称点群分析、群分析和丛分析。它是根据样品所具有的多种指标，定量地确定各种样品（或变量）相互间的亲疏组合关系的方法。按照它们亲疏的差异程度进行定量的分类，以谱系图形式直观地加以描述。聚类分析在勘查地球化学数据处理方面有广泛的应用。例如，了解成矿元素究竟和哪些因素有关；找出和成矿元素伴生的相关元素，以利用和成矿元素关系密切的其他元素为找矿标志；研究次生分散晕中异常元素究竟和哪些元素共生组合在一起；根据已知矿床（点）的成矿元素组合特征预测成矿远景区。

7.因子分析

因子分析是用来研究一组变量的相关性，或用来研究相关矩阵（或协方差矩阵）内部结构的一种多元统计分析方法。它将多个变量综合成为少数的“因子”，也就是在较少损失原始数据信息的前提下，用少量因子去代替原始的变量，从而达到对原始变量的分类，揭露原始变量之间的内在联系。

因子分析从以下三个方面为地质工作中的成因推理提供重大帮助。

（1）压缩原始数据。地质人员在研究每一个地质问题时都希望获取尽可能多的数据，而在最终综合这些数据以形成地质成因概念则又会为面对这大量复杂的、通常又是相互矛盾的数据而深感苦恼。简单地说，地质人员在搜集数据时总希望尽可能多，而在分析、综合数据时又希望尽可能少。因子分析恰恰提供了一条科学的、逻辑的途径，能把大量的原始数据大大精简，以利于地质人员进行综合分析。这种精简又以不影响主要地质结论的精确性为前提，或者说是在不损失地质成因信息的前提下进行的。

（2）指示成因推理的方向。在形成成因结论的过程中，人们的思维和推理是最重要的一环。从大量复杂的地质数据中理出一个成因的头绪并不是一件容易的事。不同的人对同一组地质数据往往导出不同的成因结论，其原因是人们在推理过程中掺入了主观、片面的意见。因子分析有可能把庞杂的原始数据按成因上的联系进行归纳、整理、精练和分类，理出几条比较客观的成因线索，为地质人员提供逻辑推理的方向，帮助他们导出正确的成因结论。

（3）分解叠加的地质过程。现在所看到的地质现象往往是多种成因过程叠加的产物，既有时间上不同过程的叠加，又有空间上不同过程的叠加，各个过程互相干扰、互相掩盖，造成了地质成因研究的复杂化。因子分析能提供从复合过程中弄清每个单一过程的性质和特征的途径。

因子分析在地质成因研究中潜在地解决地质问题的能力是很大的，但是并非使用因子分析就能完全克服成因研究中的各种困难。

8.相关分析

相关分析研究变量与变量之间的关系，这是整理化探资料一定要碰到的问题。例如，各指示元素之间的消长关系、次生晕总金属量与矿床规模的依赖关系、铁帽中残存金属含量与原始品位的关系，等等。如能灵活应用相关分析提供的方法，则可以在资料处理中发掘出很有价值的信息。相关分析还能帮助建立经验公式，一些更高一级的统计分析也往往是通过相关分析进行的，因此它是最常应用的一种方法。

相关分析的内容很多，理论与方法都比较成熟，按变量的性质可分为正态与非正态两类；按变量间关系的性质，可分为线性与非线性两类；按涉及变量的多少，可分成二元及多元等。当然，最简单的是二元线性正态相关分析，其他各种类型的相关分析可以通过变量转换或取舍转化成线性正态模型。

由于气候条件、地质条件以及地形条件的变化，对于地球化学数据的解释既要求良好的数据质量，还要求地质人员或地球化学人员具备一定的数据处理技巧和经验。数据的统计处理和地质评价应注意充分挖掘和利用所获得的数据，采用多种方法进行处理，结合地质和地球物理资料对地球化学异常进行评价。

（六）地球化学异常的证实

最好是能够利用试点测量确定异常下限。在没有进行试点测量的情况下，可以利用项目完成后获得的数据集确定。需要强调的是，异常下限的设定应有一定的灵活性。例如，异常下限为80ppm Cu，但是考虑到取样、样品加工以及化学分析过程中都存在误差，更为稳妥的做法是将异常下限上调至100ppm Cu。此外，在鉴别异常值时，还应考虑样品所在的空间位置。

为证实显著的地球化学异常，要在地球化学异常区内采用较密的间距和增加地球化学手段进行取样分析。

多次取样和补充分析是很重要的，像地球物理勘查一样，地球化学勘查是把异常与矿体的概念模型联系起来，而且初步钻探验证可能改变整个模型。

（七）勘查地球化学常用图件

1.原始性图件

原始性图件不受或稍受编制人主观意志的影响，从图上可以直接恢复分析数据。许多地球化学家都十分重视保存所有的信息。保存有信息的图件有剖面图、平面剖面图、数据图、符号图等。

（1）剖面图。它是以曲线的形式表示某一方向上（测线或钻孔）地球化学指标变化的细节与地质现象的关系。地质剖面图根据需要可选择不同比例尺。剖面图制作的关键是纵比例尺的选择，可以用普通比例尺、对数比例尺或其他更方便的比例尺。普通比例尺适用于表示变化幅度小的数据，如常量元素；对数比例尺适用于表示变化达几个级次的元素。无论何种比例尺，背景含量一般不要高于2×10^{-6}。同一批数据，用不同的比例尺制作，给人的印象是不同的，所以比例尺的选择很重要。

剖面图虽然有简单明了的特点，但它不能反映两侧的情况，如孤立看一个剖面就难以解释。所以，每条剖面都要在适当的平面图上标明其位置，否则其价值就降低了。

剖面图还有一个优点是可以同时作许多元素的曲线，有利于对比元素间的关系。

（2）平面剖面图。把剖面图放在剖面所在的平面位置，就成了平面剖面图。这种图在详细测量时最常用到，特别是与物探方法平行作业时，总是要制作这种图件。它不但能反映每条测线内含量的变化，而且更重要的是能反映测线之间的对比关系，尤其是对于那些单向延长的地质体，如断裂、剪切带、岩脉、矿脉等，有很好的追索表达能力。在试图把峰值进行对比连接的时候，则要充分地注意当地的地质情况。

纵比例尺的选择要注意不要使含量曲线过多地伸到上面的剖面中，以利于观察。

（3）数据图。数据图就是把分析结果如实填在取样点旁。这种图与其说是成果图，还不如说是一个数据处理的中间环节，因为有许多数据处理方法要用数据图进行。

数据图最大限度地保存了资料的原始性，但异常分布、背景起伏表示得最不清楚。在西方，由政府部门或研究机构进行的区域性地球化学调查，加工过的图件公开出版，私人探矿公司可以免费得到，但他们宁愿要原始数据，可见原始数据的重要性。

在制作数据图时，要百分之百地检查，以免抄错。

（4）符号图。符号图与数据图的性质完全一样，只是因为数字高低不太醒目，所以采用一套与含量成比例关系的图案标在采样点旁，使异常点醒目地表示出来。

2.等值线图

虽然符号图上能够显示出一些主要的异常点，但是对于区域性与局部性的变化趋势却表现得很不明显，而等值线图却最适于表现这些特点。

勾绘等值线的基本规则是根据数据按比例内插。这一规则对地形等高线或物探异常是可以严格遵守的，但化探数据跳动很大，而且点与点之间并没有什么物理定律的制约，因而等值线不能以严格意义来理解。在人工勾绘时，要对工区内的地质构造、已知矿产分布、地形、覆盖物性质有一定的了解，同时还要参考采样记录、考虑分析误差及该元素的地球化学性状，才能作出较好的等值线图。切忌拘泥于数据，使等值线出现波浪状、羽毛状线条。在根据未处理过的数据勾绘时，高含量圈内允许有若干低含量点；相反，低含量地区的个别高点也可以不予考虑。同样一份数据，很可能勾出不同的等量线图来，因为此时必然要带入主观成分。做得好时，可以把原始资料的粗糙性、偶然性去掉，而突出其本质的、主流的东西。

等值线也可以由计算机绘制。这给人一种错觉，以为机器绘的是“客观的”，其实不然。因为机器是按程序绘图的，而程序中所用的取数与内插规则是多种多样的。在编制或购买绘图软件时，最好用同一份数据进行对比，选择较好的那种程序。用优良的程序绘制的图件光滑美观，而且可以绘制多份。

正确地选择等值线的起点与间距是很重要的。一般的等量线距按对数等选定，常用的是Δlg（10^{-6}）在0.2～0.4，也有些图用1、2、5的比例绘制，效果也不错。有时，为了突出某一范围内的变化，可以人为地在这一范围内加密等值线。

为了使等值线与频率分布联系起来，也可以取不同百分数作为等量线值。例如，95%分位数一般就是异常下限，用它圈出的就可算是异常。

3.地球化学剖面图

这是表示地球化学异常在三度空间发育的常用图件。例如，岩石地球化学剖面，通常由地表、坑道或若干钻孔控制。由于岩石中化学元素分布不均匀，在对比前，要先对数据进行平滑处理（通常是用三点或五点移动平均）。经过这种处理，虽然曲线光滑了，但还是不能直接勾绘等浓度线。因为一个50×10^{-6}的Cu含量在花岗闪长岩中和大理岩中代表着完全不同的意义，所以在建立原生晕剖面图时用相对浓度较好。相对浓度就是实测浓度对于采样点上岩石的背景值之比（衬度）。邵跃建议，根据衬度画出三带，衬度1～4为外带，4～10为中带，10～100为内带，内带一般包括矿体本身在内。这种分带的方法图面比较简洁，在原生晕找矿中起着很好的作用。

在对比和外推各个控制工程之间的异常时，要考虑地质条件、控制因素、矿体形态特点。从所有可能的连接方式中选择最合理的方案，并应参考勘查剖面上矿体的连接规则。

4.灰度等级图

由于等值线图的勾绘很费时间，而且带有主观性；再从制作等值线图的过程来看，它需要经过数据的网格化。因此当数据点很多时，可以不必再勾等值线，而把每一个网格看成一个像元，直接把网格化数据用一定的灰度来代表，这种方法是从遥感数字图像技术上引用过来的。英国本土的地球化学图集就是用了这种力法，该图集的每一幅图由265行×209列=53504个像元组成，其中32151块为海洋，没有数据，只显示了海岸线轮廓；余下的21353个像元，每个像元的灰度由该像元内的移动平均值决定。在这种图上，区域趋势及区域异常被客观地反映出来，而且远看该图边界也是连续的。这种图的另一个优点是特别适用于计算机处理。

5.综合异常图

综合异常图是把多元素异常表达在一起，这方面也有许多不同的方法，这要根据综合的方法来选择。近年来流行一种指标一张图的做法，因而综合指标的选择就很关键。现在经常应用的综合指标有比例、累加、累乘、相关、因子得分、三角图解等。三角图解是岩石学及地球化学中常用的表示三个端元成分相互关系的方法。在整理化探资料时，可选出三个有代表性的元素，在它们的三角图解上划分出一定的区域。各点实测含量落在某区，就用该区符号表示在平面图上。

6.解释推断图

解释推断图是所有图件中的上层建筑。它要求综合尽可能多的资料，并在某种地质成矿理论的指导下，把工区内发现的元素分布情况（包括背景与异常）做出总结性的展示，并据以圈定成矿远景区，提出今后各类矿化的找矿方向及其具体工作方法的建议。属于这类图件的有各类成矿预测图、各类地球化学分区图、各种比例尺的异常推断解释图以及理想分带模型图。

四、异常查证

在矿产勘查的不同阶段，通常需要相应地对地球物理和地球化学圈出的异常进行筛选，优选出最具代表性的异常，进行异常查证，目的是查明异常源，对异常的地质找矿意义作出评价，提出进一步的工作建议。

（一）异常的筛选

先对工作区范围内已有的各种资料（物、化、矿产、地质、遥感等）进行综合整理及必要的数据处理，从中提取与找矿有关的异常信息，编制相应的异常图件和建立异常（矿点）卡片，以提供一整套系统的找矿信息和矿产资料。然后以综合方法推导成果图件为基础，对所圈定的化探异常、重砂异常、伽马能谱测量异常和航磁、重力异常以及构造异常等进行分类和排序。由于综合方法推断成果图件的综合性强，可使异常分类的依据更为充分，并且对异常所处的地质环境的了解、目标识别准则和发现标志的确定以及地质找矿意义的判断更为深入，因而分类结果更为客观。

（二）异常查证的工作方法

在对异常排序的基础上，及时挑选部分认为最有找矿远景的异常进行查证，是查明异常的地质起因和对异常的找矿意义作出评价的重要举措。

异常查证工作按查证的详细程度可分为三个等级，即踏勘检查（三级查证）、详细检查（二级查证）、工程验证（一级查证）。它们的查证任务和查证要求及考核标准如表7–1所示。

表7–1　异常查证任务、要求及考核标准

查证级别	查证任务	查证要求	考核标准
踏勘检查（三级查证）	①证实异常是否存在 ②进一步确定异常的确切位置 ③了解异常所处的环境 ④初步查明由浅部地质体引起异常的起因，对异常的找矿远景作出初步评价，提出是否进一步工作的具体意见	①应大致确定异常的范围，至少有三条物探、化探剖面反映异常 ②查证方法以原方法为主，并可适当选择其他方法。物探异常要做必要的化探工作，物探、化探异常都应进行地质剖面测量工作 ③对浅覆盖区内有找矿意义的异常，应进行少量的槽探揭露 ④检查结束后，应提交查证工作简报，提出是否详细检查的建议	全面检查是否符合本阶段的查证要求。重点考核： ①初步查明了由浅部地质体引起异常的起因； ②对异常的找矿意义作出了有依据的评价
查证级别	查证任务	查证要求	考核标准

续表

详细检查（二级查证）	①详细圈定异常范围 ②详细了解异常区的地质、地球物理和地球化学特征 ③对异常的找矿意义作出评价 ④对有找矿意义的异常提出工程查证的具体建议	①应做大比例尺的面积性物探、化探工作，工区大小应以能完整反映主要异常形态为准，测网密度应以能充分反映异常的主要细节为原则 ②应测地质、物探、化探的典型剖面，测制地质草图 ③对浅覆盖区有找矿意义的异常应进行一定量的山地工程，揭露浅部异常体 ④对需要进行钻探验证的异常要进行定量、半定量的推断，提出异常验证方案及验证建议书，提出异常检查报告	全面检查是否符合本阶段的查证要求，重点考核： ①在确定异常起因方面提供了更充分的依据 ②对建议验证的异常源形态和参数作出了较为可靠的推断
工程验证（一级查证）	①查明由地下地质因素引起异常的地质起因，或查明矿化向深部延伸的变化情况，大致了解矿化规模、产状、分布特征 ②提出可否作为进一步开展地质矿产评价的具体意见	①实施合理、有效的验证工程 ②对钻孔必须进行井中物探、化探工作 ③查证过程中应有物探、化探配合，以便及时调整验证工程和做补充性物探、化探工作 ④查证结束后，应提出是否采纳地质普查的意见，完善查证报告	全面检查是否符合本阶段的查证要求，重点考核： ①工程中见到了异常源 ②对异常的找矿价值作出了有依据的评价

异常查证的工作流程一般应遵循先三级、后二级、再一级查证的顺序，不宜跳跃（特殊情况下可跨越），而且应在逐级筛选的基础上进行异常查证工作，即通过初步筛选确定三级查证异常，二级查证异常则在三级查证后的异常中筛选，一级查证的异常又在二级查证后的异常中筛选。

在开展异常查证工作前需编写设计书，工作结束后应编写异常查证报告，即踏勘结束后应提交工作简报，详细检查结束后应提交异常检查报告，工程验证结束后应提交验证成果报告。

第七节 地球物理探矿法

一、地球物理勘查概述

地球物理勘查又叫地球物理探矿，简称“物探”，即运用物理学的原理、方法和仪器研究地质情况或寻查埋藏物的一类勘查。它是以不同岩石和矿石的密度、磁性、电性、弹性、放射性等物理性质的差异为研究基础，用不同的物理方法和物探仪器，探测地球物理场的变化，通过分析、研究所获得的物探资料，推断、解释地质构造和矿产分布情况，研究地球物理场或某些物理现象，如地磁场、地电场、放射性场等。目前主要的物探方法有重力测量、磁法测量、电法测量、地震测量、放射性测量等。依据工作空间的不同，又可分为地面物探、航空物探、海洋物探、钻井物探等。

物探使用的前提，是首先要有物性差异，被调查研究的地质体与周围地质体之间，要有某种物理性质上的差异。其次被调查的地质体要具有一定的规模和合适的深度，用现有的技术方法能发现它所引起的异常。最后是能区分异常，即从各种干扰因素的异常中区分所调查地质体的异常，如基性岩和磁铁矿都能引起航磁异常。

（一）地球物理勘查的基本原理

地球物理方法一般在某种程度上测量所有岩石所具有的客观特征，并形成了大量的用于图形处理的数字资料。在矿产勘查中的应用体现在以下两个方面。

（1）目的在于定义重要的区域地质特征。

（2）目的在于直接进行矿体定位。

第一方面的应用主要是填制某种岩石或构造特征的区域性分布图。例如，地球物理方法测量地表对电磁辐射的反射率、磁化率、岩石传导率等。这方面的应用不要求观测值与所寻找的目标矿床之间存在任何直接或间接的关系，根据这类观测资料结合地质资料可以产生地质特征的三维解释，然后应用成矿模型预测在什么地方可以找到目标矿床，从而指导后续勘查工作。这方面应用的关键是以最容易进行定性解释的形式展示这些观测值，即转化为容易为地质人员理解的模拟形式，现在利用地理信息系统（Geographic Information System，GIS）技术可以很容易实现。

第二方面的应用是要测量直接反映在空间上与工业矿床（体）紧密相关的异常特

征。因为矿床在地壳内的赋存空间很小，这决定了这类测量必须是观测间距很小的详细测量，因而测量费用一般较高。以矿床为目标的地球物理/地球化学测量项目通常是在已经圈定的勘查靶区内或至少是有远景的成矿带内进行，其观测结果的解释关键在于选择那些被认为是异常的观测值，然后对这些异常值进行分析，确定异常体的大致性质、规模、位置及其产状。

任何地球物理勘查技术应用的基本条件是，矿体（或所要探测的地质体）与围岩之间，在某种可测量到的物理性质方面能进行对比。例如，重力测量是根据密度对比；电法和电磁法是根据电导率进行对比。异常强度除受物性差异控制外，还受到其他一些因素的约束。

（二）地球物理勘查类型

1.航空地球物理勘查

航空地球物理勘查称航空物探，是物探方法的一种。它是通过飞机上装备的专用物探仪器在航行过程中探测各种地球物理场的变化，研究和寻找地下地质构造和矿产的一种物探方法。目前已经应用的航空物探方法有航空磁测、航空放射性测量、航空电磁测量（航空电法）等。航空物探具有速度快、效率高，不受地面条件（如海、河、湖、沙漠）的限制，工作精确度比较均一等优点。它的缺点是，对一些异常值较小的异常体反映不够清楚，分辨力要低些；异常体的定位目前还不够准确，需要地面物探进行必要的补充工作。

2.钻井地球物理勘查

钻井地球物理勘查又称“测井”，是地球物理勘查的一种方法。根据所利用的岩石物理性质的不同，可分为电测井、放射性测井、磁测井、声波测井、热测井和重力测井等。选用合理的综合测井方法，可以详细研究钻孔地质剖面，提供计算储量所必需的数据，如油层的有效厚度、孔隙度、含油气饱和度和渗透率等。此外，井中磁测、井中激发极化、井中无线电波透视和重力测井等方法，还可以发现和研究钻孔附近的盲矿体。测井方法在石油、煤、金属与非金属矿产及水文地质、工程地质的钻孔中，都得到了广泛的应用，特别在油气田和煤田勘探工作中，已成为不可缺少的勘探方法之一。应用测井方法可以减少钻井取心工作量，提高勘查速度，降低勘查成本。

（三）勘查地球物理技术的应用及其限制

地球物理技术的应用和发展深刻地影响着矿产勘查，尤其在北美，许多勘查公司认为，地球物理技术是矿产勘查的“灵丹妙药”，然而，应用效果却使这些公司感到失望。美国西南部的斑岩铜矿省应用激发极化法测量穿越矿化区、无矿区和覆盖区，其结果不具有判别性；在一个地区，由于勘查竞争激烈，各公司都争先应用地球物理技术，以至不得不采取一个非正式的协议来降低互相间电的干扰；为了查明地球物理测量对黄铜矿和黄铁矿的判别，一个勘查公司把强烈的电流输入地下，以至把该区地下的小动物全部杀灭。

地球物理勘查技术（除放射性测量外）最初在美国应用失败归结于以下四个因素。

（1）忽视勘查靶区的选择。

（2）缺乏对地质环境和矿床特征的认识。

（3）缺乏对新技术适用范围的认识。

（4）地球物理测量仪器灵敏度不高。

地球物理技术在矿产勘查各阶段都可使用。在初步勘查阶段，采用航空地球物理圈定区域地质特征；在详细勘查阶段，运用地面地球物理和钻孔地球物理测井，甚至在坑道内直接运用地球物理技术。

地球物理技术常可用作辅助地质填图。例如，在美国密苏里铅锌矿区东南部，依靠航磁异常圈定埋藏的前寒武系基底岩石的隆起和凹陷，这些隆起和凹陷与上覆碳酸盐岩石中的藻礁和矿床有关。在一些具有广泛覆盖层分布的地区，电法、电磁法、地震法和重力法广泛用于在高阻的石灰岩层、低阻的板岩层以及高密度的镁铁质岩墙分布区填图。

地球物理技术也可直接用于寻找矿床。如利用放射性法找铀矿、磁法找铁矿、电法找贱金属矿等；通常认为，它们是在未开发地区进行矿产勘查的一部分。在许多老矿区，利用这些地球物理技术还获得了许多新的发现；在生产矿区正在力图应用地球物理技术寻找深部隐伏矿体，因为在寻找具有特征相对明显的矿体时更容易应用新概念和新技术。生产矿区有特殊的优点，地球物理技术可在深部坑道运用，但也存在缺点，如杂散电流及工业有关的噪声干扰。

地球物理技术在矿产勘查中的应用目的在于：第一，确定具有潜在工业矿床的地区；第二，排除潜在无矿的远景区。例如，假设要寻找含铜镍硫化物矿床，地球物理勘查的目的是，查明在工作区一定深度范围内是否存在某种具有电导带或很大密度带的地质体及其赋存部位；如果兴趣更广泛些，相同的地球物理工作还能阐明超镁铁岩体或主要断裂带的特征信号，因为它们能预测铜镍矿化的地质特征。

地球物理信号是由信息和噪声组成的，异常存在于信息中。异常必须根据地质条件进行解释。由于影响异常的因素十分复杂，因此，地球物理异常具有多解性，致使利用地球物理技术进行矿产勘查命中率较低。

通过综合运用地球物理技术可以降低地球物理异常的多解性。例如，一个与强电导体异常形状大致相同，而且出现在相同部位的磁异常，可以表明是一个磁黄铁矿体或者黄铁矿和磁黄铁矿石组合的矿体，而不是石墨片岩的电导带；如果导体不具磁性，但密度很大，足以产生高重力值，则它可能是一个黄铁矿体，而不是磁黄铁矿体或磁铁矿体。

地球物理技术探测的深度极限与信号/噪声的值、探测目标的形状和规模以及作用力的强度有关。仪器敏感度的增益或外加力的增强均无助于探测来自深部的弱信号。例如，如果近地表的噪声来源碰巧是覆盖层中的电导带或火山岩中的磁性带，那么，随着外加电流的增强或磁力仪灵敏度的改善，噪声也将增大。虽然磁法、地震法和大地电流法测量都可以渗透很深，并对探测目标进行大致对比，但是，就矿体的效应而言，大多数金属地球物理技术的有效实际探测深度为300m以内；在有利条件下，对于一定的电法测量（激发极化法）和电磁法测量（声频电磁法），300m深度可作为工作极限。经验法则有时提到：激发极化法可以探测到所寻目标最小维的两倍深度范围内所产生的效应；就磁性体而言，赋存于其最小维4～5倍的深度范围内可被探测到；在电磁测量中，最深的效应大于传感器和接收器之间距离的5倍。显然，在地质勘查中，不能指望单纯依赖地球物理勘查技术，因为它涉及许多变量且穿透的深度有限，所以，必须综合应用各种手段和理论推断等才能圆满完成任务。

在实施地球物理测量项目工作之前需要对测区内各类岩石和矿石进行系统的物性参数测量和研究。

（四）地球物理勘查的主要技术

固体矿产资源勘查最常用的方法包括磁法、电法、电磁法、重力测量法，其他诸如放射性测量方法主要用于勘查放射性矿产，地震测量方法主要应用于石油和天然气勘查中。

航空地球物理测量在一些发达国家应用比较广泛，它们速度快，每单位面积成本相对较低，不仅可以同时进行航空磁法、电磁法、放射性法测量，某些情况下还可同时进行重力测量。目前，航空测量精度大大提高，不仅勘查成本很低，而且具有所获资料比较全面等优点，勘查效果比较显著。航空地球物理与地面地球物理方法的配合，以及航空地球物理测量数据与遥感数据的结合，极大地推动了地球物理技术的发展和应用。我国自行研制的直升机磁法和电磁法测量系统目前的最大勘查比例尺已达1：5000，探头离地高度最低可达30～80m，采样间隔可达1～3m，差分全球定位系统平面定位精度小于1m，尤其适合于地形复杂地区的矿产勘查工作。

二、磁法测量

（一）磁法测量基本概念

物质在外磁场的作用下，由于电子等带电体的运动，会被磁化而感应出一个附加磁场，其感应磁化强度与外加磁场强度的关系可表述为：

$$M=kH \quad (7\text{–}1)$$

式中：k——磁化率；

M——感应磁化强度；

H——外加磁场强度。

在国际单位制中，感应磁化强度的单位是特斯拉（T），取纳特（nT）为基本单位（1nT=10^{-9}T）；磁场强度的单位为安培/米（A/m）。

如果移除外加磁场后物质仍存在天然磁化现象，其磁化强度称为剩余磁化强度。地壳物质可以同时获得感应磁场和剩余磁场，感应磁场会随着外加磁场的移除而消失，剩余磁场则能够固化在地质体中；地壳物质的感应磁场方向与地球磁场方向平行，而剩余磁场可以呈任意方向，如果环境温度高于居里温度，物质的剩余磁化强度则随之消失。

磁异常是磁法勘查中观测值与正常磁力值以及日变值之间的差值，换句话说，磁异常是在消除各种短期磁场变化后，实测地磁场与正常地磁场之间的差异。

对磁异常数据进行分析时，需要了解磁异常是以感应磁化强度为主还是以剩余磁化强度为主，这可以借助于科尼斯伯格比值进行表述。只有含磁铁矿较高的岩石（如镁铁质、超镁铁质岩石）才是以剩余磁化强度为主。

磁法测量是采用磁力仪记录由磁化岩石引起的地球磁场的分布。因为所有的岩石在某种程度上都是磁化了的，所以，磁性变化图可以提供极好的岩性分布图像，而且可在某种程度上反映岩石的三维分布。

区域磁性分布图一般是安装有磁力仪的飞机在低空平稳飞行测出来的，这种图准确地记录了工作区内地磁场的变化，图的细节与飞行线的高程和间距有关。

在加拿大和澳大利亚等国家，公益性航空磁法测量采用固定机翼的飞机，常用标准是飞行高为1000ft（305m）、线距约2.5km；而在近年来的金刚石勘查活动中，一些勘查公司采用直升机进行测量，飞行高度为30～50m，而飞行间距达到50m。因为磁场强度与距离（飞行高度）的平方成反比，而且，其细节随飞行间距的增大而减弱，从而，飞行高度和飞行间距以及测量仪器的选择是非常重要的。

磁法测量不仅是最有用的航空地球物理技术，而且，由于其飞行高度低并且设备简单，其费用也最低。现在使用的标准仪器是高灵敏度的绝对磁力仪，有时也采用质子磁力仪，但绝对磁力仪不仅灵敏度比质子磁力仪高100倍，还能以每1/10秒的区间提供一次读数，质子磁力仪只能以每秒或每1/2秒区间提供读数。绝对磁力仪和质子磁力仪都能够自动定向而且可以安装在飞机上或吊舱内。因为地面磁法扫面速度比较慢，因而矿产勘查中大多数磁法测量是采用航空磁法测量。近年来，航空磁法测量的测线间距在不断缩小，目前可能小至100m，离地高度也可能小至100m。

（二）磁法测量的技术要求

1.磁法测量的适用条件

（1）所研究对象与其围岩之间存在明显磁化强度差异。

（2）研究对象的体积与埋藏深度的比值应足够大，否则可能会由于引起的磁异常太小而观测不出来。

（3）由其他地质体引起的干扰磁异常不能太大，或能够消除其影响。

2.测网的布置

在地面磁法测量中，一般是以一定网度建立测站，探测磁性差异较小的板状地质体要求较小的间距。现代仪器通常都与全球定位系统（Global Positioning System，GPS）联结，从而能够同时自动记录站点坐标和相对磁性读数。地面磁法的仪器设备携带方便、容易操作，因而，磁法常作为地质填图和初步勘查项目的一部分工作内容。

磁法测量的测线布置应尽可能与磁异常长轴方向垂直，点距和线距的大小应视磁异常的规模大小而定，使得每个磁异常范围内测点数能够反映出磁异常的形状和特点。

3.基点的确定

磁测结果是相对值而不是绝对值，为便于对比，一般一个地区要选择一个固定值，固定值所在的观测点称为基点。基点可分为以下两种类型。

（1）全区异常的起算点称为总基点，要求位于正常场内，附近没有磁性干扰物，有利于长期保留。

（2）测区内某一地磁异常的起算点称为主基点，可用来检查校正仪器性能，故又称为校正点。

（三）磁异常的地质解读

1.常见磁异常图的表现形式

磁法测量获得的数据经各种方法校正（包括日变化、纬度影响、高程影响、向上延拓和向下延拓等）后，便可以绘制成磁异常图。区域性磁异常图通常是根据航空磁法测量数据绘制而成。磁异常通常采用三种图件展示形式。

（1）磁异常剖面图：反映剖面上磁异常变化情况。

（2）磁异常平面剖面图：这种图件是把多个磁异常剖面按测线位置以一定比例尺展现在平面上，反映测区磁异常的三维变化，可以给人以立体视觉，便于相邻剖面间异常特征的对比。

（3）磁异常平面等值线图：可以把磁法测量的数据绘制成磁力等值线图。

根据等值线的形状和轮廓可以大致确定磁性地质体的位置、形态特征、走向及分布范围，解译深部地质界线的性质，以及发现断层等。现有的许多地质专用软件已经很好地利用晕渲法解决了等值线着色的问题，所绘制的磁异常彩色渲绘图像中采用红色代表磁力高、蓝色代表磁力低，两者之间的色调表示磁力高、低之间的值，这种图像易于判读，而且能够更直观地表现磁异常的三维空间变化。

磁异常的等值线形态多种多样，有的是等轴状或同心圆状，有的是条带状，有的呈椭圆形。一般等轴状和椭圆形异常是由三维空间体引起的，而条带状和长椭圆状异常可以近似看作由二维空间体（板状、层状体）引起。

三维空间体一般是正负成对出现。在北半球，一般负异常位于偏北一侧，若整个正异常周围有负异常（伴生负异常）环绕，则表示磁性体向下延伸不多。

实际上，真正的三维体是不存在的，只要磁性体沿走向的长度大于埋深5倍，将其看作二维体来解释，误差不大。通常根据异常等值线来判定二维体或三维体的异常，其方法是：取1/2极大值等值线，若长轴长度为短轴长度的3倍以上，即可将其看作二维体异常，这一规则适用于中、高纬度区。

2.借助于磁异常图了解地下地质特征空间展布的大致范围

具体操作过程是先将磁异常图与相应的地质图进行对比，建立磁异常所在位置与相应地质体之间的联系，根据岩石（矿石）磁性参数，判别引起磁异常的原因；再结合控矿地质因素区分哪些是矿致异常，哪些是非矿致异常。若异常位于成矿有利地段，且磁性资料表明该区矿体的磁性很强，则该异常有可能是矿致异常。

磁异常的位置和轮廓可以大致反映地质体的位置和轮廓，其轴向一般能反映地质体的走向。平面上呈线性条带、弧形条带或“S”形条带展布的磁异常，通常是构造带的反映；区域性磁力高或磁力低，可能是隆起或凹陷（穹窿或盆地）的反映。局部磁力高通常是小岩体或矿体的反映。

只有正异常而无负异常，或者正异常两侧虽然存在负异常但不明显或两侧负异常大致相等，可以解释为磁性地质体位于正异常的正下方；磁异常正负相伴可以解释为磁性地质体的顶面大致位于正负异常之间且赋存在梯度变陡的下方。

3.磁异常的区域趋势和剩余分析

由深部磁性体引起的磁异常具有较长的波长，这种长波长的磁异常称为区域趋势；埋藏较浅的磁性体引起的磁异常以较短的波长为特征，具有短距离波长的磁异常称为剩余或称为异常。

如果我们对浅部地质体感兴趣，那么，长波长的磁异常（区域趋势）就是噪声，因而可以滤除；同理，如果我们研究的是埋藏较深的地质体，那么，短波长的异常就成为噪声，应该去除掉。不过，有时候这两类数据并不容易区分开，因而难以进行分离。

区域异常一般反映了区域性构造或火成岩的分布，局部异常可能与矿化体、小规模的侵入体有关。为了进一步查明每个异常的地质原因，还可结合地质特征或控矿因素对磁异常进行分类。

（四）磁法在矿产勘查中的应用

磁法测量结果对地质数据的解释是极为有用的，因为地质填图过程中常常受露头发育不良的条件限制。磁法测量能够测定地表盖层之下地质建造的相对磁性分布图，据此能够推断不同岩石类型的边界，以及断层和其他构造的展布等，从而使地质图上的信息显著增强。磁法勘查是一种轻便快捷的勘查技术，其勘查精度随着仪器设备的更新换代不断提高，目前，磁法勘查已成为矿产勘查中一种重要的手段。

1.划分不同岩性区和圈定岩体

利用磁法测量对在磁性上与围岩有明显差异的各类岩浆岩，尤其是镁铁质和超镁铁质岩体进行填图的效果非常好。基性与超基性侵入体，一般含有较多的铁磁性矿物，可引起数千纳特的强磁异常；玄武岩磁异常值在数百纳特至数千纳特之间。闪长岩常具中等强度的磁性，在出露岩体上可以产生1000～3000nT的磁异常，当磁性不均匀时，异常曲线在一定背景上有不同程度的跳跃变化。花岗岩类一般磁性较弱，在多数出露岩体上只有数百纳特的磁异常，曲线起伏跳跃较小；然而，如果在岩浆侵位过程中与围岩发生接触交代作用而产生磁铁矿或磁黄铁矿，沿岩体边缘有可能形成磁性壳。喷出岩一般具有不规则状分布的磁性，少数喷出岩无磁性。

磁异常一般都源自火成岩和变质岩，沉积岩通常不产生磁异常，因而磁异常一般都是以基底岩石为主，沉积盖层实际上不产生磁异常，或者说沉积盖层对磁力实际上是透明的，所以在沉积盆地观测到任何有意义的磁异常，一定是由基底表面或内部磁性体引起的，因此，磁法测量特别适应于较厚沉积盖层下的基底构造填图。此外，利用磁异常的平滑度估计基底的埋藏深度（或者沉积盖层的厚度）是磁异常数据的标准应用。

原岩为沉积岩的变质，岩一般磁性微弱，磁场平静；原岩为火山岩的变质岩，其磁异常与中酸性侵入体的异常相近；含铁石英岩建造通常形成具有明显走向的强磁异常。

2.推断构造

构造趋势能够借助于磁性分布形式展示出来，因而，在矿产勘查尤其是在油气勘查中，磁法勘查主要用于研究结晶基底的起伏与结构，测定深大断裂和火成岩活动地带。近年来，高精度磁法勘查在研究沉积岩构造方面也有一定效果。

断裂的产生或者改变了岩石的磁性，或者改变了地层的产状，或者沿断裂带伴随有同期或后期的岩浆活动，因而，断裂带上的磁异常大多表现为长条状线性正异常或呈串珠状、雁形排列的线性磁异常。有些发育在磁性岩层中的断裂带，由于断裂带内岩石破碎而使其磁性减弱，如果没有岩浆侵入，则这类断裂带上会出现线性低磁异常带。

在褶皱区，一般背斜轴部上方会出现高值正磁异常，向斜轴部上方可能出现低缓异常，而其两翼则表现为升高的正异常。

综上所述，利用磁法测量能够测定地表盖层之下地质建造的相对磁性分布图，据此能够推断不同岩石类型的边界，以及断层和其他构造的展布等，从而，在露头发育不良的地区，磁法测量可以作为矿产地质填图的重要辅助手段。

3.矿致异常

铁矿体具有很高的磁化率，并且可以呈现感应磁化强度和剩余磁化强度，这些磁异常在一定的飞行高度上很容易被探测到，因此，航磁测量是预查阶段最有用的勘查手段之一。

因为石棉矿常常赋存在富含磁铁矿的超镁铁侵入岩中，所以，利用磁法勘查可以确定石棉矿床。需要指出的是，赤铁矿具有反铁磁性，只能产生微弱异常。

有经济价值的矿床本身可能不具有磁性，但是只要矿石矿物与一定的磁性矿物（主要是磁铁矿和磁黄铁矿）之间存在某种相对直接的关系或者与某些可以采用磁法填图的岩石类型相关，就有可能利用磁法探测到矿化的存在。例如，与含铁建造有关的金矿化，由于含铁建造中含磁铁矿，在一些金矿化带内含磁黄铁矿，利用磁法测量可以圈出含铁建造层位，至于如何在含铁建造中找到金矿体则属于另一个研究内容。对于矽卡岩型金矿，则可以利用磁法圈定矽卡岩体，矽卡岩中常常含有一定量的磁铁矿和磁黄铁矿。

在一些斑岩型铜矿床中，磁法测量结果可能表现为在未蚀变的岩石建造之上圈出的是正磁异常，而勘查目标则圈定为磁力低，这是因为在成矿过程中，原始侵入体或火山岩中所含的磁铁矿矿物被成矿流体取代，其中的磁铁矿已被蚀变为诸如黄铁矿之类的非磁性矿物。

三、电法测量

电法测量是通过仪器观测人工的、天然的电场或交变电磁场，根据岩石和矿石的电性差异分析和解释这些场的特点和规律，达到矿产勘查的目的。电法利用直流或低频交流电研究地下地质体的电性，而电磁法利用高频交流电达到此目的。利用岩石和矿物电导性高度变化的特点，发展了多种电法测量技术，包括电阻率法、充电法、自然电场法、激发极化法、电磁法等，下面只对电阻法、激发极化法及电磁法做简要介绍。

（一）电阻率测量

1.电阻率测量的基本概念

当地下介质存在导电性差异时，地表观测到的电场将发生变化，电阻率法就是利用岩石和矿石的导电性差异来查找矿体以及研究其他地质问题的方法。电阻率是表征物质电导性的参数。

根据地下地质体电阻率的差异而划分出电性层界线的断面称为地电断面。由于相同的地层，其电阻率可能不同，不同的地层，其电阻率又可能相同，所以，地电断面中的电性层界线不一定与地质剖面中相应的地质界线完全吻合，实际工作中要注意研究地电断面与地质剖面的关系。

由于地电断面一般都是不均匀的，将不均匀的地电断面以等效均匀的断面来替代，所计算出的地下介质电阻率不等于其真电阻率，而是该电场范围内各种岩石电阻率综合影响的结果，故称为视电阻率。由此可见，电阻率测量更确切地说应该是视电阻率测量。

电阻测量技术是利用两个电极把电流输入地下并在另两个电极上测量电压实现的。可以采用各种不同的电极布置形式，并且在所有情况下都可以计算出地下不同深度的视电阻率，利用这些数据可以生成真电阻率的地电断面。

矿物中金属硫化物和石墨是最有效的电导体，含孔隙水的岩石也是良导体，而且正是由于岩石中孔隙水的存在使得电法技术的应用成为可能。对于大多数岩石来说，岩石中孔隙发育程度以及孔隙水的化学性质对电导性的影响大于金属矿物粒度对电导性的影响，如果孔隙水是卤水，电法的效果最好；只含微量水分的黏土矿物也容易发生电离，由于孔隙水的存在及其含盐度的差异，同类岩石或矿物呈现很大的电阻率变化区间。

2.电阻率测量的布设

电阻率测量的目的是圈定具有电性差异的地质体之间的垂直边界和水平边界，一般采用垂直电测深和电剖面的布设方式来实现。

（1）垂直电测深法：垂直电测深法是探测电性不同的岩层沿垂直方向的变化，主要用于研究水平或近水平的地质界面在地下的分布情况。该方法采用在同一测点上逐次加大供电极距的方式来控制深度，逐次测量视电阻率的变化，从而由浅入深了解剖面上地质体电性的变化。电测深法有利于研究具有电性差异的产状近于水平的地质体分布特征，这一技术广泛应用于岩土工程中确定覆盖层的厚度以及在水文地质学中定义潜水面的位置。

（2）电剖面法：电阻率剖面法的简称，这种方法用于确定电阻率的横向变化。它是将各电极之间的距离固定不变（勘查深度不变），并使整个或部分装置沿观测剖面移动。在矿产勘查中采用这种方法确定断层或剪切带的位置以及探测异常电导体的位置。在岩土工程中利用该法确定基岩深度的变化以及陡倾斜不连续面的存在。利用一系列等极距电剖面法的测量结果可以绘制电阻率等值线图。

电阻测量方法要求输入电流和测量电压，由于电极的接触效应，同一对电极不能满足这一要求，故需要利用两对电极（一对用作电流输入，另一对用作电压测量）才能实现。根据电极排列形式不同，电剖面法主要分为联合剖面法和中间梯度法等。

联合剖面法采用两个三极装置排列（三极装置是指一个供电电极置于无穷远的装

置）联合进行探测，主要用于寻找产状陡倾的板状（脉状）低阻体或断裂破碎带。

中间梯度法的装置特点是供电电极距很大（一般为覆盖层厚度的70～80倍），测量电极距相对要小得多（一般为供电电极距的1/50～1/30），实际操作中供电电极固定不变，测量电极在供电电极中间1/3～1/2处逐点移动进行观测，测点为测量电极之间的中点。中间梯度法主要用于寻找诸如石英脉和伟晶岩脉之类的高阻薄脉。

3.电阻率数据的定性解读

由于电法勘查的理论基础很复杂，因而在地球物理勘查中电法测量结果难以进行定量解读。在电阻率测量结果的解释中，对于垂直电测深结果的数学分析方法已经比较成熟，而电剖面测量结果的数学分析相对滞后。

利用电测深获得的视电阻率数据可以绘制相应的视电阻率断面等值线图、视电阻率平面等值线图等，借助于这些图件分析勘查区的地质构造、地层（含水层）的分布特征等。

联合剖面法的成果图件主要包括视电阻率剖面图、视电阻率剖面平面图以及视电阻率平面等值线图等，利用这些图件可以确定异常体的平面位置和形态，并可进行定性分析。

（1）沿一定走向延伸的低阻带上各测线低阻正交点位置的连线一般与断层破碎带有关。

（2）沿一定走向延伸的高阻异常带，多与高阻岩墙（脉）有关。需要指出的是，地下巷道、溶洞等也具有高阻的特征，应注意区分。

（3）没有固定走向的局部高阻或低阻异常与局部不均匀体有关。

4.电阻率的应用

这种方法既可以直接用于探测矿体（如密西西比河谷型硫化物矿床），也可用于定义勘查目标的三维几何形态（如金伯利岩筒）；电阻测量还可用于绘制覆盖层厚度图。

（二）激发极化法

1.激发极化法的基本概念

当施加在两个电极之间的电压突然断开时，用于监测电压的两个电极并没有瞬间降低为零，而是记录了一个由初始的快速衰减其后为缓慢衰减的过程；如果再次开通电流，电压开始为迅速增高其后转为缓慢增高，这种现象称为激发极化（induced polarization，IP）。

IP方法用于测量地下的极化率（物质趋向于持续充电的程度）。其原理是利用存在于矿化岩石中的两种电传导模式：离子（存在于孔隙流体中）和电子（存在于金属矿物中），若在含有这两类导体的介质中施加电流，在金属矿物表面就会发生电子交换，引起（激发）极化，形成电化学障。

（1）需要额外电压（超电压）来传送电流通过该电化学障，如果切断电流，这种超电压不会立即下降为零而是逐渐衰减，使电流能在短时间内流动。

（2）具电化学障的矿化岩石，其电阻具有鉴别意义的特征，包括与外加电流频率有关的相位和差值。在非矿化岩石中，外加电流只是通过孔隙间的离子溶液传导，因此，其电阻与外加电流频率无关。尽管激发极化现象很复杂，但比较容易测量。

激发极化法根据上述原理可以采用直流激发极化法，这种技术利用电压衰减现象，其观测值以时间域的方式，以毫秒为单位表示；也可以利用电阻对比现象采用交流激发极化法，其观测值以频率域的方式获取，以百分频率效应为单位表示。

2.激发极化法测线的布设

激发极化法测量是沿着垂直于主要地质走向等间距布设测线，采用两个电流电极将电流注入地下，利用两个电压电极测量衰减电压，同时还可以测量电阻率。电极布置可以采用多种方式，如单极—偶极排列（梯度排列）、偶极—偶极排列等。改变电极之间的距离可以获得不同深度的测深结果，从而可以绘制出电阻率和极化率随深度变化而变化的图像。对于偶极—偶极测量来说，电极对之间的距离保持不变，增加电压电极和电流电极之间的间隔，这种间隔是以电压电极之间距离的整数倍增加的。

激发极化法测量结果一般绘制成极化率视剖面图。视剖面图能够表现极化率相对于深度以及电极距的变化，反映导体的几何形态。视剖面图的具体做法是利用3～4种电极距所获得的IP观测值（视电阻率值），以供电偶极的中点和测量偶极中点的连线为底边作等腰三角形，取直角顶点为记录点，并将相应的IP观测值（视电阻率值）标在旁边；同理，当改变电极距时可做出同一测点不同电极距值的直角顶点，同时标出相应的观测值，然后绘制成等值线图或晕渲图。埋藏较浅的小规模导体趋向于生成所谓的“裤腿状”异常。

3.激发极化法的应用

电法测量中，激发极化法是矿产勘查中应用范围最广的一种地面地球物理技术。最初设计这种技术是用于寻找浸染状硫化物矿床，尤其是斑岩铜矿，但不久就发现这种方法比常用的电阻法更能在层状、块状硫化物矿床及脉状矿床中显示有特征意义的异常。（理论上，导电的块状硫化物矿化只能产生微弱的IP响应，但实际上，IP方法在勘查块状硫化物矿床的效果也很好，这是因为块状硫化物成分比较复杂。）

激发极化法是一种特殊类型的电法测量，它实际上是目前唯一的一种能够直接探测隐伏的浸染状硫化物矿床的地球物理方法。

除闪锌矿外，所有常见的硫化物都是电导体；大多数具金属光泽的矿物也是电导体，包括石墨和某些类型的煤；一些不是电导体但具有不平衡表面电荷的黏土矿物也能产生效应（地质噪声）。一些具有阻挠特性，使用相角关系的措施，如采用光谱激发极化法，能够判别出金属矿物和非金属矿物发出的信号。

4.电法的适用条件

电法测量技术要求一台能够输出高压的发电机以及直接置于地下的传送输入电流的电极，并且需要沿着地面布置的一系列接收器测量电阻或极化率（充电率）。因而，电法测量是相对费钱费力的技术，主要用于具有金属硫化物矿床潜力的勘查区内直接圈定目标矿床。

应用电法测量有可能会遇到输入电流短路的问题，导致短路的原因可能是由深度风化地区含盐度较高的地下水引起的。如上所述，电法测量结果解释过程中可能会遇到的问题是：除块状和浸染状硫化物矿体会产生低电阻或高极化率外，岩石中还有其他可能产生类似响应的带，如石墨带。因此，在结果的解释中应结合工作区的地质特征进行排除。

电法测量的有效探测深度在200～300m范围内，适合于近代抬升和剥蚀的地区，因为在这些地区，新鲜的、风化程度较弱的岩石相对接近于地表。

电法测量目前只能在地面使用，不能用于航测。地面电法测量的主要优点是能够直接与地面接触，因此，电法测量在详细勘查中应用广泛。

（三）电磁法测量

1.电磁法测量的工作原理

电磁法是电法勘查的重要分支技术，它主要利用岩石（矿物）的导电性、导磁性和介电性的差异，应用电磁感应原理，观测和研究人工或天然形成的电磁场的分布规律（频率特性和时间特性），进而解决有关的各类地质问题。

电磁法测量（Electromagnetic Measuvement，EM）的目的是测量岩石的电导性，其原理或者是利用天然存在的电磁场或者是利用一个外加电磁场（一次场）诱发电流通过下部的电导性岩石。

一次场是使交流电通过导线或线圈产生，这种导线或线圈既可以布设在地面也可以安装在飞机上；在电导性岩石中诱发的电流会产生二次场。一次场和二次场之间的干扰效应提供了确定电导性岩体的手段。

2.岩石（矿物）的电导率

电导率是表征物质电导性的另一个参数，以西/米（S/m）为单位进行度量；电导率与电阻率互为倒数关系，这两个术语都很常用。不同类型岩石和矿物之间的电导率差异相当大，诸如铜和银之类的自然金属是良导体，而诸如石英之类的矿物实际上不具有电导性。岩石和矿物的电导性是一种十分复杂的现象，电流可以以电子、电极或电介质三种不同方式进行传导。

花岗岩基本上不导电，而页岩的电导率在0.5～100mS/m区间内变化。岩石中含水量增加其电导率将显著增大。例如，湿凝灰岩和干凝灰岩的电导率可以相差100倍。不同类型岩石之间的电导率值域存在重叠现象，块状硫化物的电导率值域可能覆盖诸如石墨和黏土矿物之类的其他非矿化岩石。导电的覆盖层，尤其是水饱和的黏土层可能足以屏蔽下伏块状硫化物的电磁异常。

3.电磁法的应用

电磁法测量系统对于位于地表至200m深度范围内的电导性矿体最有效。虽然从理论上讲，较高的一次场强和较大间距的电极可以穿透更大的深度，但是，对EM观测结果的解释过程中遇到的问题将会随穿透深度的增加呈对数方式增多。

电磁法借助于地下硫化物矿体周围产生的电导异常探测各种贱金属硫化物矿床。航空电磁测量和地面电磁测量结果都可以绘制出地下硫化物矿体的三维图像，从而提供钻探靶区。

电磁测量尤其适合于探测由黄铁矿、磁黄铁矿、黄铜矿及方铅矿等矿物组成的块状硫化物矿床，这些矿物紧密共生形成致密块状矿体，犹如一个埋藏在地下的金属体。需要指出的是，如果块状硫化物矿体中闪锌矿含量较高，由于闪锌矿为不良导体，矿体可能只表现为弱的EM异常。

地面电磁测量技术的费用相对较高，一般是在勘查区内圈定特殊矿化类型的钻探靶区时使用。这种技术也可以在钻孔测井中应用，用于测量钻孔与地表之间或两相邻钻孔之间通过的电流效应。航空电磁法既可以用于矿床靶区圈定，也可用于辅助地质填图。

EM结果解释过程中经常出现的问题是因为许多矿体围岩可能产生与矿体本身相似的地球物理响应；充水断裂带、含石墨页岩及磁铁矿带都能产生假的电导异常；风化程度很深的地区或含盐度很高的地下水都有可能导致电磁测量失效或者造成观测结果难以解释。正因如此，在新鲜岩石露头发育较好或风化程度较低的地区应用EM技术效果更好。

航空和地面电磁法（EM）测量在矿产勘查中都是很常用的技术，如果在具有电导性的贱金属矿床和电阻性围岩之间，或者厚度不大的盖层之间存在明显的电导性差异，那么，利用电磁法测量能够直接探测导电的贱金属矿床。这一技术在北美和斯堪的纳维亚地区应用比较成功。许多其他电导源，包括沼泽、构造剪切带、石墨等电导体，在EM异常解释中构成主要的干扰源。

四、重力测量

（一）重力测量的基本概念

1.重力测量的基本原理

重力测量的基本原理是利用地下岩石、矿石之间存在的密度差异而引起地表局部重力场的变化，通过仪器观测地表重力场的变化特征及规律，进行找矿或解决重要的地质构造问题。主要应用于铁、铜、锡、铅、锌及盐类、能源矿产的找矿、调查或了解大地构造的形态等方面。

重力方法是测量地下岩石密度方面的横向变化，所采用的测量仪器称为重力仪，实际上是一种灵敏度极高的称量器，通过在一系列地面测站称量标准质量，利用重力仪能够探测出由地壳密度差异引起的重力方面的微细变化。像磁法数据一样，重力异常也可用重力等值线图或彩色图像表示。

2.重力测量工作比例尺的确定

对于金属矿产勘查来说，要求以不漏掉最小有工业价值的矿体产生的异常为原则，即至少应有一条测线穿过该异常，所以线距应不大于该异常的长度，并且在相应工作成果图上，线距一般应等于一cm所代表的长度，允许变动范围为20%。至于点距，应保证至少有2～3个测点在所确定的工作精度内反映其异常特征，一般为线距的1/10～1/2。

（二）重力异常的解释

1.异常解释过程中应注意的问题

（1）从面到点：对异常的解释一般是从读图或异常识别开始，即先把握全局，再深入局部。不同地质构造单元内由于地质条件的差异而呈现不同的重力异常分布特征。所以首先对异常进行分区或分类，分析研究各区（类）异常特征与区域地质环境可能存在的内在联系，在此基础上才有可能进一步对各区内的局部异常做出合理的地质解释。

（2）从点至面：对异常的解释必须遵循从已知到未知的原则，因为相似的地质条件产生的异常也具有相似的特征，因而可以利用某一个点或一条线作控制进行解释，将获得的成功经验推广到周围条件相似地区的异常解译中，或者是根据露头区的异常特征推断邻近覆盖地区的异常成因解释。

（3）搜集工作区内已有地质、地球物理、地球化学以及钻探资料，尽可能多地增加已知条件或约束条件，为重力异常解释提供印证、补充或修改。有条件时，应对所解释的异常进行验证，进一步深化异常的认识和积累经验。

2.异常特征的描述

对于一幅重力异常图，首先要注意观察异常的特征。在平面等值线图上，对于区域性异常，异常特征主要是指异常的走向及其变化（从东到西或从南至北异常变化的幅度）、重力梯级带的方向及延伸长度、平均水平梯度和最大水平梯度值等；对于局部异常，主要指圈闭状异常的分布特点，如异常的形状、异常的走向及其变化、重力高还是重力低以及异常的幅值大小及其变化等。

在重力异常剖面图上，应注意异常曲线上升或下降的规律、异常曲线幅值的大小、区域异常的大致形态与平均变化率、局部异常极大值或极小值幅度以及所在位置等。

3.典型局部重力异常可能的地质解释

（1）等轴状重力高：可能反映的是囊状、巢状或透镜状的致密块状金属矿体，或反映镁铁质—超镁铁质侵入体，也有可能是反映密度较大的地层形成的穹窿或短轴背斜，还有可能是松散沉积物下伏的基岩的局部隆起。

（2）等轴状重力低：可能是盐丘构造或盆地中岩层加厚的地段的反映，或者是密度较大的地层形成的凹陷或短轴向斜，或者是碳酸盐地区的地下溶洞，也有可能是松散沉积物的局部增厚地段。

（3）条带状重力高：可能是由高密度岩性带或金属矿化带引起的重力异常，也可能是镁铁质岩墙的反映，或者是密度较大地层形成的长轴背斜构造等。

（4）条带状重力低：可能反映密度较低岩性带或非金属矿化带的展布特征，或者是侵入于密度相对较大的围岩中的酸性岩墙，或者是密度较大地层形成的长轴向斜。

（5）重力梯级带：重力异常等值线分布密集并且异常值向某个方向单调上升或下降的异常区称为重力梯级带，可能反映垂直或陡倾斜断层的特征，或者是不同密度岩体之间的陡直接触带等。

（三）重力测量在矿产勘查中的应用

重力测量可用于探测相对低密度围岩中的相对高密度地质体，因而可以直接探测密西西比河谷型铅锌矿床、奥林匹克坝型矿床（又称为铁氧化物铜—金矿床）、铁矿床、矽卡岩型矿床、块状硫化物矿床等。

在地质情况比较清楚的地区，能够预测探测目标的大致密度和形状时，重力测量可直接用于寻找块状矿体。葡萄牙南部伊比利亚（Iberian）黄铁矿带中一个最重要的矿床——内维斯科尔沃（Neves Corvo）块状硫化物矿床就是在详细重力测量圈定的异常区内用钻探在305m深处揭露和确定的。重力测量受地形效应影响较大，尤其在山区，但在较深的地下坑道内，这种影响就会小得多。例如，在奥地利柏雷伯格（Bleiberg）地区采用重力测量圈定了高密度的铅锌矿带。

重力测量和磁法测量配合可以有效地识别从基性到酸性的各类隐伏侵入体。

如果同步显示重力高和磁力高，而且异常强度和规模较大，则该异常可能是镁铁或超镁铁岩体所致；如果显示磁力高而且异常规模较大，重力只表现为弱异常，则有可能是中性侵入体；如果同步显示磁力低和重力低，而且异常规模很大，则有可能是酸性侵入体。

在勘查贱金属矿床中，重力测量技术通常用于磁法、电法以及电磁法异常或者地球化学异常的追踪测量，尤其适合于评价究竟是由低密度含石墨体引起还是由高密度硫化物矿床引起的电导异常。重力测量也是用于探测贱金属硫化物矿床盈余质量（密度差）的主要勘查工具。重力数据还可用来估计矿体的大小和吨位，重力异常还可以用于了解有利于成矿的地质和构造的分布符征。近年来，航空物理测量技术取得显著进展。

重力测量最常用的功能是验证和帮助解释其他地球物理异常，它也被用于地下地质填图；重力法以及折射地震法的特殊功能是确定冲积层覆盖区下部基岩的埋深及轮廓，还可用于寻找砂矿床。

最适于重力测量的条件主要包括：

（1）作为研究对象的地质体与围岩之间存在明显的密度差异。

（2）地表地形平坦或较为平坦。

（3）工作区内非研究对象引起的重力变化较小，或通过校正能予以消除。

五、设计和协调地球物理工作

地球物理和矿产勘查关系十分密切，因此，勘查地质工作者要善于把两者的工作协调好。地球物理工作者根据地质解释选择野外方法和测线，而勘查地质工作者却要利用地球物理信息进行有关解释。

（一）地球物理勘查的初步考虑

1.地球物理勘查模型

基于矿床（体）的概念模型以及工作有关的任何其他地质信息，可以预测一定的物性对比以及矿床可能产出的深度范围。一种地球物理模型可能是矿床发现模型；另一种模型是填图模型，目的在于确定岩性和构造的关键地质信息。

2.目标

考虑成本、完成地球物理勘查工作的时间。在日程安排及地球物理勘查模型的组织范围内，制定出最佳的地球物理和地质工作程序。

3.工作程序

可能不止一个单位参加项目工作，为了使工作人员建立起一个试验性程序以便发挥其作用，必须让他们了解工作区原有地球物理的控制程度以及现在的目的，并尽可能详细地阐明下列条件。

（1）工作区的范围。

（2）所要求地球物理工作的详细程度。

（3）测线的方位以及测站的间距。

（4）所要求地球物理工作覆盖的程度（完全覆盖或部分覆盖）。

（5）各拟用地球物理技术所要求的精度。

（6）测线控制要求的精度。

（7）提交成果的范围和方式（原始资料、等值线图、解释资料等），如需要解释资料、说明解释程度等。

（8）地球物理工作的日程安排。

（9）工作区的地形、气候地征以及野外基地设施等。

（二）地球物理工作开展前的准备

开展工作之前，勘查地质人员要与地球物理人员共同设计一个特殊工作项目，其内容包括以下四个方面。

1.由勘查地质工作者简要介绍

（1）工作区的地质条件。利用现有地质图，若可能的话，还可利用能指示不连续性和岩性对比的原有地球物理测量资料，详尽地把地质模型与物性（诸如密度、电导率、磁化率等）联系起来。

（2）噪声来源。根据现有信息可以预测某些噪声来源，如具导电性的覆盖层，矿山、管道产生的人工噪声等。

2.共同编制工作进度表

由于季节、气候、设备故障等因素的影响，不可避免地会造成地球物理工作的某些延误。因而，工作进度安排具有应变性。此外，由于地球物理工作是用于建立工作区的地质图像，工作进展过程中可能会出现新的情况，需要补充一些测线；有时测线需要延拓至邻区；有时需要补充使用其他地球物理方法；地质填图范围可能需要扩大，以便与新的地球物理资料吻合。诸如此类，虽然不可能编入工作进度表中，但在考虑工作安排时必须预计这些可能发生的事件。

3.取样和试验

实验室确定地球物理参数的样品以及地球物理响应的模拟可以由地质人员来完成。此外，勘查地质人员和地球物理人员可以选择露头发育良好的部位进行踏勘；若要穿过已知矿体进行试点测量，勘查地质人员的任务是要识别工作区或类比区内具代表性的矿体。

4.地下信息

根据地层层序、深部取样以及已有剖面图上的重要信息，对地球物理工作以及对在最关键部位设计钻孔，以获得最重要资料的地质工作是十分重要的。在某些情况下，只要把钻孔再延伸几米就可穿透一个有意义、具物理特征的边界，或者施工一个成本较低的无岩心钻孔穿过覆盖层，即使它们与直接的地质目的没有什么关系，但在地球物理方面具有意义，这也是值得的。

（三）地球物理测量期间的协调工作

（1）对明显的异常进行分类，必要时进行一些特殊的地质工作来增强或证实初步的解释。

（2）提供辅助的地球物理方法。在异常可由其他地球物理方法证实时，此项工作仍由现场的物探组完成。

（3）延拓工作。有关勘查靶区范围的早期概念可能因为地球物理资料的充实而发生变化，从而需要调整勘查范围。

（四）后续工作

野外工作完成后，地球物理工作者要对资料进行处理和解释；勘查地质工作者可能要求增强一些明显的信号以阐明某些特殊地区的可疑信息；可能需要进行附加的地质填图来证实地球物理解释。最后，可能选择合适的目标进行钻探。

地球物理测量是矿产勘查中了解深部地质情况的重要手段，地球物理测量和资料解释工作是一项十分复杂的任务，而且，如果没有地质指南，这项工作的价值将是有限的。勘查地质工作者也应该明白，如果没有地球物理方面的资料，其工作也会受到明显的限制。

第八节　遥感找矿法

一、遥感技术的基本原理

遥感是利用诸如常规的照相机或利用对可见光及可见光区域之外的电磁辐射敏感的电子扫描仪获取影像用于分析的技术。换句话说，遥感是通过测量反射或发射电磁辐射以获得地球表面特征的技术。它能使我们识别主要的区域或局部地形特征以及地质关系，有助于发现有矿产潜力的地区。安装在卫星上的遥感仪器扫描地球表面，并测量反射太阳的辐射或地表发射的辐射，通常波长范围为0.3～3μm，这些波长范围跨越了从超紫外线、可见红外线到微波雷达光谱。由传感器从远距离接收和记录目标物所反射的太阳辐射电磁波及物体自身发射的电磁波（主要是热辐射）的遥感系统称为被动遥感。而测量由飞行器本身发射出的辐射在地球表面的反射的方法称为主动遥感方法（有时又称为遥测），其主要优点是不依赖太阳辐射，可以昼夜工作，而且可以根据探测目的的不同，主动选择电磁波的波长和发射方式。

一般利用各种合成方式构建多光谱影像或颜色合成影像，把遥感影像中的每一种颜色称为一个光谱波段，遥感技术可以探测到少至一个、多至200个左右的波段。

由于不同的岩石类型在不同的光谱范围内具有不同的反射辐射特征，所以，可根据遥感信息对一个地区进行初步的地质解释，一些与矿床关系密切的地质特征提供了能够用遥感探测到的强信号。例如，与热液蚀变有关的褪色岩石和与斑岩铜矿氧化带有关的红色铁帽，或者是可能赋存贵金属矿脉的火山岩区的断裂等，这些特征即使被土壤或植被覆盖有时也能清楚地识别。部分植被本身也具有反射地下异常金属含量的效应。

遥感技术系统主要由遥感仪器（传感器，用来探测目标物电磁波特性的仪器设备，常用的有照相机、扫描仪和成像雷达等）、遥感平台（用于搭载传感器的运载工具，常用的有气球、飞机和人造卫星等）、地面管理和数据处理系统以及资料判译和应用等部分组成。

遥感技术可以根据不同的依据进行划分，见表7-2。

表7-2　遥感技术分类

分类依据	分类	说明
按遥感平台的高度分类	航天遥感（太空遥感）	指利用各种太空飞行器为平台的遥感技术系统，在大气层之外飞行，高度为几百千米至几万千米。以人造地球卫星为主体，包括载入宇宙飞船，探空火箭、航天飞机和太空站，有时也把各种行星探测器包括在内
	航空遥感	泛指从飞机、飞艇、气球等空中平台对地观测的遥感技术系统，在大气层内飞行，高度为100m～30km
	地面遥感	指以高塔、车、船为平台的遥感技术系统，将地物波仪或传感器安装在这些地面平台上，可进行各种地物波谱测量
按所利用的电磁波的光谱分类	可见光/反射红外遥感	主要指利用可见光（0.4～0.7μm）和近红外（0.7～2.5μm）波段的遥感技术
	热红外遥感	指利用波长1～1000mm电磁波遥感
	微波遥感	以地球资源作为调查研究对象的遥感方法和实践，调查自然资源状况和监测再生资源的动态变化，是遥感技术应用的主要领域之一
按研究对象分类	资源遥感	对自然与社会环境的动态变化进行监测或进行评价与预报
	环境遥感	传感器不向目标发射电磁波，仅被动接收目标物的自身发射和对自然辐射源的反射能量，就可以测量、记录远距离目标物的性质和特征

续表

分类依据	分类	说明
按遥感的工作方式分类	被动式遥感	利用探测仪器发射信号（如雷达或激光雷达波和声呐等），并通过接收其反射回来的信号了解被研究对象或现象的性质和特征
	主动式遥感	可分为可见光摄影、红外摄影和扫描、多光谱扫描、微波雷达和成像光谱图像等

按国际惯例，可以把遥感遥测理解为摄影测量、电视测量、多光谱测量、红外测量、雷达测量、激光测量和全息摄影测量等，而不包括使用航空物探方法。陆地资源卫星照片属于多光谱测量的资料，又称遥感影像。

二、航空遥感

航空遥感也称为机载遥感，是指以各种飞机、气球等作为传感台和运载工具的遥感技术。飞行高度一般在25km以下。现代航空遥感技术已由常规的航空摄影发展到多种探测技术，如紫外摄影、红外摄影、多光谱摄影、多光谱扫描、热红外摄像以及各种雷达技术等。航空遥感成像具有比例尺大、地面分辨率高、机动灵活等特点。

航空摄影可为数十平方千米或更小范围的勘查工作提供地形和地质基础资料；卫星遥感使用较宽的电磁光谱，而航空摄影只利用可见光和近红外光谱部分。

航天飞机已经拍摄了一些极好的大区域照片，不过未能进行系统的覆盖拍摄。由飞机进行的垂直摄影所获得的照片，已成为多数地质工作的基础，目前我国常用的航空相片，像幅有18cm × 18cm、23cm × 23cm和30cm × 30cm三种，比例尺可从1：10万～1：2万或更小。彩色航空照片对矿产勘查是非常有用的，因为颜色能突出重要的地质细节，但彩色航空照片摄取较少、价格较贵，通常很难买到。

航空照片能精确地反映地貌及基岩岩性和构造，而且，根据其灰度或颜色分辨率能识别出诸如岩石蚀变带和硫化物氧化带等。因为飞机拍摄相邻地区的照片能够形成立体感，所以，地貌的细节表现得特别明显。这些毗邻的照片（或称立体像对）在前进方向叠加了大约60%，侧向上叠加大约30%。用作三维图视的立体镜可以是野外用的袖珍型或室内用的反射棱镜或单棱镜。因为是在中心透视中拍摄的单张航空照片，因而，它们具有边缘和高程畸变，这可以通过照片的联结或叠加所形成的一张有误差的照片镶嵌图进行校正。

根据航片上可识别的地形、地貌和地质特征，帮助确定重点勘查工作区、参照地形标定工作路线、设置工作场所、部署地球化学取样或地球物理测线位置。因此，航片是勘查设计较理想的基础资料。

已经研制出无畸变、具颜色校正的航空摄影专用相机。黑白胶片目前仍是最常用的，但红外胶片和各种彩色胶片的应用已日渐广泛。

三、遥感地质

遥感地质又称为地质遥感，是综合应用现代的遥感技术来研究地质规律，进行地质调查和资源勘查的一种方法。它从宏观的角度，着眼于由空中取得的地质信息，即以各种地质体对电磁辐射的反应作为基本依据，综合应用其他各种地质资料及遥感资料，以分析、判断一定地区内的地质构造情况。遥感地质工作的基本内容是：①地面及航空遥感试验，建立各种地质体和地质现象的电磁波谱特征；②进行图像、数字数据的处理和判释地质体和地质现象在遥感图像上的特征；③遥感技术在地质填图、矿产资源勘查及环境、工程、灾害地质调查研究中的应用。遥感地质需要应用计算机技术、电磁辐射理论、现代光学和电子学技术以及数学地质的理论与方法，其是促进地质工作现代化的一个重要技术领域。

国内各遥感中心一般都备有成套的电磁波信息磁带，应用计算机处理技术可获得国内任一地区的黑白或假彩色合成图像。在假彩色合成图像中，可以选择不同的光谱限或光谱限的合成来突出或增强最重要的地质信息。例如，计算机在对原始电磁波信息处理过程中，通过选择特征频带强度（强度比值）能够对岩石进行分类；最好地反映某一岩石类型的信息组合（算法）被赋予一种颜色，使该像幅内相应于该算法（相应于该岩石类型）的所有像元都被赋予同种颜色。结合野外和实验室谱分析，TM数据能够生成黏土和铁氧化物蚀变分布图；AS-TER数据可以有效地生成青磐岩化合黏土化蚀变分布图；超光谱数据可以生成多达20余种蚀变矿物的分布图。因此，只要识别出工作区最重要的岩石类型或蚀变带及其光谱特征，便可以把这些特征外推到更大的地区，也就可以根据假彩色合成图像进行初步地质解释以及对该区矿产潜力进行评价。

红外波长范围的遥感可将记录的地球表面的热辐射，用于圈定高热流或低热流地区并可证实不同程度保留或放射积热的岩石类型。雷达波长能穿透植被并显著地被地表反射，航空侧视雷达非常适用于地质构造制图。

反映一个广大地区内的岩石类型和地质构造概貌，是遥感技术在矿产勘查中的主要优势。高分辨率图像资料的可利用性，进一步促使矿产勘查利用遥感技术。特别需注意研究的课题如下。

（1）应用综合数据库，即把地球物理、地球化学测量资料叠加在遥感图像中。

（2）在短和中红外波长范围内开发图像资料的数字处理技术。

（3）影像雷达的评价。实际工作中常常利用多阶段、多种遥感影像进行解译。

首先从小比例尺（1∶100万～1∶25万）卫星影像解译入手，然后，解译高空拍摄研究区的大比例尺航摄相片，再进一步解译研究区更大比例尺的传统拍摄的航片，在一些条件较好的地区，还可以结合航空物探测量成果进行研究。利用多种遥感信息可以对一些重要的地质特征的解译结果互相印证。例如，航空磁法测量可以指示侵入体的存在，利用航片可以帮助圈定侵入体的边界。

遥感资料提供的信息可以帮助对区域地质体进行较准确的圈定，从宏观上控制区域地质构造的总体格架，对提高区域地质调查质量具有十分重要的作用。遥感图像的解译主要是去伪存真、先整体后局部，通过对比、推理，解译不同比例尺的单张单波段或彩色合成卫片，然后对比多时相、多波段、多片种及航、卫片镶嵌图，从中确定各类地质体、线、环形影像特征及其分布和变化等。根据遥感资料的影像特征，进行遥感影像单元和遥感形态单元（线形、环形）划分，并编制遥感图像解译草图；对照参考已有的地质资料，拟定全区岩性和构造地质解译标志；根据解译标志，对遥感资料进行地质解译并编绘遥感地质解译图，提供野外踏勘的参考应用，以便有针对性地布置地质观察路线，并对解译内容进行实地检查验证，不断修改补充和完善解译标志，提高解译质量；同时修改补充原遥感地质解译图有关内容，使解译内容与客观情况更为吻合。

遥感地质解译的重点包括：区域构造格架解译、辅助地质填图解译、已知控矿因素的追索圈定等。因为遥感影像只是多种勘查手段中的一种，因而有必要与其他类型数据（地质、地球化学、地球物理等）在相同比例尺和同一个坐标系统中进行匹配和比较。

如果说遥感数据分辨率的提高显著提高了地面地质体影像的精细程度，那么，超光谱技术的发展则促使遥感地质方法由现在的以图像分析为主转变为以光谱分析为主的图谱结合的方式。未来的遥感地质将会向着定量化（如地质目标的自动识别、岩石中矿物丰度和化学成分的定量反演以及包括地质填图模型和矿产资源评价模型在内的定量应用模型等）和集成化（多种遥感技术、多种遥感信息以及多种数据处理方法集成为优势互补协同作业的应用体系）的方向发展。

四、遥感找矿法概念及主要应用

遥感找矿法是指通过遥感的途径对工作区的控矿因素、找矿标志及矿床的成矿规律进行研究，从中提取矿化信息而实现找矿目的的一种技术手段。

遥感找矿法是现代高新技术在矿产勘查领域应用的直接体现：从地质体物理信息的获取、数据处理和判译，直到最后形成各种专门性的成果性图件，整个过程涉及现代光学、电学、航天技术、计算机技术和地学领域内的最新科技成果。因此，与传统的找矿方法相比，遥感找矿法具有明显的优势和发展前景。

遥感找矿的技术路线是以成矿理论为指导，以遥感物理为基础，通过遥感图像处理、解译以及遥感信息地面成矿模式的研究，同时配合野外地质调查及验证和室内样品分析，以保证遥感找矿的有效性。

遥感找矿是一种高度综合性的找矿方法，具有视域开阔、经济快速、易于正确认识地质体全貌，对地下及深部成矿地质特征具一定的“透视”能力的特点，并能多层次（地表、地下）、多方面（地质、矿产）获取成矿信息。

但需要强调的是，迄今为止，遥感方法并不是一种直接的找矿方法，其获取的信息多是间接的矿化信息，在矿产勘查工作中，必须与地质学原理和野外地质工作紧密结合，必须与其他找矿方法相配合，才能获得可靠的结论并最终发现欲找寻的矿产。

遥感方法在矿产勘查工作中的具体应用主要有以下三个方面。

（一）进行地质填图

遥感地质填图可以通过两个途径来实现：一是利用高精度摄影机或电视传真机直接摄制遥感图像；二是利用扫描器或传感器获取信息，并经专门的技术处理成图。

通过遥感填图可以较准确地了解各类地质体的宏观特征，校正地面勾绘时因野外观察路线之间人眼可视范围的局限性而造成地质界线推断的错误，并为常规地质填图提供重要的成矿地质信息。此外，应用雷达波束在常规地质填图难以实现的冰雪覆盖的高山区和沙漠地区填绘基岩地质图；利用红外技术填制不同种类的岩石分布的专门性图件；尤其是随着遥感配套技术的不断改进和提高，从不同的高度（航天、航空）、不同的方面（地质、物探、化探）进行多层次全信息的立体地质填图。

目前，遥感地质填图已成为地质填图的重要组成部分。

（二）研究区域控矿构造格架

遥感解译使用的卫星图片覆盖的范围大且概括性强，为宏观地研究区域控矿构造格架、总结成矿规律提供了有利的条件，包括大型构造单元的研究、区域断裂系统及基底构造的分析、局部构造控矿特征研究等。

遥感图像对于环形、线性构造及隐伏构造的判译尤为简洁准确。

1.环形构造

在遥感影像上常表现为圆形、椭圆形色环等，结合地质特征分析可反映不同类型的成矿信息。例如，与大型基底隆起有关的环形构造可能为油气聚集的地区，与隐伏断陷盆地有关的环形构造可能具有煤炭资源，一些小的环形构造常是侵入岩体或火山喷发中心的反映。

2.线性构造

在遥感图像上表现为一系列线状色调和同色调的界面，本身有深浅、粗细、长短、隐显之分，是不同类型的断裂构造、不同的地质界面、呈线状分布的地质体的判别标志。

通过研究区域环形、线性构造的充分判译，可以较好地掌握本地区内的控矿构造格架和矿床分布规律。例如，赣南西华山—杨眉寺地区，通过遥感图像解译发现区内的构造类型主要为一系列线性及环型构造，并有规律地控制了区内与成矿有关的岩体及矿床的分布。

（三）编制成矿预测图，确定找矿远景区

这是遥感技术应用于找矿的直接例证。应用遥感技术进行成矿预测的关键是建立遥感信息地质成矿模型，即根据遥感影像特征和成矿规律研究程度较高的地区的成矿地质特征的研究，分析主要控矿因素和各种矿化标志，建立矿化信息数据库和遥感地质成矿模式，然后推广至工作程度较低的地区，通过类比，编制成矿预测图，圈定找矿靶区，指导矿产勘查工作。例如，美国科罗拉多州中部贵金属和贱金属试验区，应用卫星影像分析了线性构造和环形构造后，确定了10个找矿远景区，并按成矿条件的优劣将之分为三级，经地面资料证实，有5个与已知矿区相符。

五、遥感图形及处理

（一）遥感图像类型

遥感图像是成像方式遥感所获得的目标物信息的影像产品，因其形象直观，便于目视解译和各种处理，故成为各学科领域广泛使用的最基本遥感资料。不管是可见光还是不可见波都可以形成直观影像，记录存贮在感光材料或在显示器上显示，也可以以数字数据的潜像形式记录存贮在磁带上。

通过安装在遥感平台上的遥感器，对地球表面摄影或扫描获得的影像称为遥感影像。遥感影像经过处理或再编码后产生的与原物相似的形象称为遥感图像。为区别不同成像方式的遥感影像，常称光学摄影成像的二维连续的影像为像片，扫描成像的一维连续、一维离散或二维离散的影像为图像。

在遥感应用中又按遥感平台类型分为航天、航空、地面遥感图像；按影像记录的电磁波波段分为紫外、可见光、近红外、热红外、微波图像和多波段、超多波段图像；按影像比例尺有大、中、小比例尺图像。遥感图像还有彩色和黑白，彩色图像又有真彩色和假彩色之分，等等。

遥感应用中常按成像遥感器工作波段和成像方式进行的遥感图像分类，既能体现影像特征，又能揭示影像的信息内涵。

（二）遥感图像的基本属性

遥感图像基本特性包括图像的波谱特性、空间（几何）特性和时间特性。

1.波谱特性

根据遥感器探测记录的波谱特性差异识别地物和现象，是遥感应用的基本出发点。波谱特性差异在遥感图像上即为影像灰度（色调）或色彩的差异。各种遥感图像的灰度或色彩都是其响应波段内电磁辐射能量大小的反映；黑白全色像片、天然彩色像片反映地物对可见光（0.38～0.76μm）的反射能量；黑白红外像片、彩色红外像片反映的是地物在部分可见光和摄影红外波段（0.38～1.3μm）的反射能量；热红外图像反映地物在热红外波段（8～14μm）的热辐射能量（辐射温度）；成像雷达图像反映地物对人工发射微波（0.8～100cm）后向散射回波的强弱；多波段、超多波段图像灰度则是其各自响应波段辐射能量大小的反映。

2.空间（几何）特性

遥感图像的空间（几何）特性，是从形态学方面识别地物、测绘地图，建立解释标志和进行图像几何校正以及增强处理等工作的重要依据。遥感图像空间特性分析，主要包括成像遥感器的空间分辨率、图像投影性质、比例尺和几何畸变等。

（1）空间分辨率。遥感图像的空间分辨率指图像能分辨具有不同反差、相距一定距离相邻目标的能力。①影像分辨率：指用显微镜观察影像时，1mm宽度内所能分辨出的相间排列的黑白线对数（线对/mm）。它受光学系统分辨率、感光材料（或显示器）分辨率、影像比例尺、相邻地物间的反差等因素的综合影响。②地面分辨率：指遥感图像上能分辨的地物的最小尺寸。扫描影像常用遥感器探测单元的瞬时视场大小表示。

（2）图像比例尺。指图像上某一线段的长度与地面上相应的水平距离的比值。由遥感器光学系统的焦距与遥感平台的高度即航高之比来确定。由于遥感影像一般为中心投影或多中心投影，它不同于地图的垂直投影，影像比例尺受地形起伏及地物在像幅中位置的影响，会出现各处不一致的现象。

3.时间特性

遥感影像是成像瞬间地物电磁辐射能量的记录。地物都具有时相变化，一是自然变化过程，即其发生、发展和演化过程；二是节律，即事物的发展在时间序列上表现出某种周期性重复的规律，亦即地物的波谱特性随时间的变化而变化。在遥感影像解译时，必须考虑研究对象所处的时态，充分利用多时相影像，不能以一个瞬时信息来包罗它的整个发展过程。遥感影像的时间特性不仅与遥感器的时间分辨率有关，还与成像季节、时间有关。

（三）航空摄影像片特性

1.航空像片的种类

常见的航空像片多为帧幅式，系航空摄影获取的反映地面特征的影像像片。航空摄影指运用安装在航空平台上的航空摄影机，对地面进行光学成像，用感光胶片直接记录地物反射的0.3～1.3 μm波段电磁波，并取得像片的整个过程。现代遥感技术已进入空间时代，上述概念已扩展到包括从外层空间对地球、月球和太阳系其他星球进行光学摄影而获取的各类帧幅摄影像片。

航空摄影机主光轴与铅垂线夹角小于3° 的垂直航空摄影获取的航空像片称为水平航空像片；夹角大于3° 的倾斜航空摄影获取的为倾斜航空像片。按工作波段和所使用的胶片，航空像片可分为全色黑白、天然彩色、红外黑白、红外彩色、多波段航空像片等。

2.航空像片的地面覆盖与影像重叠

航空摄影主要是为地形测绘、资源及环境调查提供基本资料，需对测区进行面积覆盖，为此进行的航空摄影称为面积航空摄影。为保证连续覆盖和像对立体观察，相邻像片间需要有部分影像重叠；沿航线方向称航向重叠，重叠率要求达到60%或不少于53%，具有这种重叠关系的两张相邻像片称为立体像对；两条相邻航线间的影像重叠称为旁向重叠，重叠率通常为20%～30%。地形起伏强烈，重叠率相应要加大。

3.航空像片的空间特性

帧幅航空像片是地面的中心投影，受地面起伏和像片倾斜的影响，像片上各处影像比例尺会不一致。平坦地面的水平航空像片，影像比例尺处处一致，且与线段的方向及长短无关。航高一定，焦距越长，影像比例尺越大，地面覆盖范围越小；焦距一定，航高越高，影像比例尺越小，地面覆盖范围越大。在地形起伏地区，由于各影像点相对航高不一致，不同高程处的地物影像比例尺不同，高差越大，相对航高差越大，比例尺差别越大。只有在同一高程上的地物，影像比例尺才相同。因此，地形起伏地区的航空像片比例尺只能概略表示。航摄技术鉴定书提供的航高为航测高差仪记录的像底点的航高，用此航高计算的比例尺称为主比例尺，通常以主比例尺代表像片比例尺。

根据中心投影的原理，由于地形起伏，任何高于或低于基准面的地面点投影在水平像片上的像点，相对于在基准面上垂直投影的像点，都有位置移动。由中心投影造成，在地面上平面坐标相同但高程不同的点，在像片面上的像点坐标不同，这种像点位置的移动，称为像点位移（投影差）。

（四）遥感图像分析与信息提取

遥感图像分析的目的是通过各种方法手段对遥感图像进行有用信息的提取和解译。遥感图像解译中，通常将表征地物和地质现象遥感信息的影像特征称为图像解译标志；将提取遥感信息的过程称为图像解译（判译、判读）；而将遥感图像信息提取的种种手段称为遥感图像解译方法。

目前，遥感图像信息提取的手段主要有三种：一是遥感图像的目视解译，它借助于简单的观察工具（如立体镜、放大镜等）凭肉眼鉴别影像，判断目标物的属性特征；二是遥感图像的光学处理，即采用光学仪器改进图像质量，压抑噪声，突出目标影像，提取有关信息；三是遥感图像的数字处理，即用计算机对数字化的影像进行几何校正、增强等专门处理，达到提取目标物属性特征信息的目的。三种方法各有所长，但目视解译是基础，光学处理和数字处理是深入解译和提高解译水平不可缺少的技术手段，但其效果仍需要专业人员目视解译判断。随着计算机技术的高速发展，遥感信息已越来越多地采用数字记录和储存，故数字图像处理已经成为当今遥感图像处理的主要手段。本节主要介绍遥感图像的目视解译和遥感数字图像处理的基本方法。

1.遥感图像目视解译

目视解译法的基本特点是能充分发挥解译者所掌握的专业基础知识和思维判断能力，降低判错概率，且具有简便易行的优点。只要有遥感图像资料，在任何场合都可以进行解译。遥感图像的目视解译中，解译效果取决于解译者的知识、技能和经验水平。

（1）遥感图像的地质解译标志。地质解译标志是表征地质体及地质形象遥感信息的影像特征。据其表现形式的不同，地质解译标志又分为直接解译标志和间接解译标志两大类。前者是地质体及地质现象本身属性特征在遥感图像上的直接反映，如影像形状、大小、色调和阴影等；后者则是与地质体或地质形象具有相关关系的其他物体或现象所呈现出的影像特征，如地貌特征、水系格局、植被、土壤、水文和人类活动遗迹等，通过对它们的相关分析，也能判别这些地质体或地质形象的属性特征。

不同类型的地物，其电磁辐射特性不同。在影像上的反映就是形成各种各样的色、形信息：色，就是色调、颜色、阴影和反差等；形，就是形状、大小、空间布局、纹理等。“色”只有依附在“形”上来解译才有意义。色形差异也常常显示深部现象的“透视”信息。采取由此及彼、由表及里的综合分析和对比，从已知推未知，解译才会有好的效果。

（2）遥感图像目视解译的基本方法。目视解译最基本的方法是立体观察。它使用简单的光学立体镜，将二维平面图像转化为三维空间的立体光学模型，从而突出了地物的空间特征，使人眼睛易于辨认目标和确定其空间位置。

进行立体观察必须满足两个基本条件：一是具有立体像对，二是具有立体镜。立体像对指在相邻两个摄影基站对同一地面获取的一对具有相同比例尺和一定重叠的像片；图像立体镜是用来进行立体观察的专门仪器，它的主要作用是迫使观察者做到左眼只看左片（图像）、右眼只看右片（图像），以获得良好的立体观察效果。

随着遥感技术的发展，遥感解译所使用的不仅是摄影方法得到的像片，还有红外扫描成像和雷达成像的图像等。应该指出，虽然它们的影像要素或特征也是形状、大小、阴影周围环境、空间布局、色调等，但是它们在不同波段成像的图像中所表达的含义有所不同。

（3）目视解译的方法与原则。

①解译方法。对于各种不同的遥感图像的解译，主要差别在于目标物的具体解译标志有所不同；而解译的原则与方法则是一致的。目视解译中常用的方法主要有以下三种。

a.直判法。指运用直接解译标志来判断地质体或地质现象。这种方法简便可靠，但必须在地质体直接出露于地表，或覆盖很少，而且解译标志比较稳定时，才宜应用。例如，我国西北地区大多具备这种条件，许多地质体可用直判法予以确定。

b.对比法。这是最常用的一种方法。它通常包括三种情况：一是将遥感影像与地质实体进行对比；二是与已经工作过的邻区图像对比；三是与前人资料对比。通过对比，建立本区适用的确切可靠的解译标志。对比法也用于解译成果的野外验证。

c.逻辑推理法。根据地质体和地质现象与地表其他景观要素的相关关系，运用地质学、地貌学、水文学、土壤学、地植物学等有关学科的理论进行综合分析、逻辑推理，从而确定目标物的属性。这里，主要是运用各种间接标志来判断被掩盖的地质体或地质现象，对我国南方地区的图像进行解译时，常常用到这种方法。

②解译原则。遥感图像解译的原则可概略如下。

a.宏观原则。在任何地区进行解译时，应先采用卫星图像或小比例尺航片略图，对影像总体轮廓进行研究，以获取整个工作区宏观构造格架的正确概念。这是下一步详细解译能否快速、准确地取得成果的关键，具有重大的指导意义。在此前提下，方能有效地开展各个局部的详细解译。

b.先易后难、循序渐进原则。整个解译工作必须做到循序渐进，方能提高工作效率，收到事半功倍之效。下面是一些实践经验的总结，可供参考。从比较了解的地段入手，向较陌生的地段推进，即从已知到未知；先解译影像清晰部分，后解译模糊部分；先山地，后平原；先构造，后岩性；先断裂，后褶皱；先线性构造，后环形构造；先岩浆岩，后沉积岩，再变质岩；先解译显露的，后解译隐伏的。

2.遥感数字图像处理

遥感图像处理，特别是数字图像处理是增强、提取成矿环境地质、构造、矿化等有用信息的重要手段，同时在资源、环境、农、林、牧、渔、国土整治、工程地质等领域得到广泛应用，潜力很大。尤其是随着新一代遥感图像光谱分辨率、空间分辨率的提高，多时相、多类型遥感图像数据的融合以及遥感图像与其他数据的融合，遥感数字图像处理显得越来越重要。由于遥感图像记录了大量肉眼以及常规仪器难以发现的微弱的地物特征信息，如目标物的红外波谱信息、微波信息等，通过遥感图像数字处理提取这些标志信息，尤其是弱成矿标识信息，可大大增强人们鉴别目标的能力。实际上，当前随着计算机技术的发展，遥感图像处理的内容已远远超出了宏观图像的范畴，对遥感、物探、化探及地质、矿产数据都可以用图像处理方法来进行有效组合、综合与复合或进行增强、变换、分类及模式识别，提取一组特征标志，进而形成找矿综合信息图（或图像）。

（1）数字图像。数字图像是一种以二维数组（矩阵）形式表示的图像。该数组由对连续变化的空间图像作等间距抽样所产生的抽样点——像元（像素）组成，抽样点的间距取决于图像的分辨率或服从有关的抽样定律；抽样点（像元）的量值，通常取抽样区间内色调（色彩）连续变化之地物的平均值，一般称作亮度值或灰度值；它们的最大、最小值区间代表该数字图像的动态范围。数字图像的物理含义取决于抽样对象的性质。对于遥感数字图像，就是相应成像区域内地物电磁辐射强度的二维分布。在数字图像中，像元是最基本的构成单元。

数字图像可以有各种不同的来源。大多数卫星遥感，地面景象的遥感信息都直接记录在数字磁带上。有关的遥感卫星地面站或气象卫星接收站均可提供相应的计算机兼容数字磁带或数据光盘及其记录格式。应用人员只要按记录格式将图像数据输入计算机图像处理系统，即可获得数字图像，并进行各种图像处理。对于像片或胶片影像，则可通过电子—光学透射密度计和扫描器以及扫描仪等，将影像密度转换为数值，进而形成数字图像；对于非遥感的地学图件，如地形图、地质图、航磁图、重力图、化探元素异常图等，也可通过数字化仪或扫描仪，转换为数字图像。同一地区不同来源的数字图像都可精确配准，并做复合处理。

（2）数字图像处理。数字图像为不同亮度值像元的行、列矩阵组织数据，其最基本的特点就是像元的空间坐标和亮度取值都被离散化了，即只能取有限的、确定的值。所以，离散和有限是数字图像最基本的数学特征。所谓数字图像处理，就是依据数字图像的这一数字特征，构造各种数学模型和相应的算法，由计算机进行运算（矩阵变换）处理，进而获得更加有利于实际应用的输出图像及有关数据和资料。故数字图像处理通常也称为计算机图像处理。

数字图像处理在算法上基本可归为两类：一类为点处理，即进行图像变换运算时只输入图像空间上一个像元点的值，逐点处理，直到所有点都处理完毕，如反差增强、比值增强；另一类为邻域处理，即为了产生一个新像元的输出，需要输入与该像元相邻的若干个像元的数值。这类算法一般用作空间特征的处理，如各种滤波处理。点处理和邻域处理有各自不同的适应面，在设计算估时，需针对不同的处理对象和处理目标加以选择。

遥感数字图像处理，数据量一般很大，往往要同时针对一组数字图像（多波段、多时像等）做多种处理。因此，需要依据遥感图像所具有的波谱特性、空间特性和时间特性，按照不同的对象和要求构造各种不同的数学模型，设计出不同的算法；它不仅处理方法非常丰富，而且形成了自身的特色，已发展为一门专门的技术方法。

根据处理目的和功能的不同，目前遥感数字图像处理主要包括以下四个方面的内容。

①图像恢复处理。旨在改正或补偿成像过程中的辐射失真、几何畸变、各种噪声以及高频信息的损失等。属预处理范畴，一般包括辐射校正、几何校正、数字放大、数字镶嵌等。

②图像增强处理。对经过恢复处理的数据通过某种数学变换，扩大影像间的灰度差异，以突出目标信息或改善图像的视觉效果，提高可解译性。主要包括有反差增强、彩色增强、空间滤波、图像变换增强等方法。

③图像复合处理。对同一地区各种不同来源的数字图像按统一的地理坐标做空间配准叠合，以进行不同信息源之间的对比或综合分析。通常也称多源（元）信息复合，既包括遥感与遥感信息的复合，也包括遥感与非遥感地学信息的复合。

④图像分类处理。对多重遥感数据，根据其像元在多维波谱空间的特征（亮度值向量），按一定的统计决策标准，由计算机划分和识别出不同的波谱集群类型，据此实现地质体的自动识别分类。有监督和非监督两种分类方法。

（3）数字图像处理系统。遥感数字图像处理不仅数据量大，而且数据传输频繁，专业性强。因此，一般都要在专门的处理设备上进行。用以进行数字图像处理的专门计算机及其外围设备和有关的软件，即构成了数字图像处理系统，通常由硬件系统和软件系统两大部分组成。其中硬件系统，按目前国内外的发展趋势可分为大型专用机系统和微机图像处理系统两类。一般情况下，它们包括以下一些基本的部件。

①主机。进行各种运算、预处理、统计分析和协调各种外围设备运转的控制中心，是最基本的设备。一般为速度快、内存大的专用计算机。

②磁带机和光盘刻录机。连接数字磁带或图像数据光盘和主机的数据传输装置，既可以输入原始图像数据，也可以将中间处理和最终处理的结果再转存记录到磁带上或光盘上。目前的微机图像处理系统大多带有光盘刻录机，图像数据的输入和输出较为方便。

③图像处理机。即数字图像处理专用的核心设备，既具体承担各种图像处理功能的发挥，如进行图像复原、几何校正、增强和分类等各种处理的数学运算，也是连接主机和各种输出输入设备的纽带。

④输出设备。用作处理结果的显示分析及记录和成图，包括彩色监视器或彩显，各种类型的打印机、绘图仪、胶片记录仪和扫描仪等。

对于功能齐全的系统，除上述部件外，通常还包括有胶片影像的摄像或扫描数字化仪、图形数字化仪等输入设备。

软件系统系指与硬件系统配套的用于图像处理及操作实施的各种软件。一般包括系统软件和应用软件两部分。前者又包括操作系统和编译系统，主要用于输入指令、参数及与计算机“对话”；后者则是以某种语言编制的应用软件，存于硬件系统的应用程序库中，用户可按研究任务采用对话方式或菜单方式，发出相应的指令使用这些程序，由主机做运算处理，获得所需的结果。不同专业往往设计有各自的应用软件系统，故国际上已开发出各种各样的图形图像处理软件系统，针对微机也开发了一系列建立在Windows上的图形图像处理软件，如Photoshop等，功能强大，操作也非常方便。

3.遥感图像光学处理

光学图像处理是指以胶片方式记录的遥感影像或由数字产品转换来的影像胶片为处理对象，通过光学或电子光学仪器的加工改造，对遥感图像进行变换和增强的一种图像处理技术。

用作光学处理的仪器和技术手段很多，包括摄影处理、光电处理和相干光处理等；处理方法上，则有密度分割、彩色合成、边缘增强、反差增强、光学图像比值、光学变换、光学编码等。其中较常用的是假彩色等密度分割和假彩色合成。

需要指出的是，随着计算机硬件和软件技术的高速发展，造价昂贵的光学图像处理系统基本上已经由计算机图像处理系统取代。

第九节　工程技术方法

找矿的工程技术方法主要指地表坑道工程及浅进尺的钻探工程等一类探矿工程。在找矿工作中，工程技术手段主要用来验证有关的地质认识、揭露、追索矿体或与成矿有关的地质体，调查矿体的产出特征及进行必要的矿产取样等。在矿产普查阶段，配合其他找矿方法，通过有限的探矿工程的揭露，可以快速、准确地解决一些关键的找矿问题。如矿体的规模、质量等。因此，在必要的情况下，还需使用极少量的地下坑道工程和较深进尺的钻探工程。

一、地表坑探工程

（一）剥土

为了满足地质观察和取样的需要，将观察范围内的地表浮土的一部分或全部剥离，使基岩中矿体或构造直接裸露于地面的、无一定形状的揭露工程，称为剥土工程。

一般在浮土层不超过0.5～1m时应用。浮土太厚，工作量大时，则不宜采用。剥土工程一般布置在地表矿体或复杂的地质构造线之上。剥土的位置不受地形的限制，其面积的大小以能满足地质观察和取样的需要为度。对矿体而言，其剥露范围应大于矿体的最大厚度。剥土工程主要用于追索固体矿产矿体边界及其他地质界线，确定矿体厚度，采集样品等。

（二）探槽

探槽是从地表向下挖掘的一种槽形坑道，其横断面通常为倒梯形，一般上宽1.0～1.8m，底宽0.8m左右，视浮土性质及探槽深度而定。槽的深度一般在3～5m，探槽是揭露、追索和圈定残坡积覆盖层下地表矿体及其他地质界线的主要技术手段。挖掘深度应尽可能揭露出基岩。为了达到从基岩中采取样品、标本的目的，要求探槽掘入基岩的深度至少为0.5～1.0m。

探槽可分为两种：主干探槽和辅助探槽。主干探槽应布置在工作区主要的剖面上或有代表性的地段，以揭露地层、岩性，揭露探索平行矿体、研究矿化规律等为目的；而辅助探槽是在主干探槽之间加密的一系列短槽，用于揭露矿体或地质界线，可平行主干探槽，也可不平行。

所有探槽适用于浮土厚度小于3m，但当地下水面低时，覆盖层厚度达5m时也可使用。长度则根据地质需要而定，一般至数十米。长度在100m以上者，称为主干探槽。

探槽通常垂直于含矿层、含矿构造或矿化（体）的走向布置，研究含矿层、含矿构造或矿化（体）沿厚度方向的变化特征。当对矿体进行系统的地表揭露时，探槽应按一定间距平行排列，并垂直于矿体或矿带的平均走向。用于揭露铀矿体时，探槽间距一般为20～50m。

为了研究矿体沿走向的变化，有时也可适当布置一些走向探槽，沿矿体走向进行追索。

（三）浅井

浅井是从地面向下掘进的垂直坑道，深度和断面均较小，深度一般不超过20m，断面多为矩形，也可为正方形或圆形。

浅井的布置视矿体规模、产状而定。当矿体产状较缓时，浅井应布置在矿体上盘；当矿体产状较陡时，也可布置在矿体下盘，在浅井下拉石门或穿脉揭露矿体。

浅井主要用于揭露松散层掩盖下的矿体。对埋藏较浅、产状平缓的风化矿床和大体积取样的金刚石砂矿或水晶砂矿，浅井是主要勘查技术手段。

铀矿地质系统一般将深度小于10m的矩形断面探井称为浅井；深度为10m以上到40m者为深井。为保证安全生产，当井壁不稳固时，必须进行支护。

断面为圆形的浅井称为小圆井，其直径一般为0.8～1m，深度为10～15m，浅井或小圆井皆用于揭露浅部矿体，查明矿体在浅部的变化特征。由于圆形断面的井壁稳定性较好，所以当浮土较厚时，通常采用小圆井以节省支护材料。

深、浅井的位置取决于矿体的产状和深井的深度，矿体产状较缓时，浅井应布置在矿体上盘，向下开凿直接切穿矿体；矿体产状较陡时，可在浅井下拉石门或穿脉揭露矿体。

当地形条件不利，而矿体产状又较陡时，布置在上、下盘均可。当深井的深度较大，井下配有一定量的水平坑道追索矿体时，一般将井筒布置在下盘，并用石门连通矿体。这种布置方法的优点是井筒本身不穿过矿体，有利于井筒的保护；缺点是井下石门较长，增加工作量。

二、地下坑探工程

（一）平硐

平硐又称为平窿，是按一定规格从地表向山体内部掘进、一端直通地表的水平坑道。两端都直接通达地表的水平巷道称为隧洞或隧道。平硐的形状一般为梯形或拱形，是人员进出、运输、通风及排水的通道。在勘查中常用于揭露、追索和研究矿体。与竖井和斜井比较，平硐的优点是施工简便、运输及排水容易、掘进速度快、成本较低等，因此，在地形有利的情况下应优先采用平硐勘查。

（二）石门

石门是指从竖井（或盲竖井）或斜井（或盲斜井）下部掘进的地表无直接出口且与矿体走向垂直的地下水平巷道。由于它是穿过围岩的巷道，故称为石门，一般用作连接竖井或斜井与主要运输巷道（沿脉）的主要通道、揭露含矿岩系的地质剖面，以及追索被断层错失的矿体等。

（三）沿脉

沿脉是指在矿体中或在其下盘围岩中沿矿体走向掘进的地下水平巷道。沿脉无地表直接出口，一般通过石门与竖井或斜井井筒连接。布置在矿体内的沿脉称脉内沿脉，布置在围岩中的沿脉称脉外沿脉或石巷，采用哪一种沿脉应根据矿体地质特征和生产要求而定。

在勘查项目中，主要利用沿脉来了解矿体沿走向的变化情况，沿脉还可供行人、运输、排水和通风之用。

（四）穿脉

穿脉是指垂直矿体走向掘进并穿过矿体的地下水平巷道。在勘查中穿脉主要用于揭露矿体厚度、了解矿石组分和品位的变化，以及查明矿体与围岩的接触关系等，其长度取决于矿体厚度以及平行分布的矿体数。

由沿脉、穿脉、石门等地下平巷配合，构成了控制矿体分布的水平断面，这种水平断面称为水平，通常以所在标高来编号。例如，0m水平、-50m水平等，有时也以从上往下按顺序编号，如第一水平、第二水平等。相邻水平之间的阶段称为中段，某一水平标高以上的那个中段称为某标高中段，中段上下相邻水平坑道底板之间的垂直距离（或高差）称为中段高度。

（五）竖井

竖井是指直通地表且深度和断面较大的垂直坑探工程。竖井是进入地下的一种主要通道，按用途可分为勘探竖井和采矿竖井，后者又分为主井、副井、通风井等。竖井一般在地形比较平坦的地区采用。勘探竖井断面常为矩形，深度一般在20m以上。由于开掘竖井技术复杂、成本高，一般不得随意施工。竖井设计须与矿山设计部门共同商定，以便开采时利用。

（六）斜井

斜井是以一定角度（一般不超过35°）和方向，从地表向地下掘进的倾斜坑道，它也是进入地下的一种主要通道。地表没有直接出口的斜井称为盲斜井或暗斜井。斜井的设计与施工也须与矿山设计部门共同商定。

三、主要的钻探方法

钻探是利用机械碎岩方式向地下岩层钻进的一种地质勘查方法，主要用于探明深部地质和矿体厚度、矿石质量、结构、构造情况，包括提供地下含水情况以及验证物、化探异常，寻找盲矿体等。钻探方法不仅广泛应用于矿产勘查，也是工程地质勘查中最基本的勘查手段之一，通过钻探可以直接获取地下埋藏的岩石、土层、水、气、油等实物样品，并可在钻孔中进行各种测试。

钻探按钻进方法分为冲击钻进、回转钻进、冲击回转钻进及振动钻进等；按钻进是否采取岩心，则分为取岩心钻进和不取岩心钻进。

（一）冲击钻进

这种钻进设备基本上是采用压缩空气驱动的锤击系统，重锤把一系列短促冲击迅速地传递至钻杆或钻头，与此同时，传递一次回转运动，达到全面破碎钻孔孔底岩石的目的，这种钻进方法称为冲击钻进。钻进设备大小不一，小者如用于坑道掘进的风钻，大者可以安装在卡车上，能够以较大孔径钻进数百米的深度。

冲击钻进方法是一种快速而成本较低的方法，其最大缺点是不能提供取样的精确位置，然而，其钻探费用只有金刚石钻探的1/3～1/2。这种技术主要在勘探阶段用于加密钻探、获取化学分析样品以及确定矿化的连续性，尤其适合于斑岩铜矿的勘查。其钻进速度可达1m/min，而且在一个8h的工作班内钻探进度有可能达到150～200m。如果以这样一种进度并配置多台钻机，每天可获得数百个样品；以10cm的孔径计算，每钻进1.5m的孔深可以产生大约30kg的岩屑和岩粉，所以，要求与采样和样品的化学分析密切配合。像所有的压缩空气设备一样，这类钻机操作时噪声很大。

（二）回转钻进

利用硬度高、强度大的研磨材料和切削工具，在一定压力下，以回转的形式来破碎岩石的钻进方法，称为回转钻进。按照钻进形式，回转钻进又可分为两类。

（1）孔底全面钻进，在钻进过程中将孔底岩石全部破碎，钻下的岩屑通过冲洗液带至地表用作样品，不能取岩心。典型的回转钻头是三牙轮钻头，每小时以高达100m的速度钻进是可能的。这种类型的钻进方法一般用于石油勘查和开采，其钻孔孔径较大（大于20cm）、钻孔深度可达数千米，需要使用昂贵的钻进泥浆，钻探设备比较笨重。

（2）孔底环状钻进，以环状钻进工具破碎岩石，在钻孔中心部分留下一根柱状岩石（岩心），这种钻进方法称为岩心钻探。按照不同的方法，岩心钻探又进一步分为不同的钻进形式。

（三）冲击回转钻进

冲击回转钻进是冲击钻进和回转钻进相结合的一种方法，即在钻头回转破碎岩石时，连续不断地施加一定频率的冲击动载荷，加上轴向静压力和回转力，使钻头回转切削岩石的同时还不断地承受冲击动载荷剪崩岩石，形成高效的复合破碎岩石的方法。根据冲击和回转的重要性大小，这种方法还可进一步分为冲击—回转钻进（冲击频率较低、冲击功较大、转速较低）和回转—冲击钻进。

（四）反循环钻进

反循环钻进是指钻井液介质从钻杆与孔壁之间或从双壁钻杆间隙进入孔底，将岩屑或岩心经钻杆柱内携带至地面。钻进液介质可以是清水、泥浆、空气或气液混合。

反循环钻进方法既可用于钻进未固结的沉积物（如砂矿床钻探），也可用于钻进岩石；采取的样品既可是岩屑，也可为岩心。尤其适合于斑岩型铜矿和以沉积岩为主岩的金矿床（卡林型金矿床）。

这种钻进方法的优点是钻进速度快（每小时钻进深度可达40m）、样品采取率高（可达100%），而且样品几乎不会受到污染。由于采用了专用钻杆、需要空气压缩机和其他附加设备等，其钻探成本较高，然而，其采样质量也较高。一些反循环钻进具有取岩屑和岩心双重功能，因此，在钻进过程中可以考虑在重要部位采用高质量的岩心钻进而在不重要的部位采取岩屑钻进方式，这样实际上可以降低钻探总成本。

（五）无岩心钻进

一般是在勘探后期，对矿床地质情况已相当了解，且地质情况简单，或为了查明远离矿体的围岩时采用。在钻进方式上的不同之处在于，它是从钻孔中取出岩屑、岩粉，再配合电测井以确定钻孔中各岩性的位置和厚度。但在见矿部位，一般仍要取岩心。在勘探石油、天然气时，较多采用地球物理测井技术，目前在勘探固体矿床中，也日趋得到广泛采用。测井方法主要有以下几种。

（1）磁测井：主要用于协助查明钻孔附近由于矿体引起的磁性干扰。

（2）电磁测井：电磁性、电阻性和激发极化法能有效查明金属矿体，特别是能指示块状或浸染状硫化物矿床的存在。

（3）γ 射线能谱测量用于放射性矿床勘查。

（4）中子活化法用于测量孔壁中铜、铅、锌、金和银的含量。这一方法目前仍处于试验阶段，但由于它能直接测定某些金属含量，因此，今后定会有广阔的发展前景。

此外，地球物理测井技术不仅能应用于单孔，还可在钻孔之间以及钻孔和地面之间进行测量，从而对勘查目标进行三维解释。

第八章　地下矿山开采数字化模拟技术

第一节　矿山产能及开采规划数字化布局

一、矿山数字化概述

（一）数字化精准设计技术的重要性

我国经济已由高速增长阶段转向高质量发展阶段，正处在转变发展方式、优化经济结构、转换增长动力的攻关期，传统矿业技术革新适应新形势的发展显得尤其重要。由于我国矿产资源禀赋和人均资源量的不足，我国政府提出了充分利用“两个市场、两种资源”和“走出去、引进来”的矿产资源战略。

为了适应发展战略，国内矿业设计院所要以数字化矿山、自动化采矿为目标，通过资源共享、优势互补，为全球矿业客户提供从技术研发、咨询设计，到设备集成、工程总承包的“一站式”解决方案，以“一带一路”倡议为统领、以中资企业海外投资矿产等为契机，积极拓宽海外市场，促进国际化发展。要在国际矿业良好发展机遇中获得最大的利益，必须对咨询及设计技术进行革新，改变传统落后的采矿咨询及设计方式。

21世纪“数字矿山”模式将是采矿业发展的趋势之一，而研究三维可视化、数字化精准采矿设计技术是当前“数字矿山”理论及其技术研究领域的首要目标，因此备受采矿研究人员的重视。把数字化、三维可视化精准设计技术应用到矿山采矿设计中，是采矿设计理论和方法的一场技术变革，是国内传统设计院所走向国际化升级发展的必由之路。

长期以来，受国内传统采矿模式的束缚，咨询及设计技术水平远跟不上国际矿业的发展步伐。传统的采矿设计技术在开拓工程计划编制、资源优化开采、生产计划编排、通风降温计算等方面停留在依靠经验估值、平均取值、粗略简算等层面。此外，传统生产计划编排是采用人工方法进行编制，难以考虑复杂的相关因素、大量复杂的资源数据与错综复杂的限制条件，不仅效率低下，而且很难保证质量，经常造成设计偏差较大、工程布置不合理，产生开拓、采准工程浪费的现象，达不到国际标准的要求，从而严重阻碍国内设计院所进一步开拓国际市场。

地下矿山的开采设计是十分复杂而又极其重要的系统工程，具有生产对象属性的不确定性、采矿工艺方法的多样性、采矿生产过程中作业场所的动态性和生产单元间的时空制约性等基本特征。整个地下矿山包含许多管理系统，如采掘生产计划系统、矿山巷道布置系统、矿山运输系统、矿山通风系统，其中采掘生产计划系统是整个矿山开采的核心，采掘生产计划是指导矿山开采的依据，它规定了每一项任务在数量、时间以及空间位置上的关系。采掘生产计划的科学合理性，影响到矿山设备与人员等资源的合理利用、影响到矿山均衡稳定地出矿、影响到整个矿山的经济效益。一个合理的采矿设计，对矿山降低成本、提高生产效益提供强有力的支撑，为矿山有效运营提供了更大的生存空间。

矿山是一个真三维动态地理、地质环境，所有的矿山活动均是在真三维动态地理、地质环境中进行的。矿山地质现象极其复杂，地质体的成因、规模、结构、构造形态差别较大，给采矿设计带来较大的困难。传统的地矿工作对地质空间数据的表达和描述大多基于二维图纸。数字化、三维可视化技术的发展以及资源评价体系的出现，为矿山开拓工程、矿块开采优化、生产计划编制提供了一个很好的平台，把它们引入采矿设计，以精确的数据建立科学的矿山资源优化及开采模型，并以此模型帮助决策者做出最佳决策，从而使矿山生产经营任务达到最佳效果的目的。三维矿业软件在我国矿业应用已经20余年，但国内以往利用三维矿业软件主要进行矿山工程建模、矿体建模与储量估算，在矿山数字化、可视化设计技术应用方面，尤其是在地下矿山采矿设计与生产计划编制中的应用研究比较少见。

（二）数字化精准设计技术发展趋势

在地下矿山开采设计中，资源优化开采、生产计划编排等是采矿高端咨询及设计最关键、最重要的核心工作之一，其精准度直接影响到矿山投资决策、矿产资源的综合利用、企业的经济效益等方面，关系到矿山企业在激烈的市场竞争中的前途和命运。随着“数字矿山”在我国的飞速发展，矿山开采数字化精准设计技术发展将在国内逐渐得到推广应用。

矿山企业作为资源开发的主体，其设计数字化是矿业数字化的重要组成部分之一。通过挖掘先进的设计理念，应用先进的信息技术去融合矿山现有的生产、经营、管理，及时为矿业提供准确而有效的数据信息，以便对市场需求做出迅速反应，进而提升矿业经济的核心竞争力。

二、矿山开采规划

（一）开采规划分布优化方法

关于井巷工程布局优化方法，根据矿石布局优化情况，利用巷道工程布局优化方法，明确巷道工程延伸路线与矿块收敛点位置。因矿体以层状为主，巷道工程顺着矿体走向延伸，在各个中段中点位置选取矿石会合点，使矿石运输距离缩短，尽早开采矿体中的高品位矿石，延迟边际品位矿石开采时间。

（二）根据资金动态价值的开采规划优化方法

关于开采规划集成优化的分析，开矿布局的综合优化是根据块模型与采矿块、道路工程布局以及采矿流程的整体性优化，能够达到矿区块体布局、巷道工程延伸以及开采流程的同步优化。

分析优化结果，这两种方法在块体设计、延伸流程等方面有明显差异性，采矿顺序优化中的分布优化方法将明确采矿布局作为基础，在资金时间价值的影响下，因部分矿段需要进行巷道工程的建设，开采时间较为迟缓，价值也会进一步降低。而综合优化模型是在块体模型的条件，对巷道延伸、矿块开采整体协调情况、投入产出情况加以考量，注重优化选取的范围，以便找到适合的方案。

综合优化模型能够提高矿山项目整体收益率。另外，通过建立矿段分布、巷道工程布置以及开采流程规划的综合优化模型，能够形成可行的优化方案，结果证实，在对资金时间价值加以考量后，各个矿段的开采价值也会出现变化。全面考量矿段布置、巷道工程延伸以及开采流程，能够提高资源的利用效率，此集成方法能够达到采矿规划的全面优化效果，满足金属地下矿山开采规划要求。

三、规划数字化布局

可靠的矿山长期规划对采矿作业取得经济上的成功至关重要。矿山长期规划涉及一些关键影响因素，如适当和安全的设计概念、地质和岩土方面的考虑、合适的支护系统、开发和生产资源的能力及其局限性、所需的基础设施和所有相关费用。

矿山长期规划和生产计划旨在根据地质条件、可交付的预期成果、采矿方法的限制确定最优矿山计划。最优矿山计划应满足利益最大化、预算和运输目标，并确保安全运营。实现这些紧迫的生产目标是一系列复杂的多维度任务。Datamine软件包是解决当前矿山长期规划和生产计划的有力工具之一，采用Studio 5D Planner（5DP）和Enhanced Production Scheduler（EPS）完成开采数字化模拟设计，为企业高效管理决策提供支持。

传统的划分矿块在二维平面环境中进行，只考虑了有限的几个平面的结构，难以完成对矿体和工程的整体布置。采用三维可视化设计后，可全方位、多角度地对整个矿山采场进行布置，设计成果直观显示采场三维分布、采准切割工程位置等。

矿块划分是采矿产能优化开采的基础工作，可采矿块优化（Mineable Shape Optimizer，MSO）是产能优化及开采规划的核心工作，通过采用数字化技术分析矿体的几何形状，优化可采矿块形状。基于包含品位或价值信息的块体模型，在不同边界品位下，建立地下开采中最优矿房位置、结构参数等智能化信息，实现边界品位与生产能力相匹配的动态优化。

MSO通过使用包含品位或价值信息的块体模型，计算地下开采中最优矿房的大小、形状和位置。通过改变采场结构参数，调整最有可采矿块形状，创建相临近截面的轮廓线。MSO使用一组等大小的倾斜的菱形并进行组合，形成潜在的矿房或矿柱。在产品价格、块体品位的约束下，通过调整可采矿块结构参数，精准设计矿山生产规模及生产计划，实现数字化产能优化及开采规划。

第二节　基于三维仿真技术的开拓系统设计

一、矿山三维建模与仿真技术

（一）测绘三维建模与仿真技术概述

1.测绘技术的定义和基本原理

测绘技术是一种用于获取、处理和呈现地理空间信息的技术体系。它通过测量、观测和计算等手段，采集地球表面、表层及其周围环境的各种空间数据，并将这些数据以几何和属性形式记录下来，形成地理信息数据库。测绘技术的基本原理包括测量、摄影测量、地理信息系统（GIS）、全球定位系统（GPS）等。其中，测量是测绘技术的核心，涵盖地形测量、工程测量、大地测量等多个领域。测绘技术的基本原理是依靠测量仪器和传感器进行数据采集，利用数学模型和计算方法进行数据处理和分析，最终生成具有时空关系的地理信息产品和图件。

2.三维建模技术的发展和分类

三维建模技术是一种利用计算机生成三维模型的技术，经过多年发展已经取得了显著的进展。最早的三维建模技术采用基于几何形状描述的方法，如线框模型、曲面模型等。

随着计算机图形学和计算机硬件的发展，三维建模技术逐渐演化为更加精细和真实的表现方式，如体素模型、多边形模型和曲面细分模型等。同时，基于物理模拟的仿真技术也开始引入三维建模中，实现对物体运动、光照和力学行为的模拟和仿真。根据应用领域和数据来源，三维建模技术可分为基于地面测量的测绘建模、基于摄影测量的遥感建模、基于激光雷达的点云建模等多种分类。不断创新和发展的三维建模技术将进一步推动虚拟现实、增强现实、游戏开发等领域的发展。

（二）测绘三维建模与仿真技术在矿山建设中的应用

1.测绘三维建模技术在矿山规划与设计中的应用

测绘三维建模技术在矿山规划与设计中具有广泛的应用价值。通过采集地表和地下的空间数据，利用三维建模技术可以实现对矿山地形、地貌、地质构造等要素进行精准、全面的描述和分析。基于高精度的测绘数据，可以进行矿区坡面稳定性分析、土方平衡计算等工程量计算，为矿山规划提供准确的依据。此外，三维建模技术还可以模拟不同规划方案下的矿场布局、设备配置和生态环境效应，并实现虚拟演示和决策分析。通过应用测绘三维建模技术，可以减少盲目开采，优化矿山规划与设计，提高矿山的资源利用率和环境友好性，促进矿区可持续发展。

2.测绘三维建模技术在矿山运营与管理中的应用

测绘三维建模技术在矿山运营与管理中发挥着重要作用。通过实时监测和获取矿山运营过程中的地貌、地形和资源分布等数据，三维建模技术可以支持运营决策和管理工作。基于三维模型，可以进行矿区内设备、车辆和人员的智能调度和路线优化，提高运输和生产效率。此外，三维建模技术还能实现对矿山环境的监测和预警，及时发现并解决潜在的安全隐患。同时，通过三维可视化技术，可以将矿山运营过程直观展示给相关人员，加强沟通和协调，提高管理的准确性和效果。

3.仿真技术在矿山环境监测与评估中的应用

仿真技术在矿山环境监测与评估中具有重要的应用价值。通过建立基于仿真模型的环境模拟系统，可以对矿山开采活动对周围环境的影响进行定量评估和预测。利用仿真技术，可以模拟不同开采方案下的地表沉降、噪声扩散、粉尘飞散等环境问题，并根据模拟结果进行环境影响评价。同时，仿真技术还可以模拟和分析矿场废水、废气处理工艺的效果，以及排放物对周边水源和生态系统的潜在影响。通过实时监控和数据反馈，仿真系统可以指导矿山环境管理决策的制定和调整，实现对环境指标的精确控制和优化运营。

（三）测绘三维建模与仿真技术在矿山建设中存在的问题与策略

1.现有测绘三维建模与仿真技术在矿山建设中的局限性

现有测绘三维建模与仿真技术在矿山建设中存在一些局限性。测绘数据的获取和处理需要大量的人力、物力和时间投入，成本较高。传统的三维建模技术主要基于几何形状描述，对于矿山环境中的复杂地质构造和地下开采情况，模型的精度和可靠性有限。此外，当前的仿真技术在环境监测和评估方面仍面临一些挑战，如精度不高、计算速度慢、数据更新周期长等。此外，现有技术在数据共享和通信方面还存在问题，不同部门和利益相关者之间的数据交流和协同仍存在困难。当前技术对于矿山的社会、经济和生态影响的综合分析和评估能力还较弱，无法全面反映矿山建设的可持续性。因此，需要通过进一步的研究和创新来克服这些局限性，提高测绘三维建模与仿真技术在矿山建设中的应用效果。

2.存在的问题分析和挑战

存在的问题分析和挑战在于测绘三维建模与仿真技术在矿山建设中仍面临一些困难。矿山的规划和设计需要考虑多个因素，包括地质条件、生态环境、社会经济等，而现有技术难以实现全面、精准的数据采集和模拟分析。矿山的运营与管理需要对多个方面进行综合优化，如资源利用、生产效率和环境保护等，但现有技术对于复杂运营系统的模拟和优化还存在不足。此外，与其他部门和利益相关者的数据共享和协同合作仍面临困难，制约了矿山建设的整体效果。另外，技术发展迅速，新的技术不断涌现，如人工智能、大数据等，对传统测绘三维建模与仿真技术提出了更高的要求和挑战。因此，要解决这些问题需要不断进行研究和创新，提升技术的可行性、精度和效率，以实现矿山建设的可持续发展目标。

3.解决存在问题的策略和建议

解决存在的问题和应对挑战需要采取一系列策略和建议。第一，需要加强矿山领域的研究和技术创新，开发出更精确、高效的测绘三维建模与仿真技术。第二，建立健全数据采集和共享机制，促进不同部门和利益相关者之间的数据交流与协作，以提高整体建设效果。加强与其他相关技术的整合，如人工智能、大数据分析等，以提升测绘三维建模与仿真技术的综合应用能力。第四，建立统一的标准和规范，保证技术应用的一致性和可比性。并加强人才培养，提高专业技术人员的能力水平和创新意识。第五，加强政府政策引导和执行力度，制定和完善相关政策法规，鼓励企业在矿山建设中应用先进技术。通过以上策略和建议的综合推进，可以克服现有技术面临的局限性和挑战，推动测绘三维建模与仿真技术在矿山建设中的应用取得更好的效果。

二、矿山开拓系统

（一）矿山开拓影响因素

1.地质条件

地质条件是开发矿山的基础。地质因素包括：①矿石储量：矿石储量是指矿床内可以经济开采的可用矿石数量。矿石储量的多少直接关系到矿山的开采规模和经济效益。②品位：矿石的品位表示单位矿石中所含有用物质的比例。较高的品位意味着更丰富的矿石，从而提高了开采效率和经济性。③成分：矿石的成分包括有用元素或矿物的组成。不同成分的矿石具有不同的冶炼和处理特性，它们对矿石的开采、选矿和冶炼过程产生影响。④硬度：矿石的硬度反映了矿石的物理性质，对其开采和破碎过程产生影响。较高的硬度可能使得破碎更困难，增加了开采和处理的难度。在开采过程中，需精确掌握地质信息，充分利用先进的勘探技术，并考虑选择适当的开采方法和工艺，以最大限度地利用资源并保证开采的安全性和可持续性。

2.环境因素

矿山开拓对于周围环境产生着重要的影响。例如，开采活动可能导致土地破坏：开采作业可能导致土地的破坏和变形，包括表面破坏、土壤侵蚀和地貌改变等。这对于生态系统和农田资源具有重要影响，可能导致土地退化和生物多样性损失。水源污染：开采活动会产生大量的废水和尾矿，其中含有重金属、有害化学物质等物质。未经处理的废水排放可能导致水体污染，对周围水生生物和水质造成负面影响。大气污染：矿山开采和物料处理过程中会产生粉尘、废气等大气污染物。这些污染物可能通过空气扩散，影响周围居民的健康，给空气质量和生态环境带来威胁。生态系统影响：矿山活动会对周围生态系统造成直接或间接影响。例如，矿区的植被或动物栖息地可能被破坏，引起生物多样性的减少。对当地野生动物群落和迁徙路径的干扰也可能导致生态系统的不平衡和破坏。

3.技术和工艺

矿山开拓涉及大量的技术、工艺，包括：①采矿方法：采矿方法的选择取决于地质条件、矿石性质和矿床形态等因素。例如，露天采矿适用于表层较厚的矿床，而地下采矿适用于深埋矿床。合理选择采矿方法可以提高开采效率，并减少地质灾害的风险。②开采设备：选择合适的开采设备可以提高生产效率和安全性。根据开采方式的不同，可以使用各种设备，如爆破设备、钻机、矿车、装载机等。优化设备的使用可以减轻人力劳动强度，并减少故障和停机的发生。③爆破技术：爆破技术在矿山开采中起到关键作用。合理设计和应用爆破技术可以提高爆破效果、降低成本。这涉及爆破方案的设计、炸药选择、起爆系统、减振和防尘措施等方面。④选矿工艺：矿石的选矿是提取有用矿石的重要环节。选择合适的选矿工艺可以提高金属品位、去除杂质、降低生产成本。其中包括物理选矿、化学选矿、浮选、重选、磁选等工艺。⑤环保技术：随着人们对环境保护的关注越来越高，开采过程中的环保问题也日益受到重视。

（二）矿山开拓系统优化比选的重要性

首先，经济效益。矿山开拓是一个高投入、高风险的行业，大量资金和资源被投入其中。通过优化比选，可以选择出最具经济效益的开拓方案，最大限度地提高投资回报率。此外，优化比选还可以减少资源浪费，提升矿石的成品率和品位，进一步增强经济效益。其次，环境保护。矿山开拓对环境产生着直接和间接影响。通过优化比选，可以有效减少矿山开发对周围环境的破坏和污染。通过选择合适的开发方案和采用环境友好的技术和工艺，可以最大限度地减少土地破坏、水源污染和大气排放等环境问题。最后，社会责任。矿山开发对当地社区和居民有着重要的影响。通过优化比选，可以最大限度地提高矿山开发对当地社区的利益，创造就业机会，提升社会经济水平，改善当地居民生活质量。考虑社会责任因素还可以减少人口迁移及社会不稳定的问题，增强企业与当地社区的和谐关系。

（三）矿山开拓系统的优化比选

1.数据搜集与分析

通过搜集和整理地质资料、资源储量、环境影响、经济指标等相关数据，可以全面了解矿山开拓所涉及的各个因素。对这些数据进行分析和评估，可以揭示各个因素之间的相互关系，确定它们在决策过程中的权重和重要性。这有助于科学规划和设计开采方案，并为决策提供依据。通过合理的数据搜集与分析，可以更好地预测和评估开采过程中的风险和机会，优化资源利用，减少环境影响，实现矿业可持续发展的目标。

2.设定目标和约束条件

根据项目要求和可行性要求，明确矿山开拓的目标和约束条件对保证开采过程的可行性和可持续性具有关键作用。在设定目标时，需考虑经济效益，如盈利能力、投资回报率等因素。同时，环境保护也是一项重要目标，包括减少水、土地和空气污染等。还需要考虑社会责任的方面，如就业机会、社区参与和关注居民福祉等。另外，合规性也是设定约束条件时需要考虑的因素，包括遵守法律法规和相关规定等。通过设定明确的目标和约束条件，可以引导开拓方案的设计和实施，使其符合社会期望、满足可持续发展的要求。

3.方案生成与筛选

结合已有的数据和目标要求，可以利用数学规划、决策分析或其他模型和方法生成多个矿山开拓方案。这些方案可能涉及不同的采矿方法、设备配置、工艺流程等方面。通过对生成的方案进行评估和筛选，可以排除那些不符合要求、经济效益较低或环境影响较大的方案。评估的指标可以包括经济效益、环境影响、社会影响、可持续性等方面。根据优先级和权重分配，确定一些备选方案，这些备选方案与可行性要求和综合目标相一致。在方案筛选过程中，需要综合考虑各种因素的权衡和取舍，以确保选择的方案能够实现项目的目标，并且在经济、环境和社会层面上都具有合理的可行性。最终，有针对性地选择出最优或最具潜力的方案，为后续的详细设计和开发提供指导。

4.多目标评估和权衡

通过采用综合评价方法，可以综合考虑经济、环境、社会等多个目标，并对备选方案进行定量或定性评估。层次分析法是一种常用的评估方法，通过建立层次结构来确定各个目标之间的关系和权重，从而对备选方案进行综合评估。权衡法是另一种常见的评估方法，它侧重于各个目标之间的相对重要性，通过定义权衡因素和判定标准来进行评价。成本效益分析也是多目标评估的一种重要方法。通过比较方案的投资成本和预期效益，来衡量方案的经济可行性。

三、基于三维仿真技术的矿山开拓系统设计

（一）矿山设计和生产计划

根据MSO优化的可采矿块，在5DP中完成三维开拓系统设计后，建立以开采进度约束的依赖关系，以真实开采的逻辑关系链接所有的采矿活动，最后将数据库模型导入EPS进行规划。

数字化采矿设计首先是完成三维线条设计工作，对于大型地下采矿设计，受矿岩类型、地质构造、矿体产状等因素影响，使设计任务变得困难和烦琐耗时，5DP提供自动化和手动设计工具，并自动验证和修正设计过程中的不合理性，以帮助简化重复耗时，实现设计过程自动化、简化设计流程。

1.规划设计

该阶段主要工作包括定义采矿设计、建立实体模型、建立采矿开采过程逻辑关系、报告等。遵循智能的工作流程，将各个设计阶段以最有效、简单直观的方式布局，帮助实现数字化矿山规划。

规划设计阶段需要创建矿山规划中所包含的所有内容，对所设计内容的属性进行修改以使之符合矿山实际的规划，通过对线条、复杂实体的颜色、样式、编号和名称等属性信息的修改和调整，进行分组分类，以便预测成本、收益、量化每个活动的信息。在5DP中每个设计内容都以某种方式表示三维空间的物理位置和其他相关数据信息，将其转化为墙体和每个活动的空间点，以表格形式保存每个活动的墙体、点位、估值信息，并与所设计的内容链接。根据设计定义对墙体和空间点生成三维实体模型，并根据块模型评估验证生

成的实体，实现每个设计内容的数字化。

建立三维可视化开拓系统模型，通过动态调整井巷工程断面尺寸、掘进速度、施工次序，分类型、分时段、全过程精准统计和汇总开拓和采切工程量，实现开拓系统三维仿真的动态规划。

开拓系统通过甘特图形象地表示出井巷工程掘进顺序与持续时间。它的横轴表示时间，纵轴表示项目名称，进度条表示在整个期间项目的完成情况。

2.开采排序

针对5DP设计的开拓系统和采场与块体模型进行评估，以计算矿石的品位和吨位。调整与块体模型相匹配的开拓、采场三维设计模型，并模拟开拓系统和采场开采过程。

设计的三维模型由实体和节点组成，实体储存了矿体的数据，如品位、吨位等信息。通过创建不同节点之间的链接和生产排序，以便关联实体模型，不同对象之间开采逻辑关系建立完成之后，也即完成了矿山完整的三维数据库，为下一步生产计划提供数据。

（二）矿山生产计划动态编制

地下矿山采掘进度计划是指导矿山合理开发、均衡生产的重要环节，是具体组织生产、管理生产的重要依据，科学合理地编制采矿生产计划可以综合利用矿产资源，提高企业的经济效益，实现在正确的时间、空间条件下开采出经济效益最佳的矿石。随着计算机软件和数字矿山的发展，传统以Excel为主的手动排产已不能满足矿山全生命周期的生产计划编制，而在三维可视化环境下编制生产计划，已成为目前国内外矿山发展趋势。

在矿床三维模型的基础上，进行地质储量计算，运用矿山规划与设计软件，优化开采境界，编制矿山的长、短期计划，动态、快速地调整生产计划，从而实现矿山的最大净现值、最大资源利用率，并提高工作效率，降低生产成本。例如，江西某公司在全国矿山率先采用国际上普遍应用的矿山规划与设计软件MineSight，能够根据矿业市场行情快速优选出最具有市场竞争力的采掘方案，以降低剥离费用和减少采矿设备及维修设施的投入。安徽某公司的狮子山铜矿引进了全套Datamine矿业管理软件作为冬瓜山铜矿床深部开采的配套技术，采用线性规划技术实现矿山长、中、短采掘计划编制，能保证在适当的时间、地点开采出矿石的数量和质量，使矿山企业投资效益最佳。

1.地下矿山生产进度计划特征

矿山采掘生产系统工艺流程多，矿体开采过程是动态变化的过程，受矿体的空间形态、品位分布、价格变化等因素约束，致使地下矿山生产进度计划编制具有较大的难度和复杂度。

矿山生产是一个复杂的系统工程，其开拓、运输、提升、通风、充填、排水等系统既相对独立又相互制约，而采准及采场回采都是在这些系统完成后才能开始，并且采掘生产作业是非连续的，因此其生产过程是一个多约束、不连续的复杂系统。

地下矿山生产的复杂性使得编制采矿生产进度计划变得困难，因此，合理的地下矿山生产进度计划必须经过系统考虑。以三维数字化技术为基础，在完成矿体实体模型和全生命周期的三维数字化采掘设计工程后，采用线性规划技术、逻辑学等方法进行矿山长期生产计划编制。

2.EPS矿山生产进度计划基本原理

基本原理是利用与5DP完全集成于一体的矿山生产计划程序（EPS），进行矿山全生命周期生产计划编制。其核心思想是依据完成井下工程在时间和空间上的采掘工序及依赖关系，对工程进行约束，以保证各工程具有合理科学的开采顺序，将所有工程数据导入EPS进行矿山生产规划，以多种方式显示所有工程数据，为工程施工顺序优化提供准确的符合实际的数据。按照工序动态显示生产过程，实时地更新到三维设计工程中，并展示三维可视化动画，模拟任意时期内的回采过程。根据演示结果找出影响产量稳定性的因素和出现产量不均衡的时期，对不合理的生产计划及时进行调整。通过生产甘特图，制作各个时期的生产计划图表，自动生成报告并与计划数据相关联进行自动更新。

3.三维数字化地下矿山生产进度计划编制技术

数字化模拟开采技术是在三维空间中建立井巷工程掘进模型、采场模型，并以此为编排对象生成空间活动拓扑关系网。构建采场模型与开拓、采切工程模型相匹配的生产路径，基于数字化仿真模拟开采、数据库技术等实现矿山三维可视化高效计划编制。

生产进度计划涵盖所有的开拓和生产阶段计划，矿山生产计划按照计划期限分为年、季度、月、日生产计划，按照采掘工程分为采出矿石量计划、开拓、采准等工程计划，根据各类工程项目进度计划，估算各工程的起止时间和延续时间，根据可用设备和人员数量，计算各采掘工程的效率。

以南非某铂金矿为例，利用矿山生产计划软件（EPS）并考虑了边界品位、矿石损失贫化率、可采资源量和采矿工作效率等关键影响因素，综合运行现代数学理论、逻辑学、优化方法等理论和方法，根据输入的数据进行计划编制模拟和优化，评估多种方案，最终选择出矿山全生命周期最佳生产计划。通过利用数字化模拟开采技术实现矿山三维可视化高效计划编制，直观地表达动态开采过程，生成贯穿矿山整个设计寿命周期的仿真开采三维动画，并以甘特图报表动态输出生产计划。

第九章　找矿方法的综合应用

第一节　找矿模型的建立

找矿模型是在矿床成矿模式研究的基础上，针对发现某类具体矿床所必须具备的有利地质条件、有效的找矿技术手段及各种直接或间接的矿化信息的高度概括和总结。找矿模型是上述找矿技术方法及矿化信息提取研究内容的综合性研究成果的体现，也是科学找矿的基本内容之一。

一、建立找矿模型的意义

（1）矿产勘查工作已进入“攻深找盲查新”阶段，找矿工作已从过去直接观察矿化标志的直接找矿途径转变以为地质、物探、化探、遥感等间接途径为主的信息综合和多种方法有机组合识别隐、盲、新类型矿床的找矿阶段。在这种情况下，找矿模型可以为矿产勘查提供理论依据，拓宽找矿思路，从而制订出较佳的勘查计划。

（2）随着找矿技术方法的不断更新和测试手段的现代化，用于找矿的各类数据越来越多，这些数据中蕴含的成矿信息需用有效的方法进行处理，从中提取有关的矿化信息，提炼综合找矿标志，并用找矿模式的形式加以推广，以指导同类矿床的找矿工作。

（3）通过建立找矿模型，可以总结有效的找矿技术措施及具体的方法手段，提出合理的勘查顺序，促进科学找矿的发展。

（4）找矿模型可以生动形象地展示（图的形式）矿床的产出特征有关的矿化信息与矿床（体）之间的联系、有关的信息模式（如物、化探异常）与欲找寻对象之间的空间对应关系，从而为找矿人员提供直观的对比样式。

二、找矿模型的基本内容及建模程序

找矿模型是在成矿规律研究的基础上，通过对矿床（体）的地质、物探、化探、遥感诸方面信息显示特征的充分发掘及综合分析，从中优选出那些有效的、具单解性的信息作为找矿标志，并在确定找矿标志和找矿方法的最佳组合后才建立起来的。因此，建立找

矿模型需要全面系统的地质研究成果性资料，具体包括地质、物探、化探、遥感等方面资料，推断解释的各种理论和数据处理方法等。朱裕生等人认为找矿模型应包括以下两大方面的内容。

（一）基本图件

（1）与找矿模型相匹配的矿床成矿模式图。

（2）代表矿床（体）不同埋深赋存地质环境的综合剖面图（包括物探、化探资料）。

（3）典型剖面的物性分层图和综合平面图。

（4）找矿模型图。

（二）找矿模型的描述内容

（1）矿床（田）地球物理场特征：①勘查目标物和目的物的地质特征（若与成矿模式重复可以不描述）；②矿床（田）内岩石物性参数的分级（一般物性参数分为高、中、低、甚低等）；③物理场及物探异常特征（强度及形态等）；④干扰因素及其影响；⑤与成矿有密切联系的岩石在覆盖条件下呈现的地球物理场解释和推断（对其产状）。

（2）矿床（田）地球化学场特征：①成矿元素和指示元素种类；②化探原生晕或次生晕的组合关系及其元素分带性（或分带序列）；③矿床（体）的头晕、矿体晕和尾晕元素的种类、组合及空间变化特征；④同类矿体（床）在同埋深条件下成矿元素或指示元素的分布特征及其变化规律；⑤同类矿床的地化元素在覆盖和出露条件下的推断解释；⑥化探数据中包含的干扰成分。

（3）地球物理、地球化学模型：①物化探参数的空间分布特征，可用几何尺度及物性分层图表示；②与目的物相对应地质体的模拟特征。

（4）矿床（或矿田）不同剥蚀面上的物探、化探场的变化特征。

（5）矿床（或矿田）上压制干扰场或消除情况下的地球物理场、地球化学场的特征。

（6）找矿的地球物理、地球化学场和遥感影像特征或信息。

（7）找矿适用的方法类别，使用的先后次序及其配制。

（8）找矿的关键标志。

三、找矿模型的分类

据建立找矿模式所使用的资料和种类、找矿的方法手段及地质找矿理论研究现状，通常可将找矿模型通常可分为以下五类。

（一）经验找矿模型

这是目前地质勘查工作中普遍使用的找矿模型，是在地质概念的基础上通过进一步加强对找矿标志及找矿方法的经验总结而建立的。在地质找矿中，人们其实有意或无意地在运用这种模式。其一般常采用文字或表格的形式来表示。

（二）地质—地球物理找矿模型

地质—地球物理找矿模型是勘查目标物及其周围地质、地球物理现象综合的结果，常以图表的形式表示。它仅对地质体及其相应的地球物理场之间的关系进行描述和综合，一般涉及地质体形成的内在机制和成因上的相互关系。地质—地球物理找矿模型发挥了地球物理探矿的优势，把地球物理和地质模型结合为一体，以解决成矿预测和普查找矿中的矿与非矿异常和矿床定量物性参数的推断和估算问题，从而减少物探异常的多解性，提高找矿效果。

（三）地质—地球化学找矿模型

地质—地球化学找矿模型是将已总结的地球化学标志与矿床地质特征融为一体，并用图表或文字表达出来。地质—地球化学找矿模型应突出矿体不同部位的指示元素分带特征及其与地质体之间的联系，以指导同类矿床的勘查工作。

（四）综合信息找矿模型

上述的地质—地球物理找矿模型及地质—地球化学找矿模型都是单一的找矿方法和地质相结合的产物，不可避免地都有一定的局限性及片面性，只有将各种找矿方法与地质研究相结合，才能更好地区分矿与非矿信息、推断和识别隐伏矿床或盲矿床的存在与否，更好地指导预测找矿工作。

综合信息找矿模型是用图表或文字的形式对各种找矿方法获取的矿化信息及其与矿体之间的对应关系进行形象的表述，其可以是地质、物探、化探、遥感等所有信息的综合，也可以是地质、物探、化探等信息的综合。

综合信息找矿模型的建模难度较大，常常受到资料的丰富程度的限制，但本类模型符合当前地质找矿工作的实际需要，应是大力提倡、重点发展的一种找矿模型。

（五）流程式找矿模型

本类找矿模型以系统论作指导，把整个勘查工作视为一个包含众多子系统的大系统，既强调勘查大系统的完整性，又重视勘查子系统（不同勘查阶段、不同勘查技术方法的途径等）的相对独立性及相互依赖性；既重视勘查工作的循序渐进性，又充分考虑到找矿工作不同阶段在控矿因素、找矿标志、找矿方法上的差异性及特殊性。

第二节　找矿方法的综合应用

找矿方法的种类很多，但不同方法具有不同的特点，它们的使用范围和应用条件也不尽相同。多数方法只能从某一方面去研究地质体的特征，从某一方面反映找矿信息。例如，物探是研究地质体的某种物性异常，化探是研究成矿元素的地球化学分散晕等，因而往往不能取得很好的找矿效果。所以，有必要应用多种方法进行综合找矿、综合评价，以便使各种方法取长补短，起到互相补充、互相验证的作用，以提高地质研究程度，达到减少损失、降低成本、提高效率和缩短工期的目的。

找矿方法的综合应用必须以地质为基础，根据成矿地质条件，统一布置工作，做到各种找矿方法统一工作范围、统一比例尺、统一基线和测网，以便统一整理资料和综合分析。实践证明，许多矿床的发现和突破，都是多种方法综合应用、综合评价的结果。

找矿方法的综合应用并不是在同一地区使用的找矿方法越多越好，而是应因地制宜地正确选择合适的找矿方法。为此，应重视影响找矿方法选择的因素，以便正确选择合适的找矿方法进行组合。

一、影响找矿方法选择的因素

归纳起来，影响找矿方法选择的主要因素可分为勘查工作阶段、自然地理因素和地质条件及矿产特征三个方面。

（一）勘查工作阶段及任务

不同的勘查工作阶段，其研究区范围、工作精度要求等均不同，这些不同直接影响到有关方法的选择。例如，区域地质调查阶段（或预查阶段）是以成矿带或矿田的确定为目标，工作范围大，工作比例尺较小，精度要求低，因此适于采用效率高、费用低的遥感技术，如航空物化探、分散流等找矿方法；矿产普查阶段是以确定矿点是否具有工业意义、能否转入详查为主要任务，工作范围较小、工作的比例尺大、工作精度要求较高，宜采用大比例尺的地质测量，有针对性地开展中、大比例尺的地面物化探工作，辅以少量的地表坑道或浅钻揭露等；详查阶段是对控矿因素进行详细研究，揭露、追索、圈定矿体，采取的主要方法有大比例尺地质测量、地面精度高的物化探、槽井探、地下钻探工程、井中物探及少量坑探等。

可见各勘查阶段由于要求不同，因此所选用勘查技术方法也不同。

（二）研究区内自然地理因素

自然地理因素主要指地形、气候、植被及第四系覆盖情况等。这些因素对矿化信息显示的明显程度有很大影响。必须考虑工作区的自然地理条件，才能正确拟定找矿方法的最佳组合方案、确定各种方法的实施顺序。

（三）研究区的地质条件和矿产特征

地质条件主要指控矿地质因素，矿产特征指矿床类型、矿产种类、规模、矿石物化性质等。二者对找矿方法的选择有着重要的影响。

不同的控矿地质因素，可以形成不同的矿床，而不同的矿床其勘查方法也有所区别。在与成矿有关的岩体中勘查矿产，多选用磁法及重力测量来确定隐伏岩体的空间位置、边界及形态特征，如对与基性—超基性岩体有关的铬铁矿床，用磁法首先查明隐伏岩体的空间位置，重力测量圈出矿异常；对与热液成矿有关的矿产多采用地球化学测量法、放射性和普通物探相结合，进行断裂构造和矿异常的圈定，最后辅以少量的坑探或钻探进行验证揭露。

不同的矿床类型和矿种，对找矿方法的选择也有较大影响。不同的矿床类型，其产出的地质条件、矿石物化成分、围岩的物理化学性质等也有所不同，因而在矿化信息的反映上也不同。例如，对于铁矿床，选择磁法；对伟晶岩型铀矿床，其围岩的化学性质比较稳定、电阻率较高，机械分散晕发育，可利用放射性测量、地质找矿法和电法等寻找矿带或矿体；对于内生金矿，一般有金属硫化物伴生，且受构造岩浆作用及变质作用控制，应以地质测量法、地球化学测量方法、电法等进行勘查；对砂金矿，多选用地质测量法及重砂法等；对沉积矿床，一般分布范围较大，产状较平缓，上部往往有较新的地层覆盖，适合应用物化探及普查钻等方法；热液铀矿床，围岩蚀变发育，矿石容易氧化、淋滤，但一般品位比较高，或是与硅化带有关的热液铀矿床，其矿石的物理、化学性质比较稳定，地质找矿法、放射性测量、地球化学找矿法都适用，也可借助电法、磁法寻找含矿构造和基性岩脉等。

二、矿化信息提取和合成

（一）找矿信息提取

上述各种找矿技术方法获取的信息，通常为地质信息，并非矿化信息。矿化信息是地质信息的一部分或蕴藏于地质信息中，大多是通过对地质、物探、化探、遥感等资料、数据所反映的地质信息的进一步分析研究，而从中提取出来的。

所谓矿化信息提取，即从地质信息中区分矿与非矿信息，从中提取出找矿信息。

地质信息是指地质体所显示的特征或利用某种技术手段对地质体的具体度量推断的结果。地质信息按其获得的认知途径可分为事实性信息和推测性信息两类。事实性信息中的描述型信息和直接矿化信息（如矿产露头、有用矿物重砂）相对应；加工型、推测性信息和间接矿化信息（如大多数物探异常、围岩蚀变、遥感资料等）相对应。

描述性矿化信息也可称为直接的矿化信息，如野外地质调查、地质测量工作中发现的矿产露头、采矿遗迹，通过探矿工程揭露出的矿体等，获取比较直观、简单。这项工作主要取决于找矿者所具有的知识结构与技术水平。例如，找矿者只要认识、了解某种矿产的基本特征，就能从众多野外地质现象中将其矿产露头识别出来。对描述型矿化信息应做进一步的评价研究工作，以确定有关矿产的成矿类型、空间分布、规模及工业价值大小等。

加工型矿化信息是从加工型地质信息中提取出来的，其基本的信息基础是描述型地质信息，从地质体→描述型地质信息→加工型地质信息，已经历了多个信息获取、转换的中间环节，不可避免地造成了加工型地质信息的多解性。一般来说，人们熟悉的物探、化探、重砂异常等都是加工型地质信息，在应用于指导找矿工作时都必须首先进行异常的分析评价工作，从中区分矿与非矿异常，即提取矿化信息。

推测性矿化信息来源比较广泛，它是在已有的全部地质信息、矿化信息经进一步综合、加工处理后，从中提取的复合型合成信息。推测性矿化信息的提取必须首先考虑所依据的信息的真实性。推测性矿化信息是在推断所得的有关信息的基础上，经进一步加工、分析而得到的相对较深层次的矿化信息。

（二）信息合成及步骤

信息合成也可称为信息综合，即由直接信息转换为间接信息，是指把反映地质体各方面的有关信息（数据、资料、图像等）通过一定的技术手段，加工成一种与源信息具有相互关联的新的复合型信息。

信息合成的结果有两种：各种单独的矿化信息在同一空间上的简单叠加定位；在分析各种单独信息相互关系的基础上提取出来的（定量）。后一种的工作难度较大，但有人认为这才是真正的信息合成，是信息合成的发展方向。

信息合成一般需进行以下四个方面的工作。

（1）选择用于信息合成的原始资料地质研究是信息合成的基础，对其特征应有深刻的了解，在此基础上才能正确地总结控矿因素及找矿标志，确定选择用于信息合成的各种原始资料。

（2）原始信息的预处理工作，预处理是把各种格式、比例尺、分辨率的原资料［图形、图像、数据、磁盘（带）数据等］编辑转换为适合计算机图像处理的统一格式及数据类型等。

（3）信息的关联和提取、各类成矿信息都不是孤立存在的，而是本身就有机地联系在一起的。同类信息的关联，如物探信息中的航磁平剖解释信息与化极、求异、延拓解译信息的关联；不同类信息之间的关联，如物探异常信息与化探异常信息之间的关联等。

一般成矿作用，通常理解为多种地质作用相互叠加的结果。各种地质作用常常具有不同的地球物理和地球化学信息标志特征。通过信息关联而确定的有用信息的叠合部位或信息浓集区，则被认为是成矿可能性最大的空间地段。这种成矿可能性最大的空间地段的认识的得出，即是信息提取的一种物化表现。

（4）信息的综合和转换即信息合成，指在各种单信息相互关联和提取的基础上，将有用的矿化信息做进一步加工、优化和综合提取，最终完成直接矿化信息向间接矿化信息的转换。信息合成后的物化形式，一般多为直观的图件，如成矿有利度图、矿化信息量图、综合信息找矿模型等。

第十章　矿产资源评价研究

第一节　矿产资源评价及储量分级

矿产资源评价作为矿山地质工作中一项非常重要、必不可少的工作内容，自始至终地贯穿于矿山地质的不同工作阶段。矿产资源评价结论是后续矿山地质工作阶段得以展开的基本和必要前提条件。

一、矿产资源评价及其分类

（一）矿产资源评价

自然资源是指在一定时间、地点条件下，能够产生经济价值，以提高人类当前和未来的自然环境因素和条件，包括土地、森林、瀑布、河流、水产、能源、矿产等资源。其中矿产资源是天然赋存于地壳内或地壳上的固体、液体或气体物质的富集物，从其形态及数量来看，作为矿产资源应是在目前的经济技术条件下能够为人类带来经济效益的岩矿。

矿产资源评价是对地壳内各种矿产的形成可能性、产出特征、质量、数量以及在当前及未来一定时期内的开发使用价值所进行的有关调查、分析、推测和论证工作。

矿产资源评价是一项贯穿于矿产勘查全过程中的重要工作，也是不同的矿产勘查阶段的标定性成果。按照矿产资源评价侧重点的不同，可分为地质评价和经济评价两大类，其中前者是后者的基础，后者是前者的补充、拓展和目的。

（二）矿产资源评价工作分类

1.地质评价

在一定的矿产勘查工作阶段，经野外及室内地质调查、研究，对所获取的新的、更详细的地质资料及矿化信息进行综合分析，对矿产勘查对象的某些属性特征进行推测或对下阶段工作提出结论性意见和建议。

地质评价据其所处的工作阶段或欲完成的评价任务的不同而有不同的阶段研究要

点，如某地可能发育什么种类的矿产、矿产的资源量及产出特征、已发现或现在正勘查的矿（床）点是否应开展进一步的工作等，做出有关问题回答的依据主要是有关的地质分析资料。

2.经济评价

经济评价也称为矿床技术经济评价，是在地质评价的基础上，根据地质勘查工作所获得的资料，通过选取合理的技术经济参数，预估矿床未来开发利用的经济价值和社会效益，为矿床地质勘探项目取舍和矿山开发投资决策提供科学依据。

二、矿产资源评价目的、任务及意义

（一）矿产资源评价目的

矿床技术经济评价的目的是在矿床不同地质勘探工作阶段所获取大量地质资料的基础上通过对矿床勘探、开发所期望的经济效益进行技术经济分析，从而判定地质勘查工作的经济效果及矿床开发产生的经济、社会效益的大小，为进一步提高矿床的地质勘探程度提供决策依据，还可以为国家进行工业开发布局及长远建设规划提供参考。

（二）矿产资源评价任务

（1）据已有的各种地质资料及有关信息的综合分析，判断研究区（段）内的成矿前景。

（2）通过一定的途径和方法，对研究区内资源潜力（或资源总量）进行计算。

（3）对研究区内的具体有利找矿地段进行分析、优化，从中筛选进一步的找矿靶区。

（4）据地质及经济方面的综合研究成果，对勘查对象的未来开发利用价值进行预估，最终为下一步勘查工作的决策提供依据。

（三）矿产资源评价意义

矿产资源评价是矿产勘查工作的一个重要组成部分，其是保证矿产勘查系统得以合理运行及勘查工作经济合理性的根本途径，也是不同勘查工作阶段成果的体现。

矿产勘查工作实施的目的是查明矿床的某些特征属性，即获得感兴趣的地质认识。这些认识中有的可以用一些变量或可以直接测量的参数来表征，如矿体的厚度、品位等；还有一些是只能通过分析、推测得到的认识，如矿床的可能规模大小、未来的利用价值等只能通过评价的途径而获得。对于经评价认为成矿前景欠佳，或不具备开发利用价值的矿（床）点则应停止后续的勘查工作，以避免进一步的投资损失；反之，则应明确提出应转入下阶段的勘查工作，以加速矿（床）点的开发利用。

三、矿产资源评价标准

矿产资源评价标准就是为圈定矿体而制定的矿床工业指标。

（一）矿床工业指标的概念和内容

1.矿床工业指标的概念

矿床工业指标，简称工业指标，它是指在现行的技术经济条件下，工业部门对矿石原料质量和矿床开采条件所提出的要求，即衡量矿体能否为工业开采利用的规定标准。

矿床工业指标常被用于圈定矿体和计算资源储量所依据的标准，也是评价矿床工业价值、确定可采范围的重要依据。

工业指标的高低取决于矿床地质构造特征，矿产资源方针，经济政策和矿石采、选、冶的技术水平等。反过来，矿床工业指标直接影响着所圈定矿体的形态复杂程度、规模大小、储量的多少、采出矿石质量的高低及对矿床地质特征、成矿规律的正确认识，进而影响到确定矿床开采范围、生产规模、采矿方案和选矿工艺，开采中的损失与贫化率、选矿回收率等技术参数的确定；最终影响到矿山生产经营的技术经济效果、矿产资源的回收利用程度和矿山服务年限等。

2.工业指标内容

矿床工业指标的内容很多，构成一个复杂的工业指标体系。大体上可分为矿石质量和开采技术条件两部分，归纳为如下三类。

第一类：与矿石质量有关的，如边界品位、最低工业（可采）品位、有害杂质最大允许含量、有用伴生组分的最低综合品位、矿石自然类型和工业品级的划分标准、出矿品位或入选品位等。

第二类：与地质体厚度有关的，如最小可采厚度、夹石剔除厚度或夹石最大允许厚度等。

第三类：其他，如一些综合指标，最低工业米百分值（或工业米克/吨值）、含矿系数；还有个别矿种所需规定的特殊标准，如铬铁矿的铬铁比，铝土矿的硅铝比，煤矿的挥发分、灰分、发热量，耐火材料矿产的耐火度、灼减量，与采矿条件有关的采剥比、开采深度等。

最重要、最常用的几项工业指标列举如下。

（1）边界品位：指在圈定矿体时，对单个样品有用组分含量的最低要求，作为区分矿与非矿的分界标准。它直接影响着矿体形态的复杂程度、矿石平均品位的高低、矿石与金属储量的多少。它一般介于尾矿品位与最低工业品位之间。

（2）最低工业品位，或称为最低可采品位：指工业可采矿体、块段或单个工程中有用组分平均含量的最低限，亦即矿物原料回收价值与所付出费用平衡、利润率为零的有用组分平均含量。它是划分矿石品级，区分工业矿体（地段）与非工业矿体（地段）的分界标准之一。它直接关系到工业矿体边界特征和储量的多少。它常高于边界品位，在圈定矿体时，往往与边界品位联合使用。对品位变化不均匀与极不均匀的矿体，工业品位可用于块段以至矿体，在块段或矿体中允许有个别工程控制的矿体平均品位低于工业品位，但不得有连续相邻两个工程都低于最低工业品位。否则，应以予剔除单独计算。

（3）最低（小）可采厚度：指在一定技术经济条件下，对具有开采价值矿体（矿层、矿脉等）的最小厚度（真厚度）要求，是区分能利用储量与暂不能利用储量的标准之一。

（4）最小夹石剔除厚度：指矿体内可以圈出并在开采时可以剔除的夹石（非工业矿石）的最低厚度标准。若夹石小于此指标，则不予剔除而和矿石一样对待；否则，此夹石应单独圈定处理，留于原地不予开采，或选别开采（分采、分运），计算储量时，则不能参与计算。

（5）有害杂质最大允许含量：指块段或单个工程中对矿产品质量或加工过程起不良影响的有害组分的最大允许含量要求。

（6）最低工业米百分率：指对矿体厚度与品位乘积要求的综合指标。当品位值为克/吨（贵金属）时，称为最低工业米克吨值。它只用于圈定厚度小于最小可采厚度，而品位远高于最低工业品位的薄而富矿体（矿脉、矿层），当其厚度与平均品位乘积等于或大于此指标时，则圈定为工业可采矿体。

（7）含矿系数：指各工业可采部分与相应整个矿床或矿体、矿段、块段的体积比，时常用其面积比（面含矿系数）或长度比（取样线含矿系数）代替。当有用组分分布极不均匀，夹石（层）较发育，不能确定工业矿体可靠边界时，为除去非矿部分、提高储量计算精度，用其做校正系数参与储量计算。其指标根据最佳采矿方法下的选别开采和经济合理性确定（苏联）。

（8）剥采比，或称剥离系数：指露天开采时需剥离的废石量（上覆岩层、夹石）与开采的矿石量之比值的一项重要技术经济指标。一般规定其上限（合理剥采比），大于此指标者，则不宜露天开采，应考虑地下开采。

（9）共、伴生组分综合利用指标：主要是用来衡量矿体中与主要矿体中的有用组分共（伴）生的组分能否被利用，是具有综合利用工业价值的其他有用组分的最低含量标准。

（二）确定工业指标的依据

矿床工业指标根据矿床勘查阶段的时间序列构成如下系统。

普查阶段的参考性工业指标→详查阶段为矿山规划的暂定工业指标→地质勘探阶段由勘探、矿山设计和基建生产部门共同制定的计划工业指标→矿山生产初期经试生产验证核实的实际生产正式工业指标→矿山生产发展过程中，由矿山企业计划、矿山地质和采选冶生产部门，根据变化了的情况，往往重新研究修订的扩大工业指标。

根据勘查程度高低确定的这一工业指标系统，反映随着勘查程度的提高，工业指标也在逐渐趋向于合理可靠和切实可行。

正确确定最佳工业指标是政策性强、经济性强、时间性强，且往往因具体情况而变化、技术复杂的一项综合性工作。

所依据的基础资料包括：国家有关矿产开发的方针政策，矿床地质构造资料，矿石最佳采、选、冶技术方案及工艺试验资料，近期与长远的市场需求，各矿产品方案及经济核算资料等。

因工业指标的数值随矿种不同、矿床地质特征及上述资料的影响作用不同而不同，并应具有动态的性质，故具体矿床的工业指标应具体制定。

只有依据当时的实际资料，经过地质技术经济的综合对比论证后，才能获得最佳的矿床工业指标。

（三）综合品位指标的确定

在贯彻执行综合勘探、综合评价、综合利用矿产资源方针时，对具有工业利用价值，具有一定社会效益和经济效益的共伴生组分的综合性矿石，其综合品位就是主要有用组分（标准组分）品位与伴生有用组分含量等价折算为主组分品位后的总和。

四、矿产资源储量分级

矿产储量，即矿产资源蕴藏的数量，指矿物含量达到边界品位以上的、集中蕴藏的矿产数量，由地质部门勘探，经政府有关权威部门审核批准，并予以确认，是衡量其工业价值大小的主要指标之一。它直接影响采矿工业和有关加工工业的技术路线、工艺流程、生产规模和空间布局。因地质勘探工作的程度和精度的不同，所提供的矿产资源储量也有相应的等级划分。它是国家和地方合理规划工业布局，制定国民经济计划与资源政策的重要依据；是优化市场资源配置，实施资源宏观调控，安排矿产勘查计划、矿山开发与生产计划和管理的重要依据。

目前，世界各国尚无统一的矿产储量分级标准，欧美国家多采用三级制，我国根据地矿部和全国矿产储量委员会所制定的标准，规定矿产储量分为四类五级：第一类为开采储量——A级，探明程度最高，可作为企业编制生产计划的依据；第二类为设计储量——B+C级，探明程度较高，可作为大中型矿山企业设计和建设投资的依据；第三类为远景储量——D级，探明程度最低，仅作为进一步布置地质勘探工作和矿山远景规划的依据；第四类为地质储量——E级，不作探明储量级别，又称预测储量，是根据地质测量、成矿规律等预测的储量，仅作矿产普查设计之用。

矿产储量根据对矿产勘查研究程度分为A、B、C、D、E五级。

（1）A级储量是供矿山编制备采生产计划的依据，也是验证B级储量的储量，在缺少开采储量的矿山，也可做相对级别精度和回采率计算及停产或闭坑结算储量的基础。

（2）B级储量是矿山建设设计依据的储量，又是地质勘探阶段求的高级储量，是首采区采准设计的依据和C级储量的验证级别。

（3）C级储量是矿山建设设计中段开拓或不探求B级储量时首采区采准设计的依据及D级储量的验证级别。

（4）D级储量是矿山建设设计开拓方案选择、生产规模、服务年限、总体布置等总体设计和矿床总体规划、初步可行性研究、项目建议书及勘探设计的依据，是进一步布置地质勘探工作和矿山建设远景规划的储量，对于复杂矿床可作为设计依据，也是E级储量的验证级别。

（5）E级储量是国民经济长远规划和部署总体勘探工作的依据，即为远景资源。

矿产资源及储量的分类分级的意义：客观地反映了由于不同的观测网度、勘查技术手段及其控制程度和研究程度，所获得的矿产资源在精度和可靠程度上的差别；反映了国民经济对于具有不同工业用途的矿产资源和储量的不同要求；便于全国性的矿产储量统计、规划、平衡，保证矿产资源合理利用。

第二节　矿石质量及矿岩技术测定

矿石质量研究及矿岩技术测定不仅是矿产勘查各个阶段的主要基本任务之一，也是矿山地质工作中经常进行的主要基础工作之一。

一、矿石质量的基本概念及其评价指标

矿石质量一般是指矿石满足当前采矿、选矿、冶炼加工利用的优劣程度或能力。矿

石质量的好坏，取决于矿石中有用组分或有用矿物的种类及其含量，有害杂质的种类、含量，伴生有用组分和有害杂质的赋存状态，矿石类型及其物理机械性质和工艺加工技术性能等方面。金属、化学和农用矿石的质量是由其物质成分（化学和物理成分）及有用组分和有害杂质含量决定的；而有用矿物和晶体质量则取决于有用矿物的含量和反映其特殊物理性质的综合指标（如石棉的强度、柔韧性、纤维长度和酸溶性；云母的片体大小、平滑度、耐热性、剥分性和绝缘性；压电光性原料的光学性质、大小、晶体质量等）；高岭土、耐火材料、滑石等部分非金属矿石，其质量既决定于化学成分，又取决于它们的某些技术或物理性质（如对高铝黏土矿的化学成分，包括Al_2O_3、Fe_2O_3、CaO、烧失量、耐火度）；可燃性矿石的质量，主要为发热性能和一系列其他专门特性；建筑石材的质量则取决于其工业价值的综合技术特性，如抗压、抗拉、抗剪、抗冻等性质。

矿石的价值取决于所有有用组分进行加工的可能性和经济合理性，即取决于矿石的质量和矿石的质量指标，其中除有用组分品位及有害杂质含量外，还包括：原料的矿物成分、各种矿物中有用组分和有害杂质分布情况、有用矿物的形态和大小、矿石的结构与构造；矿石及其中有用矿物的物理性质，如硬度、脆度；围岩及脉石的化学成分及矿物成分。

由上述可知，矿石质量综合地反映在矿石的可用性与可用程度上。可用性表现为矿石的可采性、可选性和可冶炼性；可用程度主要受原矿石质量高低、利用途径、采选冶技术水平及“三率”（贫化率、损失率、回收率）指标高低和经济合理性的制约；最终体现在规定的现行矿石质量指标上。

矿石质量指标（边界品位、最低工业品位、有害组分或杂质最大允许含量、品级划分、综合工业品位及矿石物理机械性质等）是评价矿石的工业利用价值、圈定矿体、计算矿石储量的技术标准和尺度，用以检查和评价矿石质量在现有技术和经济条件下为工业利用的价值大小和合格程度。矿石质量指标的制定，是根据国家一定时期内有关的政治、技术、经济等政策，当前的采矿、选矿、冶炼、工业利用等科学技术发展水平和趋势，国内外矿产品市场的供求情况，以及矿产资源的地质特征等因素而制定的，并受上述诸多因素的制约。因此，矿石质量指标是一个动态性指标，既具有一定的时间性，也具有很强的针对性。

需要指出的是，由于不同的矿物或矿种具有不同的化学、物理和技术特性，其工业利用领域和使用途径等是不同的，因此，不同的工业部门或用户根据其使用的途径和要求会提出不同的矿产质量指标。此外，即使是同一种矿种，由于其矿化特征、矿体产出条件、所在的地域及矿石技术加工性能不同，其开发利用途径也不尽相同，因此用于圈定矿体的质量指标也会有所差异。

二、矿石质量研究的方法

在目前的科学水平和技术经济条件下，研究与确定矿石质量的方法有“取样法”和不直接取样的其他物理和数学方法。取样法是指从矿体、近矿围岩和矿山生产的产品（如原矿、精矿、尾矿）中按一定规格或重量要求采取一定数量的样品，通过样品加工、化验分析、试验与鉴定，研究矿产质量，确定矿石物理性质、化学性质、矿石加工技术性能、矿石的开采条件等，为矿床评价、储量计算，以及解决有关地质、采矿、选冶和矿产综合利用等问题，提供资料依据。这种方法是目前研究矿石质量最基本、最可靠、最常用、最有科学依据的方法；而后者则是直接在有用矿石产出的地方用各种地球物理手段（放射性测量、磁法测量或电法测量）、利用荧光分析进行实测统计的方法确定矿石质量。这些方法一般只能作为辅助，尚不能普遍使用，但如能有效发展，这种方法将在一定程度上代替现有的对大量样品进行采样、加工及化学—矿物研究的方法。

三、矿岩技术测定

基本包括两个方面的内容：一是对矿石某些主要有用、有害组分含量（品位）方面的要求；二是对某些矿石或矿物物理技术性能方面的要求。矿石品位是衡量矿石质量的重要标准之一，是指矿石单位重量或单位体积内有用组分或有用矿物的含量。一般用质量百分数（%）表示，有的以g/t、kg/t，或g/m^3、kg/m^3或g/L、mg/L表示，对某些液态或气态矿产，往往以单位时间内涌出量，如t/d、t/h、m^3/d来衡量。

矿石品位及物理技术性能要求包括以下几个方面（矿石品位中的边界品位、最低工业品位等前已叙及，不再重复）。

（一）矿区（床）平均品位

全矿区工业矿石的总平均品位，用以衡量全矿区矿石的贫富程度。它是衡量某些矿床（尤其是矿石品位变化大者）在当前是否值得开发建设和开发后能否获得预期经济效益的一项标准。

（二）矿石类型、品级

矿石类型可分为自然类型和工业类型两类。前者是根据矿石的物质组成、结构、构造划分的矿石矿物组合；后者则是根据工业上矿石选、冶方法及工艺流程的不同而划分的矿石类型。

（三）伴生有用组分和有益组分

伴生有用组分是指在矿石中对主要有用组分进行采、选、冶加工过程中，可以顺便或单独提取具有单独的产品和产值的组分，如铁矿石中的钒、磷矿石中的碘、锌矿石中的镉等。在勘探过程中，对这类组分要进行相应的工作，依据工业指标要求，计算储量。根据不同地质条件，伴生组分可用组合分析、单样分析、精矿含量计算储量。

伴生有益组分是指那些在矿石中有利于主要有用组分选、冶加工的组分，以及在主要组分进行加工时能提高产品质量的组分。例如，某些铁矿石含有达不到综合回收标准的稀土、硼等元素，但在冶炼时进入钢铁，从而可以提高钢铁产品的质量。又如，磷矿中的SiO_2，当用电热法加工制元素磷时，矿石中含有一定量的SiO_2在熔融过程中是有益的，但用酸法加工制造磷肥时，则会降低产品中磷的含量。

（四）有害杂质允许含量

有害杂质允许含量是指矿块或矿体内，对矿石在采、选、冶加工过程中起不良影响，甚至影响产品质量的组分所规定的允许平均最大限量，因而也是衡量矿石质量和利用性能的重要标准之一。

对某些矿产，虽然有用组分达到工业要求，但有害组分超过限量，而且又不能通过选矿除去的，则这一部分矿石视情况只能列为暂不能利用矿石。当有害组分虽超过限量，但能通过选矿去除或通过配矿等能够提供工业利用的，如硫铁矿区含砷、氟超过允许含量的部分储量，可单独圈出并计算储量，作为能利用储量。又如，某些矿产含有某种组分，一般情况下采用某种工艺加工时，属有害组分，但当采用另一种方法加工时，则可能属有益组分。例如，磷矿石中的MgO，当采用酸法加工制普通过磷酸钙时，使产品质量变坏，属于有害组分；但如采用热法生产钙镁磷肥时，则属于有益组分。类似这些情况，应当区别对待。

（五）精矿质量要求

是由国家（或工业主管部门或企业）颁发的精矿产品技术标准。在这项标准中除对精矿中有用组分含量做出规定要求外，还对精矿中有害杂质的含量作了限量规定。有时，对某些矿产，虽然原矿品位达到工业品位要求，但选、冶加工后的精矿品位达不到要求；或精矿主要有用组分品位符合要求，而有害杂质超过限量规定，对这类矿石要进行选、冶加工技术攻关研究，达不到精矿质量要求的矿石，不宜列入能利用（表内）矿石。

（六）矿石结构、构造及矿物嵌布特征

研究矿石结构、构造及矿物嵌布特征，需确定主要组分矿物的形状、粒度及粒级分配；研究主要组分矿物与其他矿物的相互关系，矿物团粒生成的大小和几何形状。

矿石结构制约着选矿方法及工艺流程的选择。有用矿物颗粒和集合体大小决定着矿石在选矿过程中的破碎程度，同时影响着取样方法和矿石加工实验方法的选择。矿物单体在矿石碎矿、磨矿工艺中解离的难易程度，主要取决于矿物之间的嵌布特征和连生矿物之间的镶嵌关系。

研究矿石结构的不均匀性同样也十分重要。矿石结构的不均匀性往往决定了有将整个矿石划分成不同自然类型及工业品级的必要。

（七）矿石的技术物理性质

评价某些矿产时，除对矿石或矿物的品位提出要求外，还要对其物理技术性能进行测定，作为矿产质量评价的一项重要指标。例如，耐火黏土的耐火度；云母的片度、剥分性和电绝缘性能；石棉纤维的长度、劈分性、抗拉强度、耐热、耐酸、耐碱性能；装饰用大理岩的块度、色泽花纹和机械性能等。研究矿石的技术物理性质是为了查明矿石和近矿围岩的物理机械性质，如矿石相对密度（体重）、松散系数、抗压强度、裂隙度、硬度、脆性、磁性和电性等对确定开采方法、矿石加工及选矿方法都有重要意义。如果矿石技术物理性质研究不准确，最终将导致总储量的误差或矿山设计的失误。

对于某些非金属矿产，要根据矿石的某些技术物理性质来划分技术品级，确定矿产的质量和工业用途，圈定矿体和评价矿床。如大理石和花岗石等建筑饰面石材等矿产，主要是根据矿山的颜色、花纹、磨光面的光洁度、强度等物理技术性能来确定矿石的质量和工业价值。

（八）矿石工艺性质研究

矿石工艺性质是指矿石的加工工艺性能，即矿石的可选性及可冶炼性能。自然界的矿石一般都是复杂矿物的集合体，除极少数可以直接利用外，大多数需经一系列加工工艺处理（碎矿、磨矿、选矿甚至冶炼）过程才能达到矿石中矿物原料的经济合理利用。可见，矿产勘查阶段提供的矿产储量可否供工业生产利用，除矿山建设的外部条件和矿山内部水文、工程地质等开采技术条件外，矿产的选冶性能也是其主要因素之一。在许多情况下，比其他因素具有更重要的作用，尤其是对新的矿石类型、品位低贫、颗粒细小、杂质较多和难选的矿石具有决定性意义。因此，在进行矿石质量测定时，必须对矿石的工艺性质研究给予足够的重视，避免矿石工艺工作中的盲目性，从而有效合理地利用国家矿产资源。

第三节 固体矿产储量计算

一、矿产资源和矿产储量的基本概念

矿产资源储量分类是定量评价矿产资源的基本准则，它既是矿产资源/储量估算、资源预测和国家资源统计、交易与管理的统一标准，又是国家制定经济和资源政策及建设计划、设计、生产的依据。

近几十年来，各国都在注意研究符合本国政治、经济、技术条件的资源分类体制，但由于各国国情和政治、技术经济条件及管理体制的不同，矿产资源/储量分类的原则、体系也有一定的差异。

矿产资源是指由地质作用形成于地壳内或地表的自然富集物，根据其产出形式（形态、产状、空间分布）、数量和质量，可以预期最终开采是技术上可行、经济上合理的，即具有现实和潜在经济的物质，其位置、数量、质量/品位、地质特征是根据特定的地质依据和地质知识计算和估算的。对矿产资源所估算的数量称为矿产资源量。按照地质可靠程度，可分为查明资源和潜在矿产资源。查明资源是指经勘查工作已发现的矿产资源总和；潜在矿产资源是指根据地质依据和物化探异常预测而未经查证的那部分矿产资源。

矿产储量是矿产资源量中查明资源的一部分，经勘查证实存在的矿床（体），其产出形式（形态、产状、空间分布）、数量/规模、质量能为当前工业生产技术条件所开发利用，国家政策法规允许开发的原地矿产资源量。查明资源的其余部分则为暂难利用的探明资源量。

矿产资源总量应是矿产储量、暂难利用的探明资源量和潜在资源量的总和。

二、我国现行固体矿产资源/储量分类

原矿产储量分类分级是借用了苏联的矿产储量分类分级，虽经多次修改，不断完善，但在我国国民经济实行两个转变的过程中，显得越来越不适应，鉴于我国矿产资源的人均占有率较低，资金紧张，为了保障我国国民经济的可持续发展，必须充分利用国内外“两种资源”和“两个市场”。为此，修订我国的矿产资源/储量分类，使其既能与国际接轨，被外国人接受，又能适合我国的国情便于操作，就显得非常必要。

（一）矿产资源储量分类的依据

矿产资源储量分类依据主要是地质可靠程度、可行性评价和经济意义三个方面。

1.地质可靠程度

地质可靠程度反映了矿产勘查阶段工作成果的不同精度，分为探明的、控制的、推断的和预测的四种，分别与勘探、详查、普查和预查四个勘查阶段相对应。

（1）预测的：指对具有矿化潜力较大地区经过预查得出的结果。在有足够的数据并能与地质特征相似的已知矿床类比时，才能估算出预测的资源量。

（2）推断的：指对普查区按照普查的精度大致查明矿产的地质特征以及矿体（矿点）的展布特征、品位、质量，也包括那些由地质可靠程度较高的基础储量或资源量外推的部分。由于信息有限，不确定因素多，矿体（点）的连续性是推断的，矿产资源数量的估算所依据的数据有限，可信度较低。

（3）控制的：指对矿区的一定范围依照详查的精度基本查明了矿床的主要地质特征、矿体的形态、产状、规模、矿石质量、品位及开采技术条件，矿体的连续性基本确定，矿产资源数量估算所依据的数据较多，可信度较高。

（4）探明的：指在矿区的勘探范围依照勘探的精度详细查明了矿床的地质特征、矿体的形态、产状、规模、矿石质量、品位及开采技术条件，矿体的连续性已经确定，矿产资源数量估算所依据的数据详尽，可信度高。

2.可行性评价

分为概略研究、预可行性研究、可行性研究三个阶段。

（1）概略研究：指对矿床开发经济意义的概略评价。所采用的矿石品位、矿体厚度、埋藏深度等指标通常是我国矿山几十年来的经验数据，采矿成本是根据同类矿山生产估计的，其目的是由此确定投资机会。由于概略研究一般缺乏准确参数和评价所必需的详细资料，所估算的资源量只具内蕴经济意义。

（2）预可行性研究：指对矿床开发经济意义的初步评价。其结果可以为该矿床是否进行勘探或可行性研究提供决策依据。进行这类研究，通常应有详查或勘探后采用参考工业指标求得的矿产资源/储量数、实验室规模的加工选冶试验资料，以及通过价目表或类似矿山开采对比所获数据估算的成本。预可行性研究内容与可行性研究相同，但详细程度次之。当投资者为选择拟建项目而进行预可行性研究时，应选择适合当时市场价格的指标及各项参数，且论证项目尽可能齐全。

（3）可行性研究：指对矿床开发经济意义的详细评价，其结果可以详细评价拟建项目的技术经济可靠性，可作为投资决策的依据。所采用的成本数据精确度高，通常依据勘探所获得的储量数及相应的加工选冶性能试验结果，其成本和设备报价所需各项参数是当时的市场价格，并充分考虑了地质、工程、环境、法律和政府的经济政策等各种因素的影响，具有很强的时效性。

3.经济意义

对地质可靠程度不同的查明矿产资源，经过不同阶段的可行性评价，按照评价当时经济上的合理性可以划分为经济的、边际经济的、次边际经济的、内蕴经济的。

（1）经济的：其数量和质量是依据符合市场价格确定的生产指标计算的。在可行性研究或预可行性研究当时的市场条件下开采，技术上可行，经济上合理，环境等其他条件允许，即每年开采矿产品的平均价值能足以满足投资回报的要求。或在政府补贴和（或）其他扶持的条件下，开发是可能的。

（2）边际经济的：在可行性研究或预可行性研究当时，其开采是不经济的，但接近盈亏边界，只有在将来由于技术、经济、环境等条件的改善或政府给予其他扶持的条件下可变成经济的。

（3）次边际经济：在可行性研究或预可行性研究当时，开采是不经济的或技术上不可行，需大幅度提高矿产品价格或技术进步，使成本降低后方能变为经济的。

（4）内蕴经济的：仅通过概略研究做了相应的投资机会评价，未做预可行性研究或可行性研究。由于不确定因素多，无法区分其是经济的、边际经济的，还是次边际经济的。

经济意义未定的：仅指预查后预测的资源量，属于潜在矿产资源，无法确定其经济意义。

（二）固体矿产资源/储量分类及编码

依据矿产勘查阶段和可行性评价及其结果、地质可靠程度和经济意义，对固体矿产资源进行了全面的分类。首先是通过地质评价分出了查明矿产资源和潜在矿产资源（属于尚未发现有条件预测的），然后是对发现后的查明矿产资源通过可行性评价分出经济的、边际经济的、次边际经济的和内蕴经济的，综合考虑上述技术和经济的因素将矿产资源分为三大类，即储量、基础储量、资源量。由于作为分类依据的地质评价阶段与地质可靠程度是对应关系，即详细勘探对应的是探明的（余类推），而可行性评价的可行性研究及预可行性研究的两阶段，都产生经济的、边际经济的、次边际经济的三种结果，只是在可靠程度上有一定的差异。由此，采用了三维形式地质轴、可行性轴、经济轴的框架图来表示。

1.储量

指基础储量中的经济可采部分。在预可行性研究、可行性研究或编制年度采掘计划当时，经过了对经济、开采、选冶、环境、法律、市场、社会和政府等诸因素的研究及相应修改，结果表明在当时是经济可采或已经开采的部分。用扣除了设计、采矿损失的可实际开采数量表述，依据地质可靠程度和可行性评价阶段不同，又可分为可采储量和探明的预可采储量、控制的可采储量三种类型。

（1）可采储量：探明的经济基础储量的可采部分。指在已接近勘探阶段要求加密工程的地段，在三维空间上详细圈定了矿体，肯定了矿体的连续性，详细查明了矿床地质特征、矿石质量和开采技术条件，并有相应的矿石加工选冶试验成果，已进行了可行性研究，包括对开采、选冶、经济、市场、法律、环境、社会和政府因素的研究及相应的修改，证实其在计算的当时开采是经济的。计算的可采储量及可行性评价结果，可信度高。

（2）探明的预可采储量：探明的经济基础储量的可采部分。指在已达到勘探阶段加密工程地段，三维空间上详细圈定了矿体，肯定了矿体连续性，详细查明了矿床地质特征、矿石质量和开采技术条件，并有相应的矿石加工选冶试验成果，但只进行了预可行性研究，表明当时开采是经济的，计算的可采储量可信度高，可行性评价结果的可信度一般。

（3）控制的预可采储量：控制的经济基础储量的可采部分。指在已达到详查阶段工作程度要求的地段，基本上圈定了矿体三维形态，能够较有把握地确定矿体连续性的地段，基本查明了矿床地质特征、矿石质量、开采技术条件，提供了矿石加工选冶性能条件试验的成果。对于工艺流程成熟的易选矿石，也可利用同类型矿产的试验成果。预可行性研究结果表明开采是经济的，计算的可采储量可信度较高，可行性评价结果的可信度一般。

2.基础储量

指查明矿产资源的一部分。它能满足现行采矿和生产所需的指标要求（包括品位、质量、厚度、开采技术条件等），是经详查、勘探所获控制的、探明的，并通过可行性研究、预可行性研究认为属于经济的、边际经济的部分，用未扣除设计、采矿损失的数量表达。包括以下六种类型。

（1）探明的（可研）经济基础储量：它所达到的勘查阶段、地质可靠程度、可行性评价阶段及经济意义的分类同可采储量所述，与其唯一的差别在于本类型是用未扣除设计、采矿损失的数量表达。

（2）探明的（预可研）经济基础储量：它所达到的勘查阶段、地质可靠程度、可行性评价阶段及经济意义的分类同预可采储量所述，与其唯一的差别在于本类型是用未扣除设计、采矿损失的数量表达。

（3）控制的经济基础储量：它所达到的勘查阶段、地质可靠程度、可行性评价阶段及经济意义的分类同预可采储量所述，与其唯一的差别在于本类型是用未扣除设计、采矿损失的数量表达。

（4）探明的（可研）边际经济基础储量：指在达到勘探阶段工作程度要求的地段，

详细查明了矿床地质特征、矿石质量、开采技术条件，圈定了矿体的三维形态，肯定了矿体连续性，有相应的加工选冶试验成果。可行性研究结果表明，在确定当时，开采是不经济的，但接近盈亏边界，只有当技术、经济等条件改善后才可变成经济的。这部分基础储量可以在可采储量周围或在其间分布。计算的基础储量和可行性评价结果的可信度高。

（5）探明的（预可研）边际经济基础储量：指在达到勘探阶段工作程度要求的地段，详细查明了矿床地质特征、矿石质量、开采技术条件，圈定了矿体的三维形态，肯定了矿体连续性，有相应的矿石加工选冶性能试验成果，预可行性研究结果表明，在确定当时，开采是不经济的，但接近盈亏边界，待将来技术经济、条件改善后可变成经济的。

（6）控制的边际经济基础储量：指在达到详查阶段工作程度的地段，基本查明了矿床地质特征、矿石质量、开采技术条件，基本圈定了矿体的三维形态，预可行性研究结果表明，在确定当时，开采是不经济的，但接近盈亏边界，待将来技术、经济条件改善后可变成经济的。

3.资源量

指查明矿产资源的一部分和潜在矿产资源。包括经可行性研究或预可行性研究证实为次边际经济的矿产资源，以及经过勘查而未进行可行性研究或预可行性研究的内蕴经济的矿产资源，以及经过预查后预测的矿产资源，共有以下七种类型。

（1）探明的（可研）次边际经济资源量：指在勘查工作程度已达到勘探阶段要求的地段，地质可靠程度为探明的，可行性研究结果表明，在确定当时，开采是不经济的，必须大幅度提高矿产品价格或大幅度降低成本后，才能变成经济的。计算的资源量和可行性评价结果的可信度高。

（2）探明的（预可研）次边际经济资源量：指在勘查工作程度已达到勘探阶段要求的地段，地质可靠程度为探明的，预可行性研究结果表明，在确定当时，开采是不经济的，需要大幅度提高矿产品价格或大幅度降低成本后，才能变成经济的。计算的资源量可信度高，可行性评价结果的可信度一般。

（3）控制的次边际经济资源量：指在勘查工作程度已达到详查阶段要求的地段，地质可靠程度为控制的，预可行性研究结果表明，在确定当时，开采是不经济的，需大幅度提高矿产品价格或大幅度降低成本后，才能变成经济的。计算的资源量可信度较高，可行性评价结果的可信度一般。

（4）探明的内蕴经济资源量：指在勘查工作程度已达到勘探阶段要求的地段，地质可靠程度为探明的，但未做可行性研究或预可行性研究，仅做了概略研究，经济意义介于经济的—次边际经济的范围内，计算的资源量可信度高，可行性评价可信度低。

（5）控制的内蕴经济资源量：指在勘查工作程度已达到详查阶段要求的地段，地质可靠程度为控制的，可行性评价仅做了概略研究，经济意义介于经济的—次边际经济的范围内，计算的资源量可信度较高，可行性评价可信度低。

（6）推断的内蕴经济资源量：指在勘查工作程度只达到普查阶段要求的地段，地质可靠程度为推断的，资源量只是根据有限的数据计算的，其可信度低。可行性评价仅做了概略研究，经济意义介于经济的—次边际经济的范围内，可行性评价可信度低。

（7）预测的资源量：依据区域地质研究成果、航空、遥感、地球物理测量、地球化学测量等异常或极少量工程资料，确定具有矿化潜力的地区，并和已知矿床类比而估计的资源量，属于潜在矿产资源，有无经济意义尚不确定。

三、储量计算的原理及一般程序

（一）储量计算的基本原理

把自然界客观存在的形态复杂的矿体分割转变为体积与之大体相等、矿化相对均一的形态简单的几何体，运用恰当的数学方法，求得储量计算所需的各种参数，最后计算出矿产（矿石或金属）储量。

（二）储量计算的一般程序

（1）确定矿床工业指标。

（2）圈定矿体边界或划分资源/储量计算块段。

（3）根据选择的计算方法，测算求得相应的资源储量计算参数，如矿体（或矿段）面积（S）、平均厚度（M）、矿石平均体重（D）、平均品位（C）等。

（4）计算矿体或矿块的体积V和矿石资源量/储量Q：

$$Q=VD \tag{10-1}$$

式中：V——矿石体积（m^3）；

D——矿石平均体重（t/m^3）。

或金属量P：

$$P=QC \tag{10-2}$$

式中：Q——矿石量（t）；

C——矿石平均品位（%）。

（5）统计计算各矿体或块段的资源量/储量之和，即得矿床的总资源量/储量。

四、储量计算工业指标的修订

一般情况下，矿产储量计算工业指标是一定的，但有时因生产因素的变化，有可能对其进行修订。生产矿山工业指标修订的几种情况如下。

（1）矿山生产过程中矿体不断被工程揭露，对矿床（矿体）地质条件有了确切的了解，要根据新的条件与新认识，修订工业指标。

（2）矿山投入生产后，采、选、冶生产条件已定型，生产成本和矿山经营参数（采矿损失率、贫化率和选矿回收率）都可以比较精确地计算。因此，有条件根据实际生产条件和生产成本及比较可靠的经营参数重新考虑寻求符合矿山实际的合理工业指标。

（3）由于矿山生产技术水平的提高，如低品位矿石处理新方法出现，生产成本降低，或矿石价格上涨等原因，均可以使工业指标进一步降低。

五、储量计算方法

矿山常用的储量计算方法有传统的几何法和近代的地质统计方法两大类。

传统的几何法，根据矿产地质或矿床勘探所获得的矿床（或矿体）资料、数据，确定矿产储量的数量、质量及空间分布的方法。在生产矿山常用的计算方法有断面法、开采块段法、算术平均法、地质块段法，应用较少的有等值线法、三角形法。虽然这些方法的特点和应用不同，但它们都遵循一个基本原则，即把形状复杂的矿体转化成与该体积大致相等的简单形体，并将矿化复杂状态变为在影响范围内的均匀化状态，从而计算其体积、矿石量、平均品位、金属量等。传统法的优点在于简单、易于掌握，不使用计算机也可以进行计算。几种常用的储量计算的方法如下。

（一）地质块段法

计算步骤如下。

首先，在矿体投影图上，把矿体划分为需要计算储量的各种地质块段，如根据勘探控制程度划分的储量类别块段，根据地质特点和开采条件划分的矿石自然（工业）类型或工业品级块段或被构造线、河流、交通线等分割成的块段等。

其次，主要用算术平均法求得各块段储量计算基本参数，进而计算各块段的体积和储量，所有的块段储量累加求和即为整个矿体（或矿床）的总储量。

优点：适用性强。地质块段法适用于任何产状、形态的矿体，它具有无须另作复杂图件、计算方法简单的优点，并能根据需要划分块段，所以得到广泛应用。当勘探工程分布不规则，或用断面法不能正确反映剖面间矿体的体积变化时，或是厚度、品位变化不大的层状或脉状矿体，一般均可用地质块段法计算资源量和储量。

缺点：误差较大。当工程控制不足、数量少，即对矿体产状、形态、内部构造、矿石质量等控制严重不足时，其地质块段划分的根据较少，计算结果也类同其他方法，误差较大。

（二）开采块段法

开采块段主要是按探、采坑道工程的分布来划分的，可以为坑道四面、三面或两面包围形成矩形、三角形块段；也可为坑道和钻孔联合构成规则或不甚规则块段。同时，划分开采块段时，应与采矿方法规定的矿块构成参数相一致，与储量类别相适应。

该法的储量计算过程和要求与地质块段法基本相同。

适用条件：适用于以坑道工程系统控制的地下开采矿体，尤其是开采脉状、薄层状矿体的生产矿山使用最广。由于其制图容易、计算简单、能按矿体的控制程度和采矿生产准备程度分别圈定矿体，符合矿山生产设计及储量管理的要求，所以生产矿山常采用。但因为开采块段法对工程（主要为坑道）控制要求严格，故常与地质块段法结合使用。一般在开拓水平以上采用开采块段法或断面法，以下（深部）用地质块段法计算储量。

优点：能保持矿体断面的真实形状和地质构造特点，反映矿体在三维地质空间沿走向及倾向的变化规律；能在断面上划分矿石工业品级、类型和储量类别块段；无须另作图件，计算过程也不算复杂；计算结果足够准确。

缺点：当工程未形成一定的剖面系统时或矿体太薄、地质构造变化太复杂时，编制可靠的断面图较困难，品位的“外延”也会造成一定误差。

（三）克里格法

克里格法也称克里金法，是一种无偏的、误差最小的、最优化的现代矿产资源/储量估算方法。在矿产资源/储量估算中，它把矿床地质参数（如品位）看成区域化变量，以较严谨的数学方法——变异函数为工具来处理地质参数的空间结构关系，在充分考虑样品形状、大小及与待估块段相互位置和品位变量空间结构基础上，根据一个块段内外若干样品数据，赋予每个样品一定的权，利用加权平均来对该块段品位做出最优估计，并且可得到一个相应的估计误差。

1.克里格法的特点

克里格法与传统方法相比具有明显的优点。它能最科学、最大限度地利用勘查工程所提供的一切信息，使所估算的矿石品位和矿石储量精确得多；它可分别估算矿床中所有最小开采块段的品位和储量，从而更好地满足矿山设计要求；在估算的同时还给出了估计精度，而且是无偏的，估计方差最小（最优），为储量的评价和利用提供了依据。我们强调克里格法的优点，并不完全否定传统法，传统法仍有自己的应用领域。

2.克里格法的应用条件

与其他方法一样，克里格法的应用也是有条件的。地质变量的二重性是克里格法估算储量最重要的条件，如果矿床参数是纯随机的或非常规则的，就不宜或不必用克里格法。

克里格法的计算量十分庞大，故它还以计算机的应用为前提。克里格法虽可最大限度地利用勘查工程所提供的信息，但在勘查资料不理想的情况下，如工程数或取样点过少，运用此法信息量就不足，很难得到可靠的估计。

（四）SD储量估算法

SD储量估算法（SD method），简称SD法。SD法全称是最佳结构曲线断面积分储量估算及储量审定计算法。我国科技人员博采国内外资源/储量估算方法之众长，在继承和改造传统法的基础上，创立了独具中国特色的系列矿产资源/储量估算方法。它以方法的简便灵活为准则，以资源/储量估算精确可靠为目的，以最佳结构地质变量为基础，以断面构形为核心，以样条函数及微分几何学为数学工具。

SD法的主要内容包括结构地质变量、断面构形理论、资源/储量估算及SD精度法四部分。

SD法立足于传统储量估算法，汲取了地质统计学中关于地质变量具有随机性和规律性的双重性思想，距离加权法在考虑变量空间相关权时，权数与距离成反比的思想及“一条龙法”中提出的由直线改曲线的思想，对传统断面法进行了深入系统的改造，并克服其计算粗略、不准确、可靠性差，以及由于缺乏自检功能而给地质工作带来的盲目性等种种弊端和不足，使断面法更加科学化。

参考文献

[1] 李伟新，巫素芳，魏国灵. 矿产地质与生态环境[M]. 武汉：华中科技大学出版社，2020.

[2] 姚美奎，吴连生，高洋. 地球化学在生态地质及环境工程的应用研究[M]. 长春：吉林科学技术出版社，2022.

[3] 范帆. 生态环境管理研究[M]. 北京：中国原子能出版社，2021.

[4] 刘雪婷. 现代生态环境保护与环境法研究[M]. 北京：北京工业大学出版社，2023.

[5] 闫学全，田恒，谷豆豆. 生态环境优化和水环境工程[M]. 汕头：汕头大学出版社，2021.

[6] 王晓东，张巍，王永生. 生态环境大数据应用实践[M]. 长春：吉林大学出版社，2023.

[7] 李婷婷，窦连波，胡艳春. 水文地质与环境地质研究[M]. 长春：吉林科学技术出版社，2021.

[8] 白玉娟，陈彦，谢文欣. 水文地质勘查与环境工程[M]. 长春：吉林科学技术出版社，2022.

[9] 杨念江，朱东新，叶留根. 水利工程生态环境效应研究[M]. 长春：吉林科学技术出版社，2022.

[10] 阳正熙，严冰，马比阿伟. 矿产资源勘查学[M]. 第4版. 北京：科学出版社，2023.

[11] 徐争启. 矿产资源勘查与开发概论[M]. 第2版. 北京：地质出版社，2021.

[12] 张彩华，张洪培，刘飚. 矿产勘查学实习教程[M]. 长沙：中南大学出版社，2022.

[13] 王信，松权衡，庄毓敏，等. 吉林省铅锌矿矿产资源潜力评价[M]. 武汉：中国地质大学出版社，2022.

[14] 池顺都. 金属矿产系统勘查学[M]. 武汉：中国地质大学出版社，2019.

[15] 李新民. 新形势下地质矿产勘查及找矿技术研究[M]. 北京：原子能出版社，2020.

[16] 肖蕾. 绿色矿山智慧矿山研究[M]. 银川：阳光出版社，2020.

[17] 赵学军，武岳. 煤矿技术创新能力评价与智慧矿山3D系统关键技术[M]. 北京：北京邮电大学出版社，2022.

[18] 任红岗．矿山开采数字化精准设计技术研究及应用[M]．北京：冶金工业出版社，2022.
[19] 朱天玉．石油钻井井控技术与设备[M]．北京：中国石化出版社，2016.
[20] 郑志刚．石油钻井井控[M]．东营：中国石油大学出版社，2018.
[21] 长庆油田分公司人事处（党委组织部）．中国石油长庆油田组织史资料[M]．北京：石油工业出版社，2020.
[22] 胡建国，杨立雷，文红星．长庆油田勘查设计经典工程技术[M]．北京：石油工业出版社，2019.
[23] 艾纯明，齐消寒，尹升华．表面活性剂在溶浸采矿中的应用[M]．徐州：中国矿业大学出版社，2019.
[24] 吴淑琪．地质实验测试仪器设备使用与维护：岩矿鉴定与有机分析（第2分册）[M]．北京：地质出版社，2019.
[25] 胡琴，陈建平．分析化学[M]．武汉：华中科学技术大学出版社，2020.
[26] 鲍玉学．矿产地质与勘查技术[M]．长春：吉林科学技术出版社，2019.